高等职业教育系列教材

ELECTRONIC AND INFORMATION

虚拟仪器开发与应用教程

主　编　沙晶晶　夏玉果　董天天
参　编　徐　敏　陈　香　孙　玲

机械工业出版社
CHINA MACHINE PRESS

本书根据编者多年教学改革和教学实践的经验编写而成，介绍了虚拟仪器开发语言 LabVIEW 的基本原理，以及如何利用 LabVIEW 和硬件完成虚拟仪器设计。全书共 10 章，分为两篇，分别是基础篇（第 1~5 章）和应用篇（第 6~10 章）。主要内容包括认识虚拟仪器、数据采集基本概念、虚拟仪器软件开发环境 LabVIEW、LabVIEW 程序设计基础、虚拟仪器的使用、NI myDAQ 数据采集、基于 NI myDAQ 和 LabVIEW 的测量与控制、LabVIEW 程序结构的组合应用、使用 LabVIEW 设计串口调试助手、基于单片机与 LabVIEW 的测量系统设计。

本书案例丰富，有较强的实用性和操作性，体现理论实践一体化的教学要求；内容讲解细致，可读性强，有利于自学。

本书可以作为高职高专“虚拟仪器技术”“电子测量技术”及其他相关课程的教材或参考书，也可供对虚拟仪器感兴趣、用 LabVIEW 软件进行项目开发的相关人员学习和参考。

本书配有微课视频，扫描二维码即可观看。另外，本书配有电子课件，需要的教师可登录机械工业出版社教育服务网（www.cmpedu.com）免费注册，审核通过后下载，或联系编辑索取（微信：13261377872；电话：010-88379739）。

图书在版编目(CIP)数据

虚拟仪器开发与应用教程/沙晶晶，夏玉果，董天天主编．—北京：机械工业出版社，2023.2

高等职业教育系列教材

ISBN 978-7-111-72367-7

Ⅰ.①虚…　Ⅱ.①沙…②夏…③董…　Ⅲ.①虚拟仪表-高等职业教育-教材　Ⅳ.①TH86

中国版本图书馆 CIP 数据核字(2022)第 252999 号

机械工业出版社(北京市百万庄大街 22 号　邮政编码 100037)

策划编辑：和庆娣　　责任编辑：和庆娣　周海越

责任校对：韩佳欣　　责任印制：郜　敏

中煤(北京)印务有限公司印刷

2023 年 2 月第 1 版第 1 次印刷

184mm×260mm · 13.25 印张 · 344 千字

标准书号：ISBN 978-7-111-72367-7

定价：59.00 元

电话服务　　网络服务

客服电话：010-88361066　　机　工　官　网：www.cmpbook.com

010-88379833　　机　工　官　博：weibo.com/cmp1952

010-68326294　　金　书　网：www.golden-book.com

封底无防伪标均为盗版　　机工教育服务网：www.cmpedu.com

Preface
前　言

随着计算机、电子和通信等技术的飞速发展，计算机和网络等技术与测试仪器技术的结合，测试的手段和方法发生了巨大的变化，在传统测量仪器的基础上产生了新一代仪器技术架构——虚拟仪器。虚拟仪器技术一经问世，就在航空航天、无线通信、交通运输、机械工业、能源等领域得到了广泛应用。目前，随着需求的不断深入，其相关技术正向着更高的水平迈进。

多年来，经过不断探索，课程教研组成员将虚拟仪器在行业领域的应用情况、学生就业岗位需求和教育科学研究成果等内容不断融入课程，同时根据教学效果不断优化教学目标、教学内容、教学进程和学时安排等。本书是对课程组多年的教学改革和教学实践的阶段性总结。

本书的特点如下：

1）遵循虚拟仪器开发的全流程所需要素：数据采集、传递、处理、存储、显示以及它们之间的相互关系来构建和组织教材内容。

2）案例丰富、典型、有趣味性、实用性和操作性强；内容叙述完整，既有任务要求分析、关联知识科普，又有详细实验过程和实验现象，便于学生学和教师教。

3）理论与实践紧密结合，体现"教、学、做"一体化，软硬件结合，兼顾"基础"和"系统"，力求培养具有扎实的理论基础知识、高素质的技术技能人才。

4）内容编排从学生的认知和学习规律出发，由浅入深，循序渐进，帮助学生夯实基础，提升学习兴趣，逐步提高解决问题能力和创新思维能力。

全书共 10 章，分为两篇，分别是基础篇（第 1~5 章）和应用篇（第 6~10 章）。第 1、2 章介绍理论知识，综述虚拟仪器的概念、架构、应用和数据采集基础知识。第 3、4 章讲解 LabVIEW 的程序设计方法，内容包括 LabVIEW 开发环境与设计流程、基本数据类型、程序结构、复合数据类型、文件 I/O、波形图与波形图表等。第 5 章讲述虚拟仪器的使用。第 6、7 章介绍如何利用 LabVIEW 软件和采集卡硬件进行数据采集，并实现对模拟和数字对象的测量与控制。第 8 章介绍 LabVIEW 程序结构的组合应用编程实践训练。第 9、10 章以项目的形式展开介绍 LabVIEW 串口通信的原理及与单片机的串口通信实现过程。

本书由沙晶晶、夏玉果、董天天担任主编，徐敏、陈香、孙玲担任参编。在编写过程中参考和引用了国内外一些专家学者的文献资料及研究成果，在此表示衷心感谢！

由于编者水平有限，书中难免有疏漏和不足之处，恳请读者和专家批评指正。

编　者

二维码资源清单

（续）

序号	名　称	图　形	页码	序号	名　称	图　形	页码
21	例 6-4		126	27	开始游戏和停止游戏按钮控制		148
22	软件设计		131	28	计分模块		150
23	硬件设计		131	29	倒计时模块		151
24	制作地鼠自定义控件		143	30	参数初始化		153
25	创建 5×5 二维地鼠数组		147	31	图 9-25		172
26	编写地鼠随机出现功能		148	32	图 10-36		200

目 录 Contents

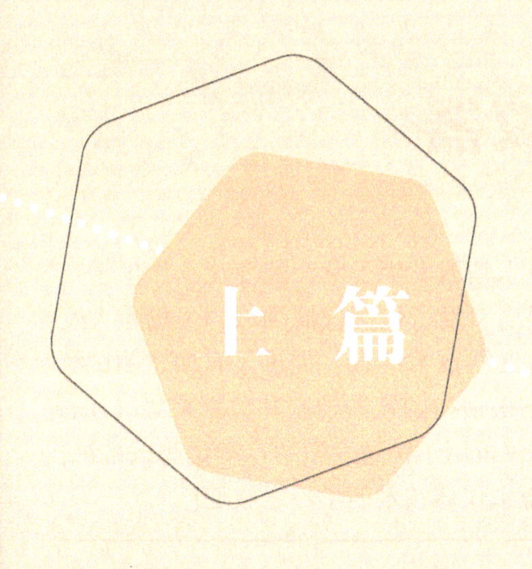

基础篇

本篇为基础篇，共5章，主要内容是介绍和讲解虚拟仪器的概念及其应用、数据采集基本理论知识、虚拟仪器开发工具LabVIEW的使用方法、LabVIEW程序设计、常用电子测量仪器的功能和使用方法和NI myDAQ虚拟仪器软面板仪器的使用方法。通过本篇的系统学习，读者将掌握数据采集系统的构成，运用LabVIEW进行虚拟仪器程序的设计方法，为后续学习应用篇打下基础。读者在学习中需多练习、多实践，不断总结回顾，这样才能更好地掌握讲授的相关知识和技术。

第 1 章　认识虚拟仪器

随着计算机、电子和通信等技术的飞速发展，仪器技术领域发生了巨大的变化，产生了一种全新的仪器技术架构——虚拟仪器。虚拟仪器概念的提出引发了传统仪器领域的一场重大变革，使得计算机和网络等技术得以长驱直入仪器领域，与仪器技术结合，促进了自动化测试测量与控制领域的技术发展。当前，虚拟仪器技术的应用已突破最初的仪器控制和数据采集（Data Acquisition，DAQ）的范畴，向着更加纵深的方向发展，不仅可用于构建大型的自动化测试系统，还常常用于控制系统、嵌入式设计等，下面就让我们开启虚拟仪器技术的学习之旅吧！

1.1　电子测量仪器发展情况

采用电子技术测量电量和非电量的测量仪器称为电子测量仪器。电子测量仪器以电路技术为基础，融合电子测试测量技术、计算机技术、通信技术、数字技术、软件技术、总线技术等组成单机或自动测试系统。它具有准确度高、量程宽、速度快、数字化、集成化、多功能化和自动化等特点，是科研、生产和实验等必备的工具，是实现科技进步和技术创新必不可少的条件。

电子测量仪器的发展大体经历了以下 4 个阶段。

1. 模拟仪器

模拟仪器是将被测量值的连续函数输出或显示的测量仪器仪表。其主要是用指针的运动或偏转角度来表示电量。常见的模拟仪表有指示式仪表，如指针式直流电流表。其面板上的信息通常有：测量单位、应用电路符号、仪表放置方法符号、工作原理、等级、分度与额定值、制造厂名、仪器编号等。

2. 数字仪器

数字仪器是提供数字化输出或数字显示的测量仪器仪表，与传统的依靠指针偏转测量的模拟仪器相比，具有测量精度高、操作简单等优点。它以模拟仪器的原理作为基础，在测量电压、电流、功率等基本电量时，模拟动圈式电压表、电流表及电动式功率表仍被广泛使用。

3. 智能仪器

智能仪器是含有微型计算机或者微型处理器的测量仪器，拥有对数据的存储运算、逻辑判断及自动化操作等功能。智能仪器主要是在仪器技术中运用了某种计算机技术进行控制。

进入 20 世纪 90 年代，仪器仪表的智能化突出表现在以下几个方面：微电子技术的发展更深刻地影响仪器仪表的设计；数字信号处理（DSP）芯片的问世，使仪器仪表的数字信号处理功能大大加强；微型机的发展，使仪器仪表具有更强的数据处理能力；图像处理功能的增加十分普遍；VXI 总线得到广泛的应用。

4. 虚拟仪器

虚拟仪器是在计算机技术的基础上建立测量系统，用户可以根据自己的需求定义仪器功能。

虚拟仪器是现代计算机技术、电子技术、传感器技术、通信技术和测量技术等诸多技术相结合产生的新一代仪器系统，是传统仪器观念的一次巨大变革，是产业发展的一个重要方向。虚拟仪器在工程应用中表现出传统仪器无法比拟的优势，可以说虚拟仪器技术是现代测试技术的关键组成部分。

1.2 虚拟仪器的概念

什么是虚拟仪器？虚拟仪器（Virtual Instrument，VI）就是由计算机硬件资源、模块化仪器硬件，以及用于数据分析、过程通信及图形用户界面的软件组成的测控系统，是一种计算机操纵的模块化仪器系统。

狭义的虚拟仪器概念主要是在测量与测试系统的范畴内，通过软件定义通用硬件的功能，从而实现不同的自定义功能。

广义的虚拟仪器概念可进一步扩展到自动控制等领域，只要是通过软件定义模块化硬件功能，从而满足自定义应用需求的系统，都可以看作虚拟仪器技术的应用。

虚拟仪器一般可概括为 3 大功能模块，即数据采集、数据测试和处理、结果表达和仪器控制。虚拟仪器的工作原理框图如图 1-1 所示。

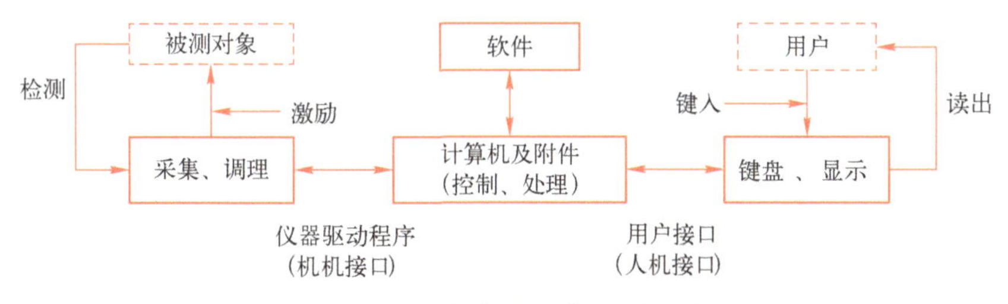

图 1-1　虚拟仪器工作原理框图

虚拟仪器的“虚拟”一方面体现在它的虚拟面板上的控件是与实物外形相似的图标，其操作对应着相应的软件程序，使用鼠标或键盘来操作；另一方面体现在，它对被采集到的数据可以根据应用场景的需要，通过编程方式进行多样化的重新构建，来实现不同的功能。

图 1-2 所示为传统测量仪器，它的特点是：固定的硬件配置，由仪器厂商定义好的测量功能，固定的用户界面，部分仪器可连接计算机，以基于通信包的形式将结果传给计算机。

图 1-3 所示为新一代的虚拟仪器系统，它的特点是：用户可自定义测量功能，自定义用户界面，模块化硬件，与基于计算机的控制器连接（多通过高速内部总线），实时数据传输。

虚拟仪器与传统仪器相比有其独特的优势。

1）虚拟仪器出厂时只具备基本硬件和驱动软件，具体测量功能可由用户自行设计。

2）虚拟仪器的软/硬件模块化、标准化程度高，具有很好的开放性，便于用户组建和配置。

3）虚拟仪器将信号测量、分析、显示、存储、打印和其他管理集中交由计算机来处理，丰富和增强了传统仪器的功能。

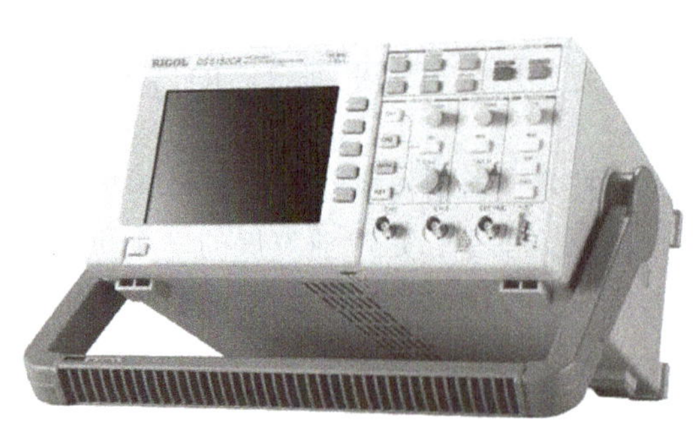

图 1-2　传统测量仪器

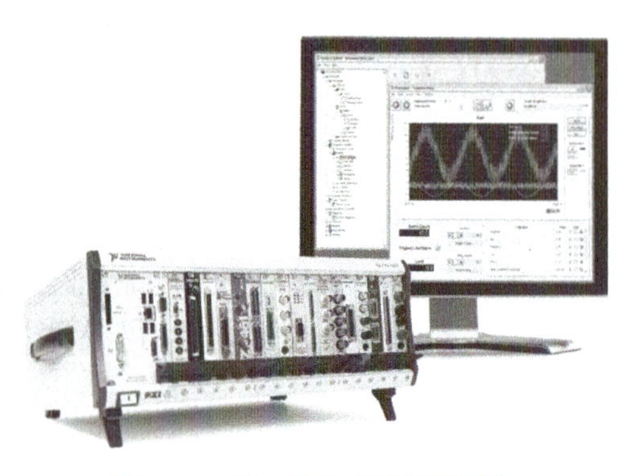

图 1-3　新一代的虚拟仪器系统

4）虚拟仪器可方便地与网络、外设或其他设备进行连接，构成复杂的分布式测试系统，进行远程测试、监控和诊断，可节约仪器的购买和维护费用，利用网络实现数据共享。

5）虚拟仪器的软/硬件模块可重复利用，功能易于扩展，管理规范，可降低生产、维护和开发费用。

6）虚拟仪器硬件和软件都制定了开放的工业标准，使资源的可重复利用率提高。

1.3 虚拟仪器的架构

虚拟仪器组成架构如图 1-4 所示。

组成架构中主要包括硬件、软件两部分。硬件部分的基本功能是准确地获取被测信号，并将其转变为可供软件处理的数据。软件部分的功能是对系统中的模块化仪器/分立仪器进行配置（通过驱动程序完成）和控制，使其按照预期的方式完成数据采集和输出；对通过总线获取的原始数据进行信号处理等计算操作；实现用户交互、数据存储等。

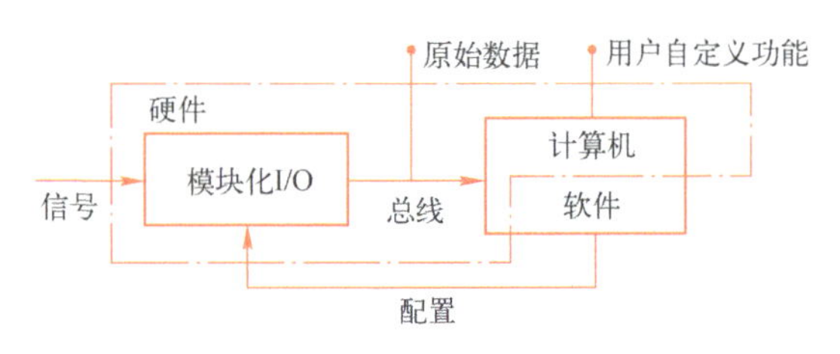

图 1-4　虚拟仪器组成架构

1.3.1 虚拟仪器的硬件平台

虚拟仪器硬件平台由计算机和模块化 I/O 组成。

计算机是硬件平台的核心，一般为一台计算机或者工作站。模块化 I/O 主要完成被测信号的采集、放大、调理、A/D 转换等。可根据实际情况采用不同的 I/O 接口模块。两部分之间利用数据传输总线互连，并根据需要协调各单元的工作。

虚拟仪器根据其所选用的硬件不同，大致分为以下 3 种。

（1）数据采集型虚拟仪器

数据采集型虚拟仪器的主要硬件构成是计算机和数据采集卡。早期这种类型的虚拟仪器是将数据采集卡直接插到计算机的 PCI 槽上。采集卡将前端仪器（如传感器）送来的模拟信号采集到计算机，由 CPU 进行分析、处理，再将测量结果在显示器上显示出来。目前更常见的是通过 USB 接口使计算机与数据采集卡相连，如图 1-5 所示。这种类型的虚拟仪器系统的优点是简单、硬件通用性强，因此成本较低，但技术性能指标不高且电磁兼容性差，并发性能弱。

（2）仪器控制型虚拟仪器

仪器控制型虚拟仪器如图 1-6 所示。仪器控制是指将实际存在的仪器设备与计算机连接起来，通过计算机软件来控制仪器。仪器与计算机相连的总线有多种类型，如 GPIB、串口（Serial）、USB、Firewire、Ethernet。仪器控制型虚拟仪器系统的优点是通过自动化流程大幅提高测试效率，并由一个平台集中管理多个子任务动作，把一些相关联的控制要素在一个操控界面中显示，更易于用户使用。

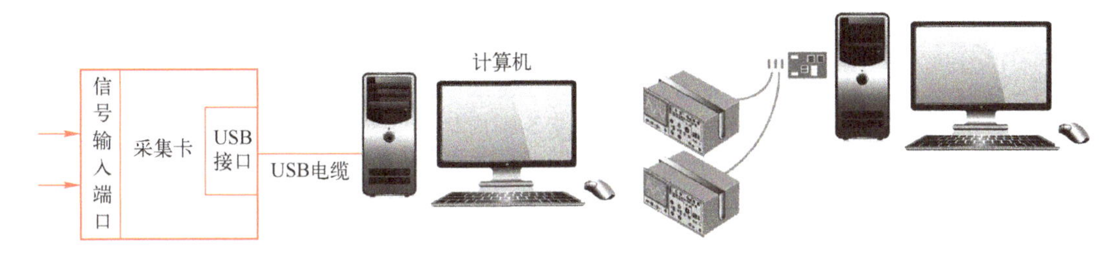

图 1-5　数据采集型虚拟仪器　　图 1-6　仪器控制型虚拟仪器

1）GPIB。通用功能接口总线（General Purpose Interface Bus，GPIB）是并行总线，用于计算机与仪器之间的通信。GPIB 以字节为单位传输数据（1 字节 = 8 位），所以传输的数据通常是 ASCII 编码形式的字符串。GPIB 是工程控制用的协议，最初是由 HP 公司提出，后来电气和电子工程师协会（IEEE）对 GPIB 进行了标准化，使其成为国际标准，遵守的协议为 IEEE488.2，实现计算机对仪器的控制。

典型的 GPIB 仪器系统由计算机、GPIB 接口板和若干台 GPIB 仪器组成，所有设备通过 GPIB 电缆连接，如图 1-7 所示。具备 GPIB 接口的仪器间通过标准 GPIB 通信协议实现信息交互，具有很强的扩展性。但一般情况下，系统中 GPIB 电缆的总长度不应超过 20 m，设备间的最大距离不得超过 4 m 且设备间的平均距离不得超过 2 m，设备个数不超过 15 个。

一个 GPIB 可以连接多台仪器和计算机。每个设备包括计算机接口板，都有一个唯一的 0～30 之间的 GPIB 地址，因此通过该地址就能指定数据源和目标。一般将地址 0 分配给 GPIB 接口板，连接到总线的仪器可以使用 1～30 之间的地址。GPIB 需要一个控制器，通常是计算机，用来控制总线管理功能。计算机可以通过“写”命令和“读”数据的方式，实现对多台仪器的控制和操作，使多台仪器协同配合，这使测量由手动操作单台仪器过渡到大规模的自动化测试阶段，降低了人为因素造成的误差，提高了测试质量和测试速度。

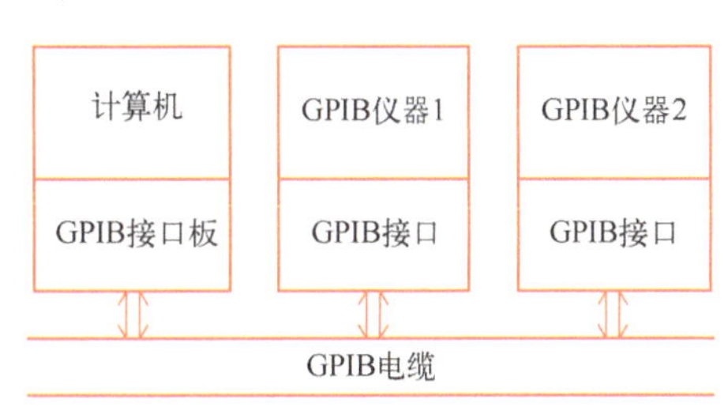

图 1-7　GPIB 仪器的构成示意图

GPIB 测量系统的结构和命令简单，主要应用于台式仪器，适合精确度要求高但计算机传输速度要求不高的情况。一般计算机不带有 GPIB，用户可以使用一个插卡（如 PCI-GPIB）或一个外部转换器（如 GPIB-USB）在自己的计算机上增加 GPIB 仪器控制功能，同时还需要在计算机上安装 GPIB 驱动软件。

2）串口。串口通信是一条信息的各位数据被逐位按顺序传送的通信方式。它是计算机和外设之间通信的另一种常用的数据传输方法，这种方式的特点是数据按位传送，只需一根传输线即可完成，成本低但传输速度慢。串口通信 RS-422 最大传输距离可达 1200 m。根据信息的传送方向，串口通信可以进一步分为单工、半双工和全双工 3 种。

串口虚拟仪器是通过串口实现仪器与计算机、仪器与仪器之间的相互通信，从而组成多台仪器构成的自动测试系统。

使用串口通信时需要设定 4 个参数：传送的波特率、对字符编码的数据位数、可选奇偶校验位的奇偶性和停止位数。

串口通信协议有 RS-232、RS-422 和 RS-485。LabVIEW 能够执行串口通信中这 3 个常用的标准。

RS-232 标准是 IBM-PC 及其兼容机上的串行连接标准，是串口通信中最为常见的规范，在鼠标、打印机或者调制解调器等常用的民用设备中应用，也应用于工业仪器中。与 GPIB 不同的是，一个 RS-232 串行口只能实现与一个设备进行通信的点对点连接方式，最远距离是 15 m。大多数计算机都有一个或两个内置的 RS-232 串口，如果计算机没有内置的串口，可以购买一个 USB 与 RS-232 的串口转换器，实现串行通信。

RS-422 标准使用的是一个差分电信号，差分传输使用两根线同时传输和接收信号。相比 RS-232，它能更好地抗噪声，有更远的传输距离。

RS-485 是 RS-422 的改进，因为它增加了设备的个数。RS-485 是 RS-422 的超集，因此所有的 RS-422 设备可以被 RS-485 控制。RS-485 可以用超过 1200 m 的线进行串行通信。计算机上不带 RS-485 的接口，需要通过 485-232 或 485-USB 的转换器才能接入。

虽然现在大部分的计算机都有内置的 USB 接口（通用串行总线），但是 USB 总线目前只用于较简单的测试系统。串口通信（RS-232、RS-422、RS-485）仍然广泛应用于许多工业设备中。LabVIEW 串行函数库包含可用的针对串口操作的函数。

（3）模块化的虚拟仪器

模块化的虚拟仪器系统中，常用的硬件模块有 PXI、VXI 和 LXI 等模块。

PXI（PCI Extension for Instrumentation）定义了一个基于英特尔 x86 处理器（PC 体系结构）和 CompactPCI 总线的模块化硬件平台。典型的配置包含一个 PXI 机箱（见图 1-8）。PXI 机箱集成高速数据传输总线及定时同步总线的机箱背板，集成高性能 CPU 的系统控制器，可运行各种软件程序，可通过编程自定义系统功能。PXI 机箱内可以根据需要插入各种类型的测量模块，如模拟输入、运动控制、语音、GPIB 和 VXI 接口等，系统紧凑、耐用、便于维护和升级。

图 1-9 所示为 PXI 系统的应用实例，最上方的计算机屏幕是用户界面，用来实现各种仪器模块的功能操控和输入-输出显示。

VXI（VMEbus Extension for Instrumentation）是板上仪器系统的另一个仪器标准。VXI 系统包括主机箱，主机箱拥有多个插槽可以插入模块化仪器模块，结构紧凑可靠。VXI 总线的组建方案功能十分强大，系统比较稳定，但价格昂贵。它适用于组建中大规模的自动化测试系统以及对速度和精度要求非常高的场合，在传统的测试和测量及 ATE 自动测试设备应用中有着广泛的应用，在要求测量通道数多（数百或数千个）的研究和工业控制数据采集和分析领域也很流行。

随着数字化、智能化测量技术的不断发展以及实际测量与测控需求的不断扩展，在实际的测控系统内，是多种总线和平台共存。

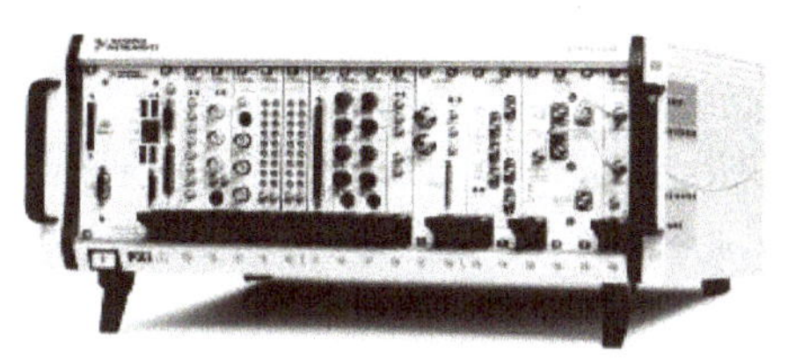

图 1-8　安装有控制器及各种 I/O 卡的 PXI 机箱

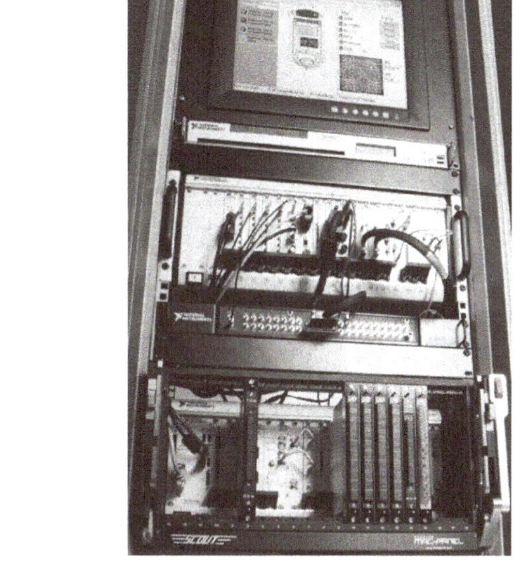

图 1-9　PXI 系统的应用实例

1.3.2　虚拟仪器的软件结构

虚拟仪器中的软件包括 VISA、仪器驱动程序和应用软件。虚拟仪器系统通过软件对系统中的模块化仪器/分立仪器进行配置（通过驱动程序完成），对通过总线获取的原始数据进行信号处理等计算操作，编写用户界面，实现数据存储等。

（1）VISA

VISA（Virtual Instrument Software Architecture）是输入（I）/输出（O）接口软件标准及其相关规范的总称。VISA 提供用于仪器编程的标准 I/O 函数库，称为 VISA 库。VISA 库驻留在计算机系统内，是计算机与仪器的标准软件通信接口，计算机通过它来控制仪器。通过高层次的 API 调用底层驱动，可以控制基于 GPIB、串口、USB、VXI 以及其他总线的仪器，针对不同的仪器选择所调用的底层驱动（如串口驱动或 GPIB 驱动），使应用层用户不需要关心具体的与仪器相关的接口控制过程，简化了仪器控制。VISA 是实现虚拟仪器系统开放性和互操作性的关键。

（2）仪器驱动程序

仪器驱动程序是连接上层应用软件和低层 I/O 软件的纽带，是对仪器实行控制和通信的软件集合。每个计算机外设、仪器都有自己的驱动程序，由仪器厂商提供。

（3）应用软件

一般在仪器硬件厂商提供的 I/O 接口软件和仪器驱动程序基础上进行应用软件开发。应用软件包含两方面功能的程序：实现虚拟面板功能的软件程序和定义测试功能的流程图软件程序。虚拟仪器面对用户，提供友好界面和数据分析处理功能，以完成自动测试任务。

1.4　虚拟仪器系统开发语言

构造一个虚拟仪器系统，基本硬件确定以后，就可以通过软件实现不同的功能，软件是测试系统的核心。开发人员通过修改软件，方便地改变、增减仪器系统的功能与规模，使计算机直接参与测试信号的产生和测量特征的解析，完成数据的输入、存储、综合分析和输出等功能。

目前常用的虚拟仪器系统开发语言有两类：一是文本式编程语言，如标准 C、C++、C#、VB、LabWindows/CVI、Delphi 等；二是图形化编程语言，如 LabVIEW、HP VEE、Agilent VEE 等。

一般的模块化仪器或分立台式仪器通常会提供满足以上几种语言调用需求的驱动程序，或至少会提供 LabVIEW 及 C 语言下的驱动程序。这样，虚拟仪器系统的开发人员就可以选择自己习惯的编程语言开发自定义的系统。

1.5 虚拟仪器技术的应用

虚拟仪器在各工程领域有着广泛的应用，如半导体、航空航天和国防、通信工程、交通、能源、生物医电、消费电子、汽车工业、机械工业、自然环境监测、节能减排、故障诊断、结构健康监测、风能发电、机器人开发等。下面列举一些虚拟仪器技术的应用场景。

1. 在半导体技术领域中的应用

在传统的半导体测试中，实验室和量产时是两个不同的应用场景。在实验室中，使用传统的台式仪器来进行半导体特性分析测试时，随着更复杂的芯片和越来越多射频芯片的加入，需要同时使用多种仪器，这时通常使用 GPIB 或以太网将所有台式仪器串联起来，但是这样的总线带宽和同步并不能很好地满足需求，对 IC 验证工程师来说也是非常困难的。来到产线这一端，使用传统自动测试设备（Automatic Test Equipment，ATE）进行半导体量产测试，这种方法对于主控芯片、memory 的测试没有问题，但是随着现在 RFIC 或者是物联网芯片的加入，需要对原有的 ATE 进行扩展，才能满足需求。另一方面，传统的 ATE 并不能将实验室的数据和量产的数据紧密结合起来，因此经常要做一致性的对比，这将耗费巨大的人力和时间，新一代的虚拟仪器在这时发挥了重要作用，它提供了一个跨越实验室到量产整个鸿沟的平台。例如使用 NI PXI 平台再配合包括 LabVIEW 和 TestStand 测试管理程序在内的灵活开放的软件，实现了整个平台的完整性，极大地加快测试时间，优化半导体测试，解决了客户碰到的成本和测试复杂等问题。图 1-10 所示为虚拟仪器技术在半导体测试中的应用。

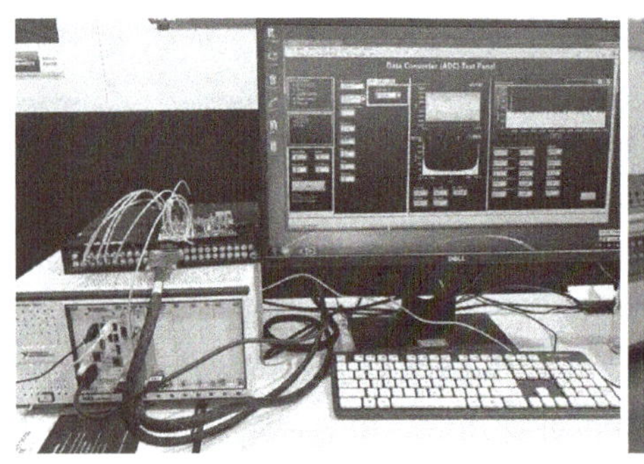

图 1-10　虚拟仪器技术在半导体测试中的应用

2. 在航空航天和国防领域中的应用

在制造飞机、太空和国防系统的组件时，都必须进行非常严格的测试。此外还需要分析和测试系统组件之间的互操作性，以确保在各种操作条件下系统及其组件满足所有规范要求。而系统集成则需要更复杂的测试平台，才能确保这些组件按预期运行。随着整个项目的推进，子系统在开发过程中，可能会出现意外的情况，导致需要大幅改造测试系统来满足新的要求，使成本大幅增加。利用虚拟仪器软件和广泛的高性能 I/O 模块，可以搭建灵活的测试台，同时开放式平台还能集成第三方系统和各种通信协议，可以确保测试台随设计和测试要求的变化进行调整和扩展，从而能更好地满足系统日益复杂、产品生命周期不断延长的测试要求。图 1-11 所示为虚拟仪器技术在航空航天领域中的应用。

图 1-11　虚拟仪器技术在航空航天领域中的应用

3. 在无线通信领域中的应用

新一代移动通信网络即“第五代移动通信技术”（也称为“5G”）具有大规模 MIMO、毫米波通信、新兴物理层和超密集组网几个特性。在执行测试的时候，需要具备实时的系统处理、严格的 I/O 控制，包括同步、可扩展性严苛的射频需求，因此测试系统就需要满足模块化、频率和信道灵活性和软件定义的信号处理。面对这些新需求，在使用台式仪表的传统测试时，可能会有中频部分、射频的台式仪表，覆盖了很多不必要的测试频段，另外还有独立的发射端、接收端，需要用不同单一功能的台式仪表叠加进行测试，处理能力不足且成本很贵。当前模块化的虚拟仪器平台由于具有高度的灵活性和快速的测试速度等特征，再加上拥有强大的软件自定义功能，很快便在 5G 新应用领域得到应用，它可帮助开发人员更快速地创建、设计、仿真、原型验证和部署无线系统。图 1-12 所示为虚拟仪器技术在无线通信领域中的应用。

4. 在交通运输领域中的应用

无人驾驶汽车是现代产业界关注的一个热点。和传统汽车不同，新的无人驾驶汽车由于拥有了更多的摄像头和传感器，还有各种不同的无线网络，使其融合测试变得更复杂，如果再加上后段非常核心的算法处理和决策部分，给汽车系统带来的测试难度将是空前的。这就需要找到一种在质量、创新和成本上平衡的解决方案。基于虚拟仪器技术的测试方案，是让客户自定制解决方案、自定义设计，且具备开放有活力的生态系统，它将成为汽车未来测试的好帮手。例如，基于 NI PXI 统一的模块化平台能够非常方便地将包括雷达测试、机器视觉测试以及 V2X 通信测试集成在统一的平台上，能够完整地实现从感知到决策再到执行的完整闭环仿真测试系统，从而实现整个智能汽车完整的硬件在环系统的测试，如图 1-13 所示。

5. 在电子领域中的应用

印制电路板（PCB）是现代电子设备的重要组成部分，其质量直接影响到产品的性能甚至是功能的实现。在电路板的制造过程中，任何一个环节出现错误，都会导致电路板存在缺陷，这些环节包括了 PCB 制造、器件装配以及焊接。对应的缺陷包括板子缺陷、元器件缺陷

（漏装、装错、极性装错等）和焊点缺陷。传统的 PCB 缺陷检测方法是通过人眼来检测，这种方法容易漏检、检测速度慢、无法满足生产要求，因此逐渐被机器视觉代替，如图 1-14 所示。机器视觉系统采用的是虚拟仪器技术架构，系统利用工业相机摄取检测图像并转化为数字信号，再利用开放灵活的机器视觉软硬件平台，对数字图像信号进行处理，得到所需要的各种目标图像特征值，再与模板数据进行匹配，从而完成元件识别或缺陷检测等多种功能。工程师利用 LabVIEW 工具包和模块，进行机器视觉系统的开发，实现 PCB 缺陷检测。与传统人工检测相比，机器视觉检测系统大大提高了 PCB 缺陷检测的效率和准确度。

图 1-12　虚拟仪器技术在无线通信领域中的应用

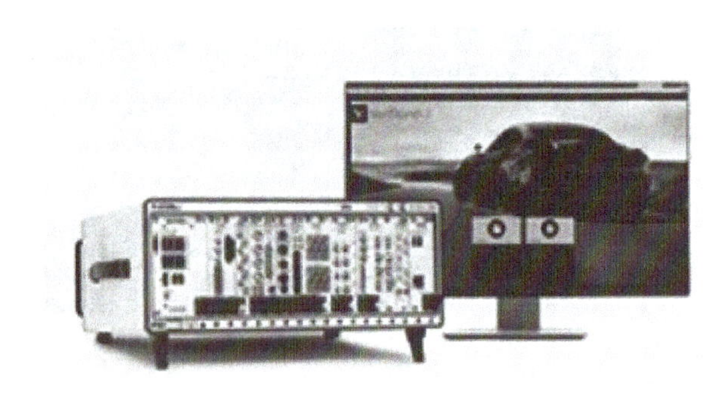

图 1-13　虚拟仪器技术在交通运输领域中的应用

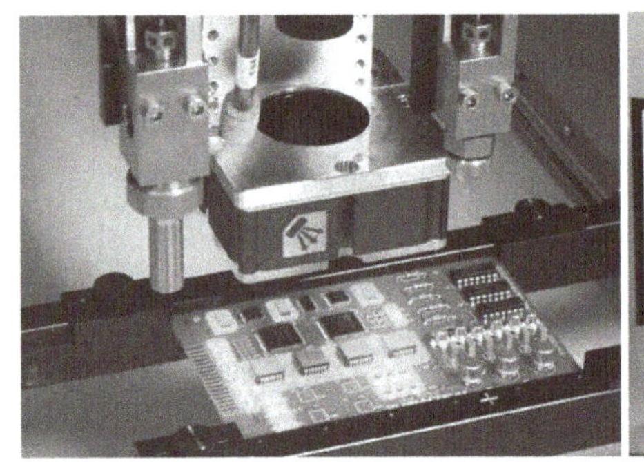

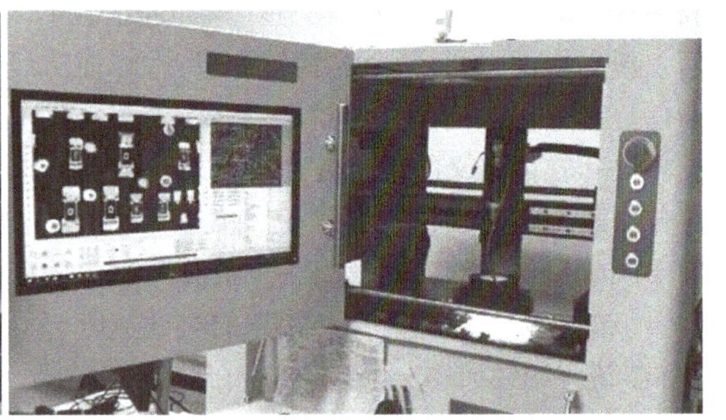

图 1-14　虚拟仪器技术在电子领域中的应用

6. 在机械工业领域的应用

虚拟仪器技术可用于工业制造状态监测、数据记录、硬件在环（HIL）测试等。工厂设施处于偏远位置、工作环境恶劣以及可靠性工程师人才稀缺等因素给保障正常生产时间带来挑战。而借助在线状态监测技术，维护工程师可以在前往工厂之前先查找、诊断问题并对问题进行优先级处理。工程师也可以将关键设备的数据共享给专家，以便他们进行分析，同时还可将这些数据连接到企业 IT 系统，以推动数字化转型，实现工业物联网（IoT）或智能制造。通过虚拟仪器技术对设备运行状态进行监测，增加正常生产时间，为企业实现数字化转型提供支持。图 1-15 所示为虚拟仪器技术在机械工业领域中的应用。

7. 在能源领域的应用

能源是一个存在各种影响因素的复杂领域，涵盖了能源安全、环境/运营保护、系统效率、分布式系统可靠性和控制以及清洁能源技术等诸多方面。比如随着人口增长、电力基础设施老化，电网和微电网需要通过动态监测和控制系统来提供处理灵活性，以扩大配电范围、优化电网资产、分析电网性能。利用虚拟仪器技术，可帮助公用事业单位以及电力系统工程师创建一个更智能的电网，以提高电网集成可再生能源的能力，实现自动化分析，增强态势感知能力，进而提高整体能源效率和安全性。图 1-16 所示为虚拟仪器技术在能源领域中的应用。

a)　　b)

图 1-15　虚拟仪器技术在机械工业领域中的应用

a）设备运行状态监测　b）风力发电测试系统

a)　　b)

图 1-16　虚拟仪器技术在能源领域中的应用

a）电能质量分析　b）电能转换

1.6 仪器与测控系统的发展趋势

随着半导体技术、处理器技术、计算机总线技术、网络技术、软件技术等的快速发展，仪器与测控系统呈现如下的一些发展趋势：

1）数字化：模拟量转换成数字量并进行处理，具有精确度高、稳定度高、速度快、便于数字处理计算和远传等特点。

2）自动化：程序控制代替手动操作，提高效率，减轻操作者劳动强度，自动化程度越高，速度越快。

3）综合化：利用一台多功能仪器代替多台单功能仪器系统，提高灵活性和可靠性，并降低成本，减小体积。

4）模块化：插卡或模块代替传统台式仪器，在系统应用时节省系统重复资源，减少体积和重量。

5）虚拟化：基于通用硬件平台，充分利用软件定义的仪器设备，例如用软件实现的软面板代替传统的仪器操作面板，提高硬资源重用性和结构灵活性，降低成本、功耗、故障率等。

6）智能化：利用单或多处理器实现学习、识别、推理等功能，以使设备充分模拟人的智力能力，特别适合故障诊断、识别等应用。

7）网络化：利用通信线路和设备将仪器连接成较大的复杂系统，共享资源，提高速率和灵活性，适合远程分布测试、维修、校准、培训等应用。

虚拟仪器技术是目前测控领域中最为流行的技术之一，它充分体现了这些趋势。

思考与练习

1. 简述电子测量仪器的发展过程和趋势。
2. 什么是虚拟仪器？它的组成架构是怎样的？
3. 虚拟仪器的软件有哪些？
4. 根据所选用的硬件不同，虚拟仪器有哪些种类？
5. 查阅资料，了解当今虚拟仪器在各行业的应用情况，写出 2~3 个案例。

第 2 章 数据采集基本概念

虚拟仪器主要是利用计算机对真实物理世界中的各种物理量进行测量。要实现测量，首先要获取数据，即将被测数据采集到计算机。利用数据采集卡硬件设备，并结合软件进行配置可以方便地实现数据采集。本章主要介绍数据采集系统各部分构成、被采集信号的类型、采集卡的测量配置方式、采集卡的性能指标等理论知识，为后面的实践打下理论基础。

2.1 数据采集系统的构成

数据采集是将被测对象的各种参量通过各种传感器做适当转换后，再经信号调理、采样、量化、编码、传输等步骤送到计算机进行数据处理分析或记录的过程。

数据采集系统由传感器、信号调理电路、数据采集卡、计算机及测试软件等部分组成，如图 2-1 所示。

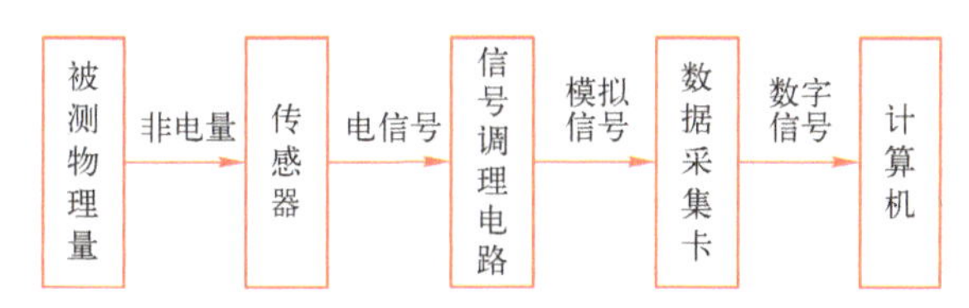

图 2-1 数据采集系统

例如，如果要测量温度，通常需要将温度传感器发送的信号，通过信号调理装置连接到数据采集设备的模拟输入通道。该设备再将数据传送到计算机，计算机使用虚拟仪器软件编写的数据采集程序读取板上相应通道的数据，在屏幕上显示温度，将其记录到数据文件，并按照要求分析数据。

2.2 信号的类型

被测物理量代表了现实世界需要测量的信号，如速度、位移、温度、湿度、压力、流量、pH 酸碱度、放射性、亮度、声音等。当建立数据采集系统时，这些物理量最终要通过传感器转换为电压或电流信号进行测量，进而提取状态、速率、电平、形状和频率成分等有用的信息。

为了确定信号测量方法，首先要了解信号的类型。根据信号传递的信息不同，信号分为数字信号和模拟信号两大类。数字信号只有高电平（通）和低电平（断）两种可能的离散电平。模拟信号包含了相对于时间连续变化的信号信息。工程师常常又将数字信号分为通断信号和脉冲序列信号两种，将模拟信号分为直流信号、时域（或交流）信号和频域信号 3 种。2 种数字和 3 种模拟信号类型在传递信息方面是唯一的。图 2-2 所示为信号分类层次图，常常需要将给定的信号划分为这 5 种信号类型之一。

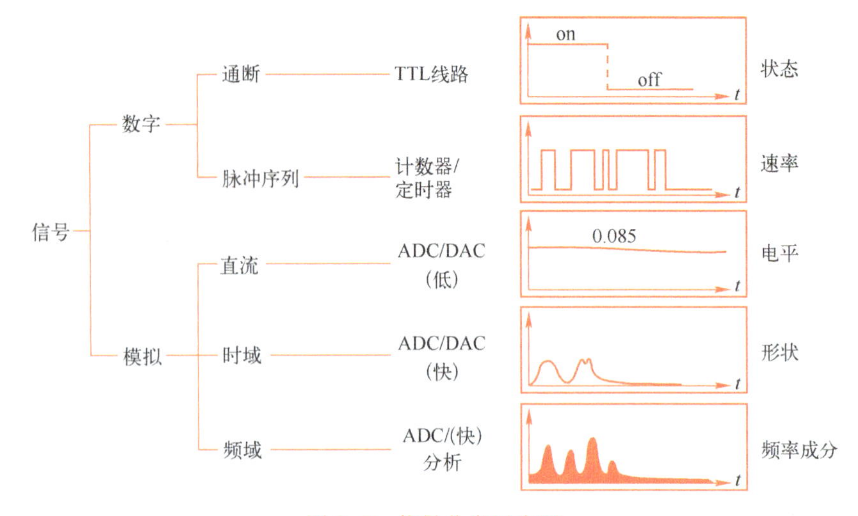

图 2-2 信号分类层次图

1. 数字通断信号

第一种类型的数字信号为通断或状态信号。通断信号传递有关数字信号状态的信息。因此，测量这种信号类型的硬件为简单数字状态检测器。晶体管-晶体管逻辑（TTL）开关输出信号、固态继电器的状态、LED 指示灯的状态信号都是数字通断信号的例子。

2. 数字脉冲序列

第二种类型的数字信号为脉冲序列或速率信号。这种信号由一系列的状态变化构成。包含在其中的信息可以由状态变化的次数、速率以及一个或多个状态变化的时间间隔表示。安装在发动机主轴上的光电编码器输出信号、打印期间计算机并行接口中的数据、因特网中的数据流，它们都是数字脉冲序列信号。在一些例子中，设备要求输入数字信号，如步进电动机要求输入数字脉冲序列来控制电动机的位置和速度。

3. 模拟直流信号

模拟直流（DC）信号或电平信号是静态或缓慢变化的模拟信号。电平信号最重要的特征是通过特定时刻信号的电平或幅度传递有用信息。由于直流信号变化缓慢，因此测量时更注重于电平的精度而不是测量的时间或速率。测量直流信号的插卡式数据采集设备类似于 A/D 转换器（ADC），它将模拟电信号转换为计算机能够识别的数字值。

常见直流信号例子包括温湿度、电池电压、压力和静态负载等。数据采集系统监测信号并返回表示当时信号大小的信号值。

数据采集系统在采集模拟直流信号时应满足下列指标：

1）高精度/分辨率：精确测量电平信号。

2）低带宽：以低速率采样信号（软件定时即可满足）。

4. 模拟时域信号

模拟时域波形信号不同于其他信号，因为它们通过随时间变化的信号电平传递有用信息。当测量波形信号时，通常称为波形，人们对波形的形状特征如斜率、位置和波峰等感兴趣。时域信号多种多样，其共同点是波形的形状（电平与时间）是人们感兴趣的主要特征。

为了测量时域信号形状，必须在一系列准确的时刻测量单个幅度或点，测量速率要能够保证波形的再生。同样，这一系列的测量必须在适当的时间开始，以保证采集到有用的信号部分。因此，测量时域信号的插卡式数据采集设备由 ADC、采样时钟和触发器构成。采样时钟为每次的 A/D 转换精确定时。为了保证采集到所要求的信号部分，触发器根据外部条件在适当的时间启动测量。

数据采集系统在采集模拟时域信号时应满足下列指标：

1）宽带：以高速率采样信号。

2）精确的采样时钟：在精确的时间间隔内采样信号（要求硬件定时）。

3）触发：在精确的时刻启动测量。

5. 模拟频域信号

在传递信息方面，模拟频域信号类似于时域信号，信号也随时间变化。然而，从频域信号提取信息是基于信号的频率成分，而非随时间变化的信号波形。

与时域信号类似，用来测量频域信号的数据采集设备必须包含 ADC、采样时钟和精确捕获波形的触发器。可以使用应用软件或用来快捷高效分析信号的专用 DSP（数字信号处理）硬件对该类型信号进行处理。

数据采集系统在采集模拟频域信号时应满足下列指标：

1）宽带：以高速率采样信号。可以测量到的最大信号频率必须小于采样频率的 1/2。

2）精确的采样时钟：在精确的时间间隔内采样信号（要求硬件定时）。

3）触发：在精确的时刻启动测量。

4）分析功能：将时域信息转换为频域信息。

任何信号都可以进行频域分析，某些信号和应用领域，比如语音、声学、地球物理信号、振动和系统变换函数等需要对信号进行频域分析。

以上 5 种信号类型并不相互排斥，实际情况中，一种特殊的信号可能传递不止一种类型的信息。因此可以将信号划分为不止一种类型的信号，从而可以用不止一种方法进行测量，选择的测量技术取决于需要从信号中提取的信息。

2.3 信号调理

由于传感器的输出信号中都会携带噪声或其他内容，因此不能直接送入数据采集设备，应该尽可能将信号干净地送到数据采集设备。对于电压（通常为±5 V 或 0~10 V）和电流（通常为 20 mA）要在数据采集设备的规定输入范围内，应用程序才能获得足够的精度。

信号调理就是为了能在数据采集设备上对信号进行数字化而对其采取的一些处理操作。信号调理模块“调理”由变换器产生的电信号，使其成为数据采集设备能够接受的形式。例如，可能要隔离一个高达 120 V 的高电压输入，以避免烧坏电路板和计算机。

常用的信号调理类型有：放大、隔离、滤波、激励、线性化等。

（1）放大

微弱信号都要进行放大以提高分辨率和降低噪声，使调理后信号的电压范围和 A/D 转换的电压范围相匹配。信号调理模块应尽可能靠近信号源或传感器，使信号在受到传输时环境噪声的影响之前已被放大，从而改善信噪比。

（2）隔离

使用变压器、光或电容耦合等方法在被测试端和测试系统之间传输信号，避免直接的电连接。除了切断接地回路外，隔离也阻隔了高电压浪涌以及较高的共模电压，从而保护工作人员和测量设备。因此使用隔离的原因通常有两个：一是安全角度考虑；二是隔离可使从数据采集卡出来的数据不受地电位和输入模式的影响。如果数据采集卡的地与信号之间有电位差，而不进行隔离，那么就有可能形成接地回路，引起误差。

（3）滤波

在一定的频率范围内去除不希望的噪声。几乎所有的数据采集应用都会受到一定程度的50 Hz或60 Hz的噪声（来自于电路或机械设备）。大部分信号调理装置都包括了最大程度上抑制50 Hz或60 Hz的噪声而专门设计的低通滤波器。还需要有抗混叠滤波器，滤除信号中最高频率以上的所有频率信号。一些高性能的数据采集卡自身带有抗混叠滤波器。

（4）激励

一些转换器需要激励信号，比如应变传感器、热敏电阻等需要外界电压或者电流激励。很多信号调理模块都提供电流源和电压源以便给传感器提供激励。不同传感器特性不同，要根据具体传感器的特性和要求来选用信号调理功能模块。

（5）线性化

许多传感器对被测量的响应是非线性的，因此需要对输出信号进行线性化，以补偿传感器带来的误差，数据采集系统可以利用软件来解决这一问题。

常见的不同类型传感器和信号所需的信号调理措施见表2-1。

表2-1　不同类型传感器和信号所需的信号调理措施

传感器和信号	信号调理措施
热电偶	放大、滤波、线性化、冷端温度补偿
热敏电阻	放大、滤波、激励、线性化
RTD	放大、滤波、电流激励、线性化
应变片	放大、滤波、电压激励、线性化、桥路补偿
加速度计	放大、滤波、激励、线性化
传声器	放大、滤波、激励、线性化
共模电压和高电压	衰减、隔离放大器（光隔离）
负载要求的交流电源或大电流	机电式继电器或固态继电器
高频噪声信号	低通滤波器

不同的传感器有不同的特性，要根据实际的需要来选用信号调理措施。可以选择添加外部信号调理措施或使用具有内置信号调理功能的数据采集设备。许多数据采集设备还包括针对某些特定的传感器的内置接口，方便传感器的集成。如果实际信号符合采集卡的要求，则可以省略信号调理模块。

2.4 测量系统的信号输入方式

电压是测量到的两个物体之间的电势差，电压不是绝对的，总是需要一个基准才有意义。根据基准不同，信号可以分为如下两种类型：接地信号源和浮地信号源。

2.4.1　接地信号源

接地信号源是一个以系统地（如大地或建筑物地面）为基准的电压信号源，如图 2-3 所示。因为它们使用的是系统地，所以与采集卡设备共地，这种类型的接地主要考虑的是安全因素。最常见的接地信号源实例是通过墙上的电源插座连接到建筑物地线的设备，例如信号发生器或电源。

2.4.2　浮地信号源

浮地信号源是一个没有以系统地（如大地或建筑物地面）为基准的电压信号源，如图 2-4 所示。信号源的两个端子都不连接到插座地线，因此每一个端子都是独立于系统接地的。例如电池、热电偶、变压器以及隔离放大器等是浮地信号源。

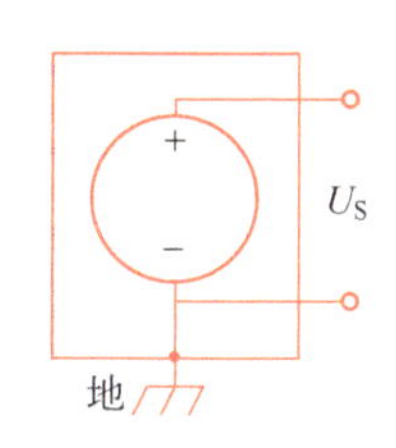

图 2-3　接地信号源

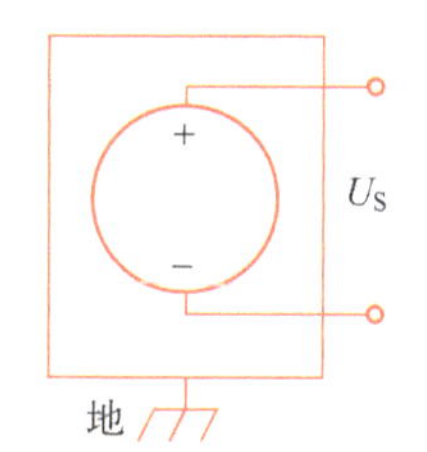

图 2-4　浮地信号源

经过调理后的信号要送到数据采集设备，数据采集设备也是基于某些基准来测量电压。根据测量基准的不同，信号输入至数据采集设备的方式有 3 种，分别是差分、参考单端和非参考单端。

1. 差分测量系统

在差分测量系统中，信号的正负极分别与一个模拟输入通道相连接。大多数带有仪器放大器的数据采集设备，都可以配置为差分测量系统。图 2-5 所示为数据采集设备使用的 8 通道差分测量系统。模拟多路复用器（MUX）增加了测量通道数，但仍使用一个仪器放大器。对于该设备，标记为 AIGND 的引脚（模拟输入接地）就是测量系统地。

2. 参考单端测量系统

参考单端（RSE）测量系统也称为接地测量系统或单端接地测量系统，其测量是相对于大地的，被测信号一端接模拟输入通道，另一端直接与系统地 AIGND 相连。大部分插卡式数据采集设备提供了这样一个选择。图 2-6 所示为 16 通道 RSE 测量系统。

3. 非参考单端测量系统

非参考单端（NRSE）测量系统也称为单端浮地测量系统。所有测量都基于公共基准点，但基准电压随着测量系统的接地变化而变化。在 NRSE 测量系统中，信号的一端接模拟输入通道，另一端接公共参考端（AISENSE），但这个参考端电压相对于测量系统的地来说是不断变化的。图 2-7 所示为一个 NRSE 测量系统，其中的 AISENSE 作为测量的公共基准点，AIGND 为系统地。

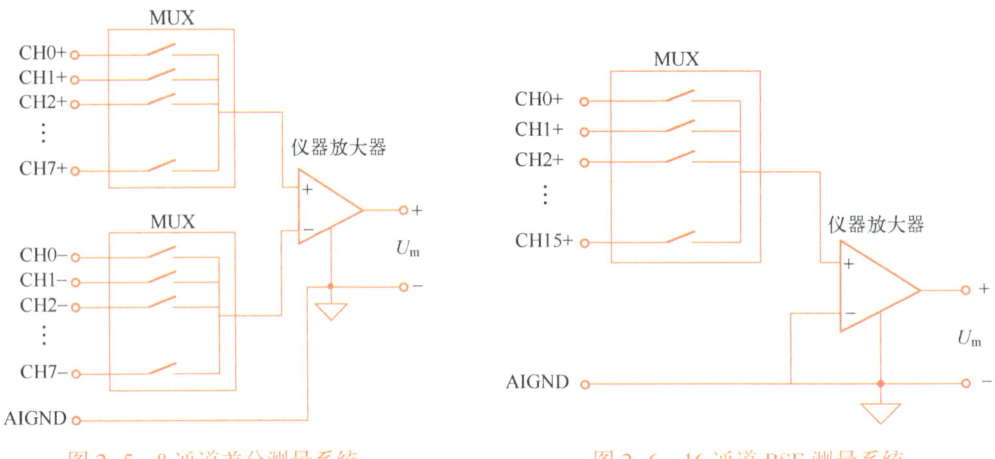

图 2-5　8 通道差分测量系统　　　图 2-6　16 通道 RSE 测量系统

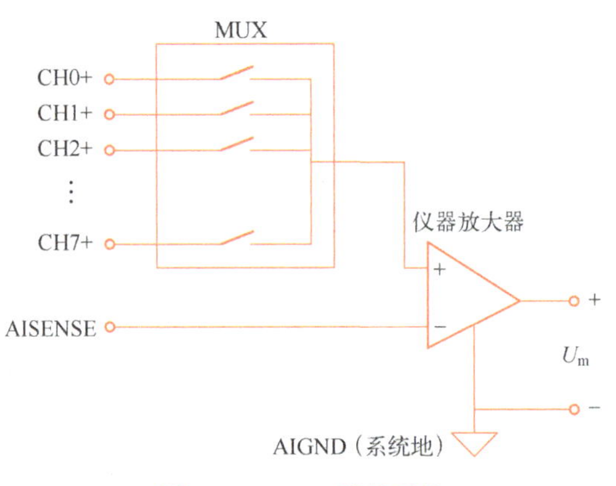

图 2-7　NRSE 测量系统

选择测量系统的一般准则如下：

1）测量接地信号源可以使用差分或 NRSE 测量系统。差分测量可以抑制共模电压，抗干扰能力强，但通道数量减少一半，一般推荐使用差分测量。使用 NRSE 测量系统可以使用全部的通道数，但不能抑制共模电压。不推荐使用 RSE 测量系统，因为两个地之间的电势差会形成一个可能损坏设备的接地回路，这是产生测量错误的根源之一。

2）测量浮地信号源可以选用差分、RSE、NRSE 测量系统。注意使用差分或 NRSE 测量系统测量浮地信号源可能受偏流的影响，使得输入电压漂移出数据采集设备的量程，因此需要在输入端和地之间安装偏压电阻。

2.5 采样定理

现实世界中的信号是连续的，为了在计算机中处理和显示这些信号，数据采集设备需要不断地检查信号的电平，即在一系列选定的时间上对输入的模拟信号进行采样，并将电平转换为计算机可以接受的离散数字，这个过程称为 A/D 转换。

A/D 转换的频率（系统的采样频率）非常重要，它影响着数字化后的信号是否看起来像现实世界的信号。当采样频率不够高时，就会产生“混叠”现象，混叠会影响数据，在数据中带来实际信号中并不存在的频率成分并丢失一些频率成分，导致信号严重失真，影响测量结果。一旦发生信号混叠，就不可恢复。为了避免混叠现象的发生，必须要有合适的采样率。如何确定采样频率？这要遵循奈奎斯特采样定理。该采样定理指出，为了避免混叠，采样频率必须大于被采样信号最高频率的两倍。奈奎斯特采样定理仅能处理精确给出频率的信号，对于给出波形的信号没有提及，为了充分保持信号的形状，必须使用比奈奎斯特频率更高的频率进行采样，通常至少为信号最高频率的 5~10 倍。

此外，采样前需要加防混叠滤波器（低通滤波器），因为在许多实际应用中，信号中混入了大量的高频噪声、瞬间脉冲干扰或尖峰信号，远远超过了测量系统的理论频率极限。例如，普通的生物医学信号心电图（ECG 或 EKG）是一个与心脏活动有关的电压信号。尽管这些信号很少有超过 250 Hz 的成分，但电极中很容易混入 100 kHz 甚至几兆赫的射频噪声，要把高频信号和噪声滤掉，保留有用的信号。数据采集系统提供了一些低通滤波器可以滤除高于 250 Hz 的信号，这样就不需要在极高的频率下采样，数据采集设备仅需在 600 Hz 下轻松地采样即可。

对于直流信号，例如温度和压力，采样频率的大小不是很重要，因为这些信号的物理特性决定了它们不会发生突变。在这些情况下可以采用较低的采样频率，如 10 Hz。

2.6 数据采集卡

数据采集设备将数据送入计算机，比较常见的是 PCI 数据采集卡，这种采集卡直接插入计算机的 PCI 插槽上；还有基于 PXI 规范的数据采集设备，它内部可以插入多个数据采集卡，相当于扩展了计算机的 PCI 插槽；另外还有 USB 接口、串口及无线网卡常用的 PCMCIA 口等。采集卡实物图如图 2-8 所示。

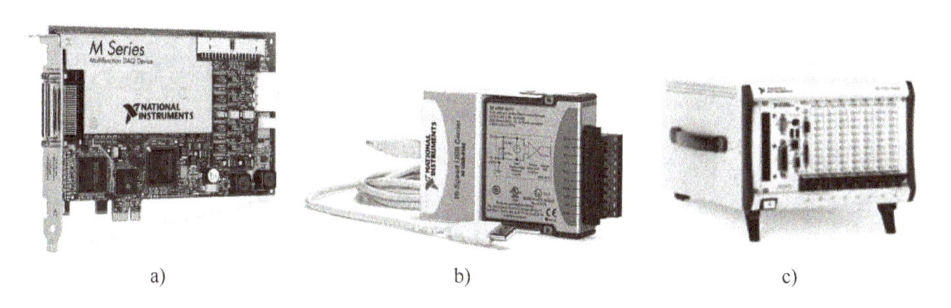

a) b) c)

图 2-8 采集卡实物图

a）PCI 总线接口数据采集卡 b）USB 接口数据采集卡 c）PXI 规范数据采集设备

一个典型的数据采集卡的功能主要有：模拟输入、模拟输出、数字 I/O、计数器/定时器等。

（1）模拟输入

模拟输入是采集最基本的功能。它一般由多路开关、放大器、采样保持电路和 ADC 组成，通过这些部分将模拟信号转换为数字信号。ADC 的性能和参数直接影响模拟输入的质量，要根据实际需要的精度来选择合适的 ADC。

（2）模拟输出

模拟输出通常为采集系统提供激励。输出信号受 D/A 转换器（DAC）的转换时间、分辨率影响。建立时间短、转换率高的 DAC 可以提供一个较高频率的信号。DAC 的性能和参数直接影响模拟输出的质量，根据实际需要的精度来选择合适的 DAC。

（3）数字 I/O

数字 I/O 通常用来控制过程、产生测试信号以及与外设通信等。它的主要参数包括数字端口数、接收（发送）率、驱动能力等。如果输出去驱动电动机、灯、开关型加热器等，就不必用较高的数据转换率。数字接口数要同控制对象配合，且需要的电流要小于采集卡所能提供的驱动电流。加上合适的数字信号驱动电路，仍可以用数据采集卡输出的低电流 TTL 电平信号去控制高电压、大电流的工业设备。数字 I/O 常见的应用是在计算机和外设如打印机、数据记录仪等之间传送数据。另外，一些数字口为了同步通信需要，还需要有"握手"线。

（4）计数器/定时器

许多场合要用到计数器，如定时、产生方波。计数器包括 3 个重要信号：阈值信号、计数信号、输出。阈值信号就是触发计数器工作的信号；计数信号就是信号源，提供了计数器操作的时间基准；输出是在输出线上产生脉冲或方波。计数器重要的参数是分辨率和时钟频率（计数速度）。

数据采集卡重要的参数指标有分辨率、电压范围、增益等。

一个数据采集卡的分辨率、电压范围和增益决定了可分辨的最小电压（LSB）。例如，一个数据采集卡分辨率是 12 位，电压范围为 0~10 V，增益为 100，则 $\mathrm{LSB}=10\ \mathrm{V}/(2^{12}\times100)\approx24\ \mu\mathrm{V}$。因此，在 A/D 转换时，能分辨的最小电压是 24 μV。根据实际被测信号选择合适的增益和输入范围。选择一个大的输入范围或降低增益可以测量大范围的信号，但以牺牲精度为代价。选择一个小的输入范围或增大增益可以提高精度，但可能会使信号超出 A/D 允许的电压范围。

用户在为虚拟仪器测量系统选择数据采集卡时，应该提前了解系统的需求，比如系统所采用的操作系统和软件平台、总线和连接器类型、模拟输入和输出端口数量、数字 I/O 端口数量、模拟输入电压和电流信号的范围、计数或定时信号、信号调理功能、每个通道要求的最低采样率、所有通道要求的最低扫描速率、精度、分辨率等。综合考虑系统需求以及价格、便携性、兼容性、扩展性等因素为测量系统选择合适的数据采集卡。

选择了数据采集卡后，计算机需要安装相应的驱动程序，这样计算机才能识别具体的数据采集设备。安装完驱动程序后，可以调用配置软件或相应的 API，以实现对数据采集卡的操作。例如 NI 的 DAQmx 是数据采集卡的驱动程序，NI 的 MAX（Measurement & Automation）软件可以用来对采集卡进行配置、诊断和测试。硬件配置好后加上 LabVIEW 应用软件编程环境，用户就可以开发所需要的测试应用程序。

思考与练习

1. 简述数据采集系统的构成。

2. 常用的信号调理类型有哪些？作用分别是什么？

3. 案例：生物医学工程实验室的李教授做采集人体心脏信号的实验。需要同时采集两个个体的心电图，每个个体有 4 个电极连接到身体的不同部位，需要实时地测量 3 个电极的电压，并以第 4 个电极作为基准。从电极到数据采集系统的导线没有隔离或接地屏蔽。波形中最大的信息量是 2 ms 宽的片段，波形中信号小于 0.024 mV。

这个案例中需要测量什么类型的信号？推荐采用哪种类型的测量系统？对这些信号的采样率应该是多少？需要信号调理吗？为什么？

4. 简述选择数据采集设备时要考虑的因素。

第 3 章 虚拟仪器软件开发环境 LabVIEW

LabVIEW 是当今主流的虚拟仪器开发工具之一。本章内容主要包括：LabVIEW 软件简介，LabVIEW 软件的 3 个操作选板和工具栏的使用方法，虚拟仪器程序 VI 的创建方法，VI 前面板的编辑技巧和程序框图的组成。通过例题介绍 VI 的设计步骤、调试方法以及子 VI 创建方法。

3.1 LabVIEW 简介

LabVIEW（Laboratory Virtual Instrument Engineering Workbench）是美国 NI 公司于 1986 年推出的一款图形化的虚拟仪器开发工具软件。LabVIEW 最初是为测试测量而设计的，经过多年的发展，LabVIEW 被广泛地应用于测试与控制领域，被视为一款标准的数据采集和仪器控制软件。至今，大多数主流的测试仪器、数据采集设备都拥有专门的 LabVIEW 驱动程序，使用 LabVIEW 可以非常便捷地控制这些硬件设备。它可以在一个硬件的情况下，通过改变软件，来实现不同仪器仪表的功能，即“软件定义”的理念和方法。

LabVIEW 针对数据采集、分析、显示和存储、仪器控制、信号分析与处理等任务，提供了许多函数节点，用户可直接调用，极大提高了开发效率。它还提供了 PCI、GPIB、VXI、PXI、RS-232C 和 USB 等通信总线标准的功能函数，可以驱动不同总线接口的设备和仪器。此外，它还具有强大的网络功能，支持常用的网络协议，可以方便地设计开发网络测控仪器，并有多种程序调试手段，如断点设置、单步调试等。LabVIEW 针对测量和过程控制领域提供了大量的仪器面板上的控制对象，如表头、旋钮、图标等。

此外，用户也可以方便地找到各种适用于测试测量控制领域的 LabVIEW 工具包，如机器视觉、运动控制、射频与无线协议、报表生成、数据库连接等。这些工具包几乎覆盖了用户所需的所有功能，通过调用工具包中的函数，方便工程师来开展自动化研究、验证和生产测试系统，加快设计创新。

LabVIEW 提供了 Windows、Mac OS、Linux 多种版本。利用 LabVIEW 可以生成独立运行的可执行文件。

利用 LabVIEW 编程可以实现数据采集、仪器控制、测试测量、数据分析、自动化报表、PLC 通信、机械手控制、图像采集、机器视觉外观检测、运动控制等。

3.2 LabVIEW 开发环境

3.2.1 新建或打开 VI 或项目

使用 LabVIEW 开发平台编制的程序称为虚拟仪器程序，简称 VI。

以 LabVIEW2018 为例，启动 LabVIEW 后将出现启动界面，如图 3-1 所示。在此可以创建新 VI 和项目、选择最近打开的 LabVIEW 文件、查找范例和 LabVIEW 帮助。

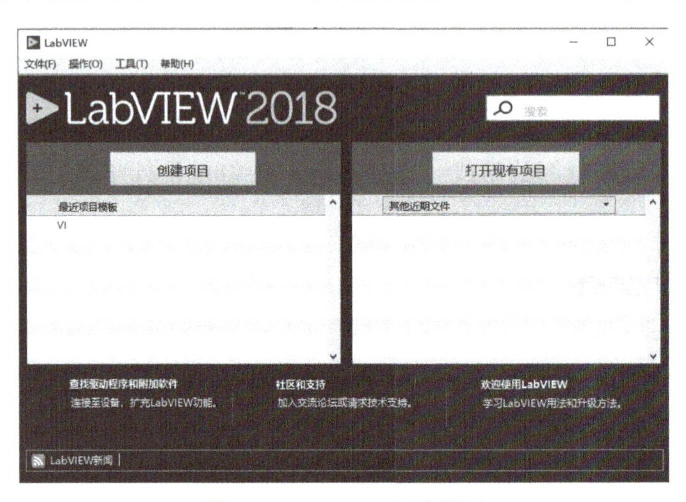

图 3-1　LabVIEW 启动界面

通过此界面也可用于查看各种信息和资料以了解 LabVIEW，如 NI 官网上的驱动程序和附加软件、加入交流论坛或请求技术支持等。

打开 LabVIEW 后，可以新建 VI 或项目、打开已有 VI 或项目并对其进行修改或者打开模板创建自己的 VI 或项目。

下面介绍新建一个 VI 的方法。

1）单击启动界面中的“创建项目”按钮，进入如图 3-2 所示的“创建项目”对话框。

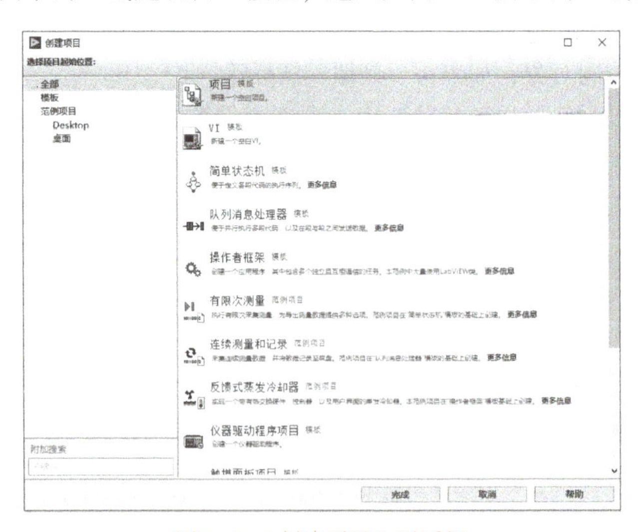

图 3-2　“创建项目”对话框

2）选择“项目”或者“VI”，然后单击“完成”按钮，则完成项目的创建，进入 LabVIEW 设计界面。

3）选择菜单“文件”→“新建 VI”命令，如图 3-3 所示。

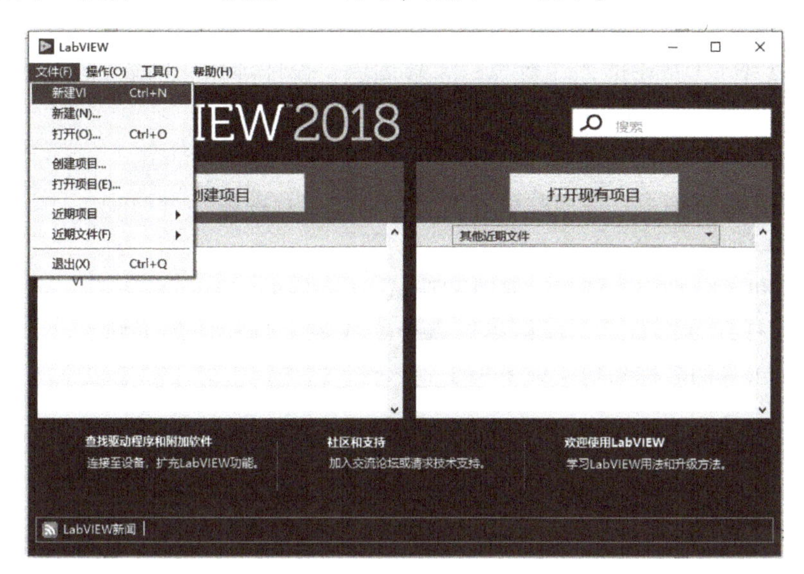

图 3-3　通过菜单新建 VI

4）此时屏幕上出现两个新的窗口，一个是前面板窗口，另一个是程序框图窗口，如图 3-4 所示。

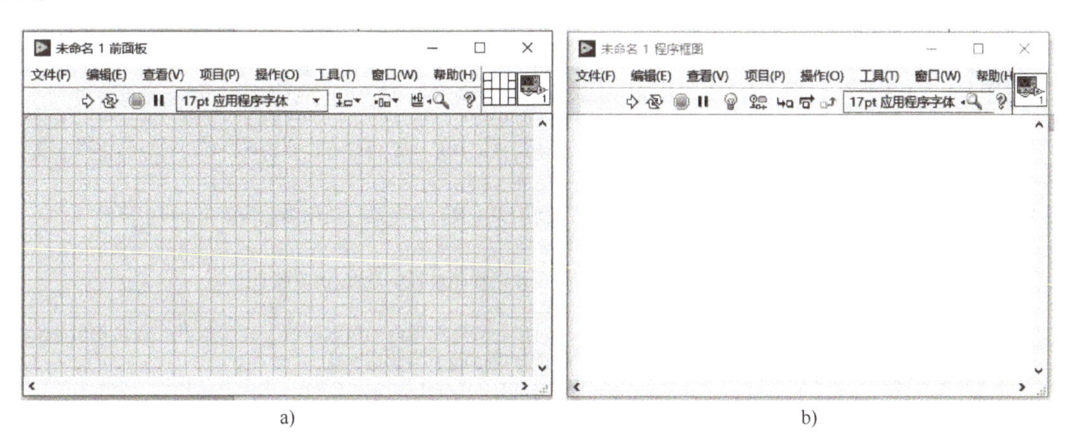

图 3-4　VI 前面板和程序框图窗口

a）前面板窗口　b）程序框图窗口

LabVIEW 的开发环境包括了前面板和程序框图两部分，利用 LabVIEW 设计出的虚拟仪器程序也包括前面板和程序框图。

前面板窗口是测试应用程序的人机界面，该窗口以控件的形式提供了旋钮、开关和各种显示器等图形元素。在这里用户输入程序运行所需要的参数，观察程序运行的结果。

程序框图窗口是设计者编写图形化源代码地方，程序的运行逻辑由程序代码决定。它主要由各种具有 I/O 端口的图标、节点及其连线构成，程序的设计是对节点、图标数据端口和连线的设计。

前面板和程序框图可以通过按〈Ctrl+E〉快捷键方式切换。

用户通过选择“帮助”菜单，可以查找一些 LabVIEW 自带的范例。

3.2.2 LabVIEW 操作选板

LabVIEW 包含 3 个常用的操作选板：工具选板、控件选板、函数选板，两个工作窗口：前面板窗口和程序框图窗口。

1. 工具选板

在前面板或程序框图中，选择菜单“查看”→“工具选板”，打开工具选板，如图 3-5 所示。

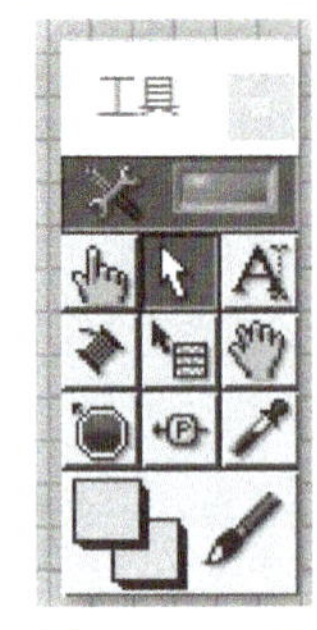

图 3-5 工具选板

工具选板提供了各种用于创建、修改和调试 VI 程序的工具。当从工具选板中选择了任一种工具后，鼠标指针就会变成该工具相应的形状。工具选板中各个工具的名称和功能见表 3-1。

表 3-1 工具选板中的工具

图 标	名 称	功 能
	自动选择工具	按下自动选择工具后，当鼠标在面板或程序对象图标上移动时，系统自动从工具模板上选择相应工具，方便用户操作
	操作工具	用于操作前面板的控制和显示
	定位/调整大小/选择工具	用于选择、移动或改变对象的大小
	编辑文本工具	用于输入标签文本或者创建自由标签
	连线工具	用于在程序框图上连接对象。如果联机帮助的窗口被打开时，把该工具放在任一条连线上，就会显示相应的数据类型
	对象快捷菜单工具	使用该工具单击窗口任意位置均可以弹出对象的快捷菜单
	滚动窗口工具	使用该工具可以不需要使用滚动条就在窗口中漫游
	设置/清除断点工具	在调试程序过程中设置/清除断点
	探针工具	可以在程序框图内的数据流线上设置探针，通过探针窗口来观察该数据流线上的数据变化
	获取颜色工具	从当前窗口中提取颜色
	设置颜色工具	用来给对象定义颜色。它也显示出对象的前景色和背景色

注意通常要把“自动选择工具”打开，当鼠标放在对象上时就会自动选择对应的工具，非常方便。

2. 控件选板

控件选板包括创建前面板所需的输入控件和显示控件。在前面板窗口上选择菜单“查看”→“控件选板”命令，就能打开控件选板，也可以在前面板窗口上右击，打开控件选板。控件选板被分成多种类别，如图 3-6 中，控件选板显示了“Express”“控制和仿真”“用户控件”“选择控件”4 个类别。

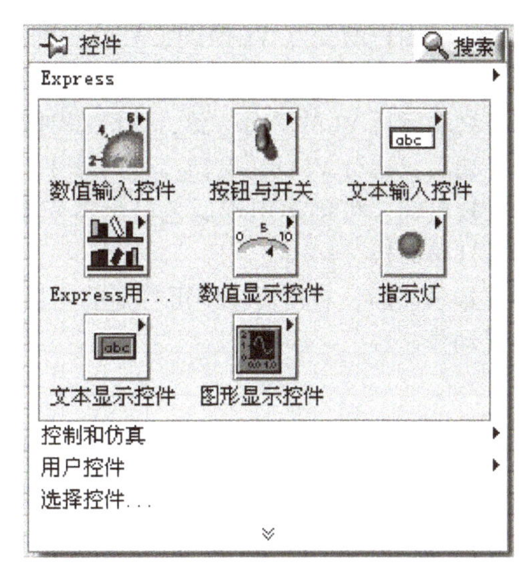

图 3-6　控件选板

用户可以根据需要，显示部分或者全部类别。方法是单击下拉箭头，选择“更改可见选板”，如图 3-7 所示。在弹出的“更改可见选板”对话框更改控件选板可见类别，如图 3-8 所示。

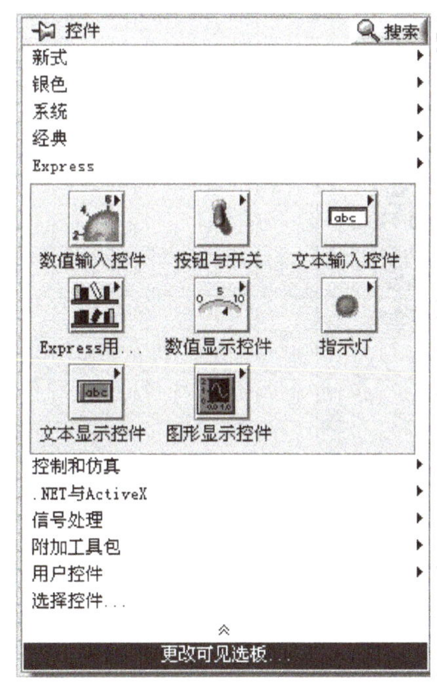

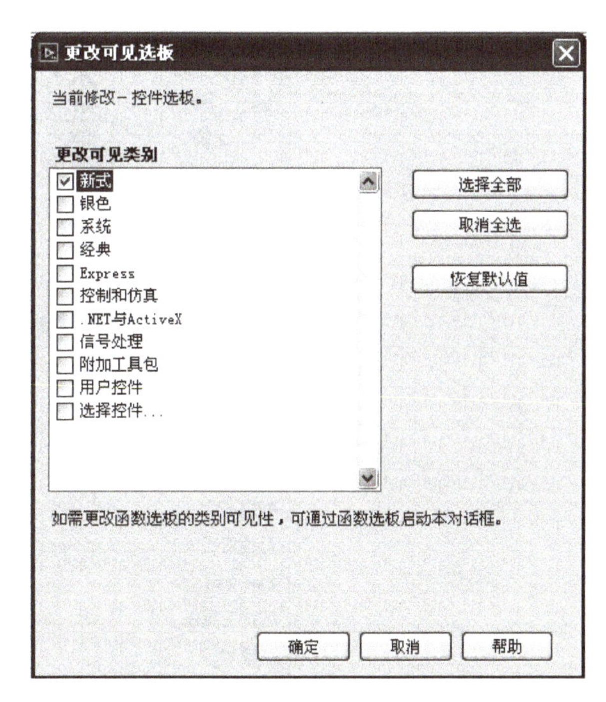

图 3-7　选择“更改可见选板”　　　　图 3-8　“更改可见选板”对话框

LabVIEW 提供了一系列可供使用的前面板控件，在其选板中，有新式、银色、系统、经典等系列控件，这些属于 LabVIEW 自带的控件，每个系列都包括数值、布尔量、字符串、枚举、表格、数组等各种数据类型的控件。

- 新式系列：视觉样式普通，但控件种类较齐全，更改自由度最大，大多数版本 LabVIEW 都支持。

- 银色系列：银色控件为终端用户的交互 VI 提供了另外一种视觉样式。控件的外观随终端用户运行 VI 的平台改变。
- 系统系列：视觉样式与终端运行 VI 的平台一致，一般在创建的对话框中使用系统控件，控件的颜色和外观随终端用户运行 VI 的平台改变，与该平台的标准对话框控件相匹配。
- 经典系列：视觉样式比较粗糙，可创建用于低色显示器配置的 VI，还可以用于创建自定义外观的控件及黑白打印面板。

在前面板放置输入控件或指示器后，右击对象即可打开前面板窗口对象的属性对话框，在其中可以改变对象的外观或者动作。

3. 函数选板

函数选板中包含了控制程序运行的函数、结构、常数和 LabVIEW 自带的 VI 等，如图 3-9 所示。在程序框图窗口的空白处右击，弹出函数选板，也可以从查看菜单中打开函数选板。

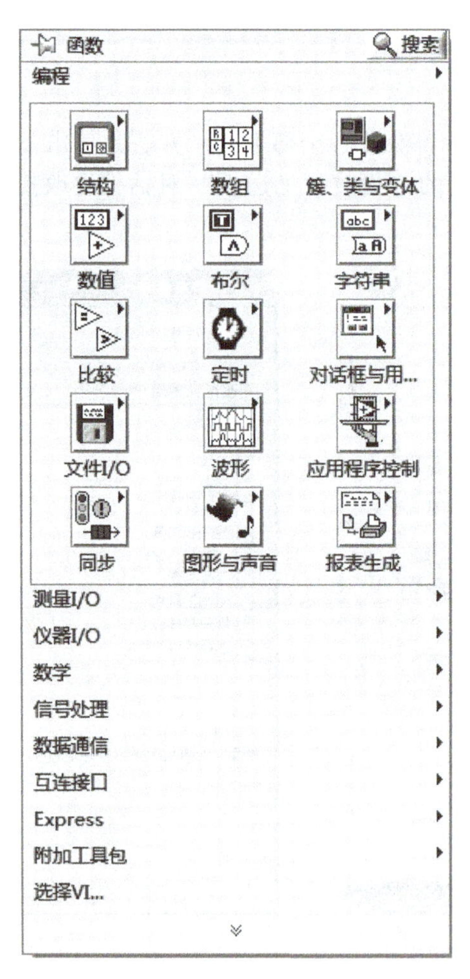

图 3-9　函数选板

3.2.3　LabVIEW 的菜单和工具栏

VI 窗口顶部的菜单包括文件、编辑、查看、项目、操作、工具、窗口和帮助。

前面板窗口和程序框图窗口都有与其有关的工具栏，通过前面板窗口的工具栏可以运行和编辑 VI，通过程序框图窗口的工具栏可以运行、编辑和调试 VI。

图 3-10 给出了程序框图窗口上的工具栏及各个按钮的作用。

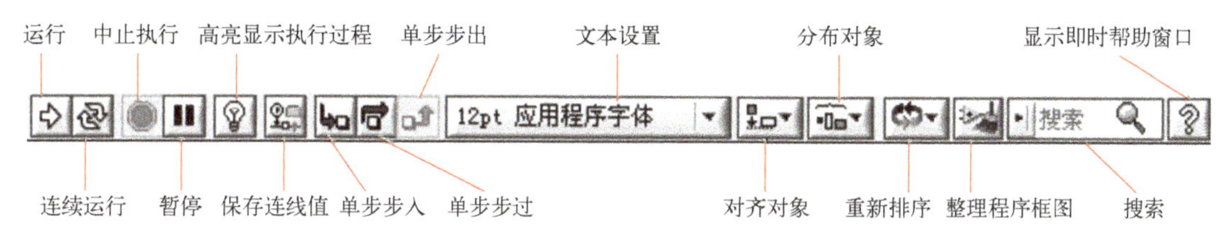

图 3-10 LabVIEW 程序框图工具栏

3.3 VI 的组成

3.3.1 前面板

1. 输入控件和显示控件

设计 VI 时首先要确定问题的输入和输出，输入和输出的确定直接影响前面板的设计。获取输入的方法有：使用设备（如采集卡）采集输入数据、直接从文件中读取输入数据、操作输入控件。输出可以用显示控件显示，也可以记录在文件中或通过设备输出。

前面板上有输入控件和显示控件两类对象，它们分别是 VI 的交互式输入和输出接线端。输入控件是指旋钮、按钮、开关、转盘等输入设备，为 VI 的程序框图提供数据。显示控件是指图形、图表、指示灯和其他显示设备，显示控件的作用是模拟仪器输出设备并显示程序框图采集或生成的数据。

选择输入控件和显示控件时，应确保它们适用于要执行的任务。例如，设定正弦波频率时可以选择转盘输入控件；显示温度时可以选择温度计显示控件。一个对象同一时刻只能作为控件或指示器一种形式存在，通过弹出菜单设置。

输入控件和显示控件区别有：

- 输入控件可以让用户输入数值，向 VI 框图提供数据。
- 显示控件显示由程序产生的输出信息。
- 程序框图中，两者数据流的方向不同，图标边框粗细不同。

从控件选板上，选择控件和指示器对象放到前面板后，可以为其创建固有标签，固有标签应该清楚明了、含义明确，帮助用户识别各个输入控件和显示控件的功能。输入控件和显示控件的固有标签对应于程序框图上接线端的名称。还有一种自由标签，用来注释面板和框图。

输入控件可以设置默认值，如果用户没有为输入控件设置其他值，VI 将以默认值运行。设置默认值的方法是，首先输入一个所需值，然后右击输入控件，从快捷菜单中选择“数据操作”→“当前值设置为默认值”。

输入控件和显示控件上的项可以显示，也可以隐藏，通过右击控件在快捷菜单的“显示项”里选择。

2. 前面板的编辑

设计前面板时，应考虑用户与 VI 的交互方式，从而对输入控件和显示控件进行逻辑分组。如果几个控件是相关的，可以在它们的周围加上修饰边框或将它们放入一个簇中。根据使用场合对控件进行大小调整、按一定方式分布和对齐、文本大小和字体等设置，还可以恰当地使用颜色改变用户界面的外观等。

简而言之，前面板的风格和布局在工程中应以客户需求为导向，以提高用户体验为最终设计依据。

下面介绍下前面板设计常用的相关工具和操作方法。

（1）颜色设置

使用“工具”选板的设置颜色来更改界面或控件的颜色，如图 3-11 所示，选择颜色后单击需要设置颜色的区域，可改变该区域的颜色，这里还包含了透明工具“T”。

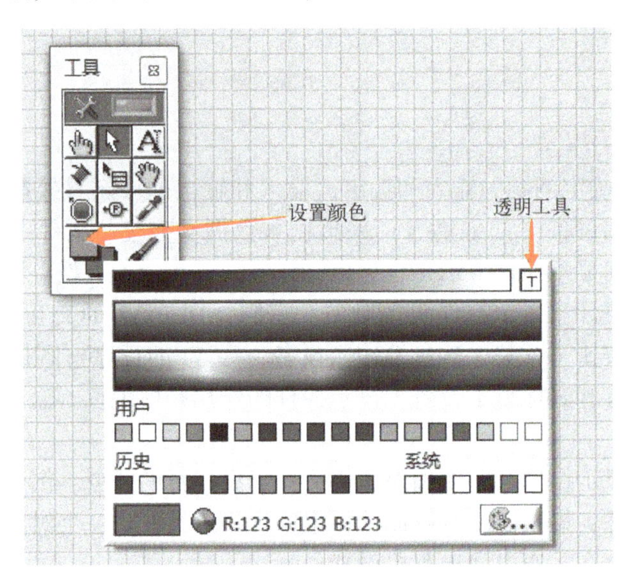

图 3-11　设置颜色工具

（2）布局操作

使用前面板工具栏的对齐对象和分布对象按钮来布局控件，如图 3-12 所示，选中控件后在工具栏单击相应按钮实现相应操作。

（3）设置字体

使用前面板工具栏的字体下拉菜单配置字体的大小、样式、对齐方式、颜色等，如图 3-12 所示。

3. 其他用户界面设计技巧与工具

一些内置的 LabVIEW 工具可以帮助用户设计出用户界面友好的前面板窗口，这些工具包括：系统控件、选项卡控件、修饰、菜单和窗口设置。

（1）系统控件

用户界面的一般功能是在适当的时候显示对话框以实现与用户的交互式操作。选择菜单“文件”→“VI 属性”，并选择“窗口外观”类别，再选择“对话框”选项，可创建一个对话框 VI。

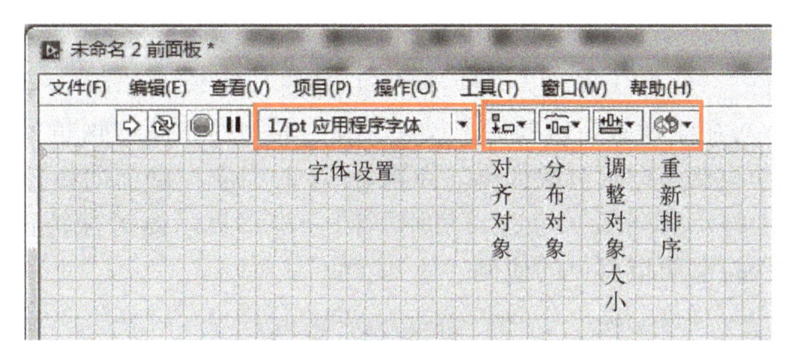

图 3-12　前面板布局对象工具

位于“系统”选板上的系统输入控件和显示控件可用于用户创建的对话框。由于系统控件的外观取决于 VI 的运行平台，所以在 VI 中创建的控件外观与所有 LabVIEW 平台都兼容。在不同的平台上运行 VI 时，系统控件将改变颜色和外观，与该平台的标准对话框控件匹配。

系统控件通常会忽略颜色，但是透明色除外。将图形或非系统控件集成到前面板窗口上时，可通过隐藏边框或者选择与系统颜色相近似的颜色使它们相匹配。

（2）选项卡控件

传统仪器一般都具有友好的用户界面，它们的设计原理值得借鉴，但在适当的地方可以使用更小、更有效的控件，如下拉列表控件或选项卡控件。位于容器选板上的选项卡控件可用于将前面板的输入控件和显示控件重叠放置在一个较小的区域内。

右击“选项卡控件”，从快捷菜单中选择“在前面添加选项卡”或者选择“在后面添加选项卡”，可为选项卡控件添加页，图 3-13 所示为具有 3 页的选项卡控件。用标签工具重新标注选项卡，然后将前面板对象置于适当的页。这些对象的接线端在程序框图中均可用，其他前面板对象（除了修饰）的接线端在程序框图中也可用。

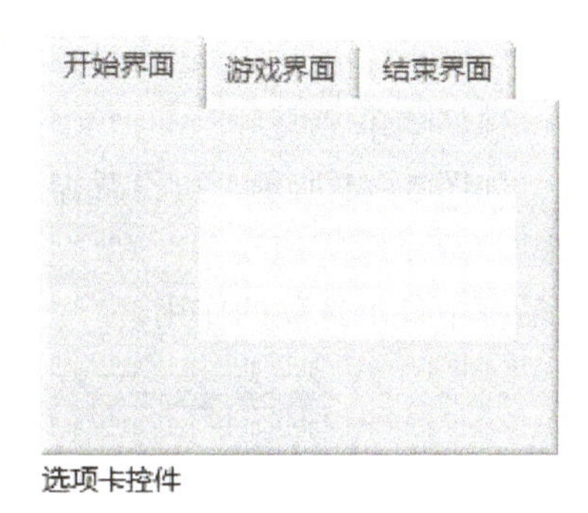

图 3-13　具有 3 页的选项卡控件

将选项卡控件的枚举型控件接线端与条件结构的选择端相连，可使程序框图看上去更加简洁。这种方法可使选项卡控件的每个选项卡与条件结构的一个子程序框图（即一个条件分支）关联。选项卡控件的每个选项卡的输入控件和显示控件的接线端，以及程序框图上与这些接线端关联的节点和连线都被放置在条件结构中的子程序框图内。

（3）修饰

位于修饰选板上的修饰控件包括方框、线条、箭头等，可用于分组或分隔前面板上的对象。这些修饰控件仅用于修饰对象，不能显示数据。

（4）菜单

自定义菜单可通过有序方式在较小的空间内显示前面板的功能性。留出的较大空间可用于放置重要的输入控件、显示控件、注释项、说明项以及不适合放入菜单的项。各菜单项都可设置相应的键盘快捷键。

右击前面板对象，在快捷菜单中选择“高级”→“运行时快捷菜单”→“编辑”，可创建一个运行快捷菜单。选择“编辑”→“运行时菜单”，可为 VI 创建一个自定义运行菜单。

(5) 窗口设置

选择菜单“文件”→“VI 属性”，打开“VI 属性”窗口，如图 3-14 所示。选择类别“窗口大小”选项，可用于设置窗口的最小尺寸，在屏幕大小改变时保持窗口比例，以及在两种不同的模式下自动改变前面板对象大小。在设计 VI 时，应考虑前面板窗口是否能在不同屏幕分辨率的计算机上显示的问题，勾选“使用不同分辨率显示器时保持窗口比例”复选框，可依据屏幕分辨率保持前面板窗口的比例。

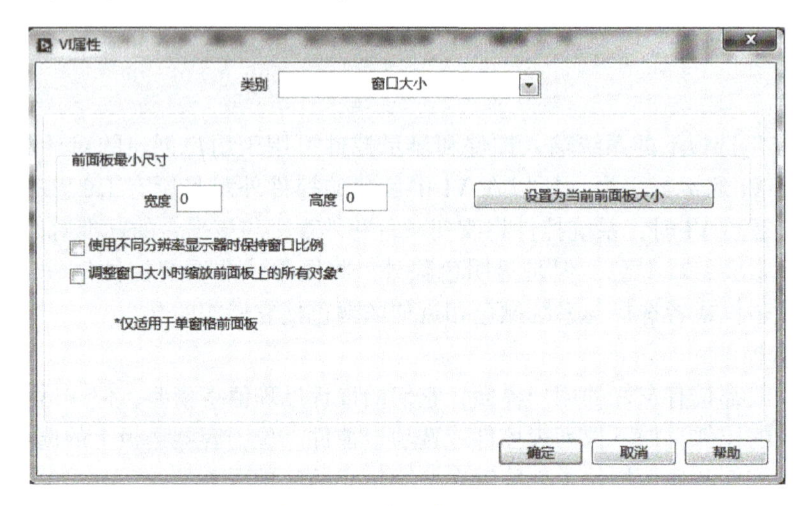

图 3-14 “窗口大小”设置

选择菜单“文件”→“VI 属性”→“窗口外观”选项，打开“自定义窗口外观”对话框，如图 3-15 所示，可设置窗口的外观。为了避免用户拖动滚动条将控件移出窗口，可取消勾选“显示垂直滚动条”和“显示水平滚动条”复选框。可以通过“帮助”或实际操作了解对话框中各个选项的作用。

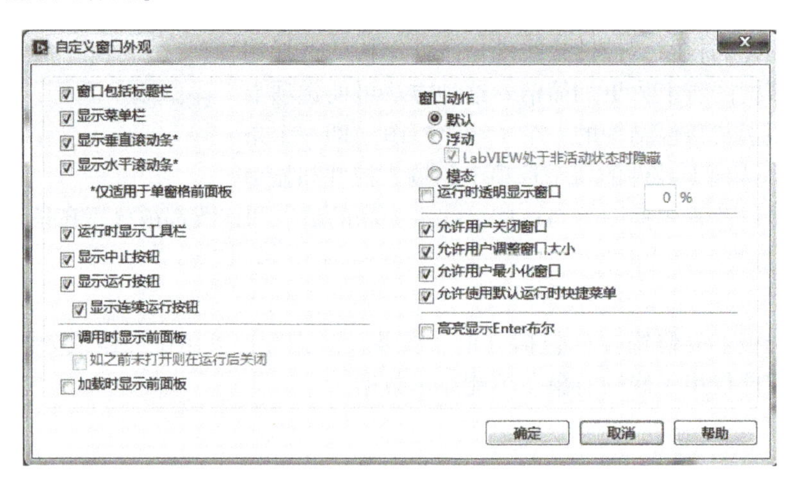

图 3-15 自定义窗口外观设置

【例 3-1】将前面板原图（见图 3-16）按照对应要求进行编辑操作，使编辑后的效果如图 3-17 所示。通过操作，练习前面板的编辑技巧，如选择对象、删除对象、改变对象位置、设置固定标签与自由标签、设置对象字体和字形以及字号与颜色、改变对象颜色、对象对齐、对象分布、对象大小等。

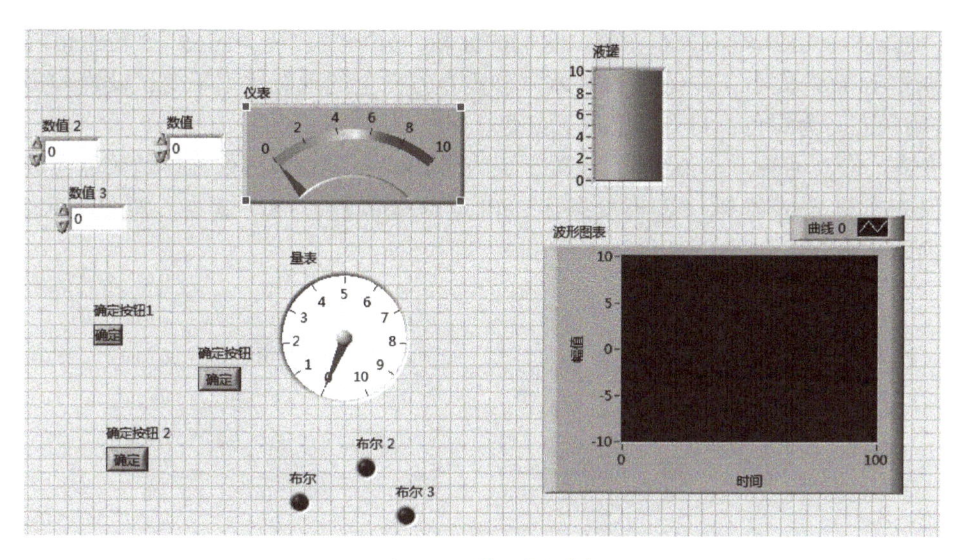

图 3-16　前面板原图

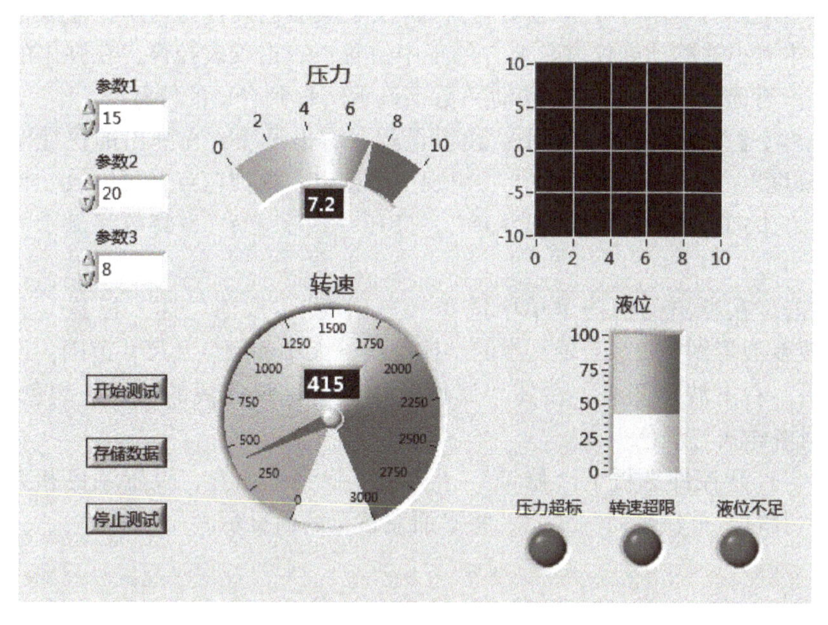

图 3-17　编辑后前面板

1）数值输入控件：调整数值输入控件的大小；用定位工具选中 3 个数值输入控件，使用工具栏中的“对齐对象”和“分布对象”工具将它们对齐并间距相等；修改数值输入控件的固有标签，注意控件的固有标签无论处于何处都只属于与其相关的控件，当控件移动时固有标签将随之移动；输入初始参数值并右击，从快捷菜单选择“数据操作”→“当前值设置为默认值”。

2）开关按钮：用定位工具选中 3 个开关，使用工具栏中的“对齐对象”和“分布对象”工具，进行重新定位；隐藏开关的标签；修改开关按钮上的显示名称，分别为“开始测试”“存储数据”“停止测试”。

3）圆形指示灯：水平均匀地排列 3 个 LED 指示器。选中 3 个指示器后，用工具栏的对齐对象复合按钮选择“垂直中心”使 3 个 LED 水平对齐，然后从分布对象复合按钮上选择“水平间隔”使这 3 个 LED 均匀分布；修改它们的标签，分别为“压力超标”“转速超限”“液位不足”；调整 LED 的大小，并保持 LED 水平和垂直方向上的现有比率不变；设置 LED 的颜色，使它们关闭状态时为绿色，打开状态时为红色。

4）液罐：修改标签为“液位”；设置量程为“100”；设置液罐内液体的颜色为黄色。

5）仪表：将光标放到仪表刻度条上，出现两个蓝点，拖动蓝点，调整标尺宽度，如图 3-18 所示。

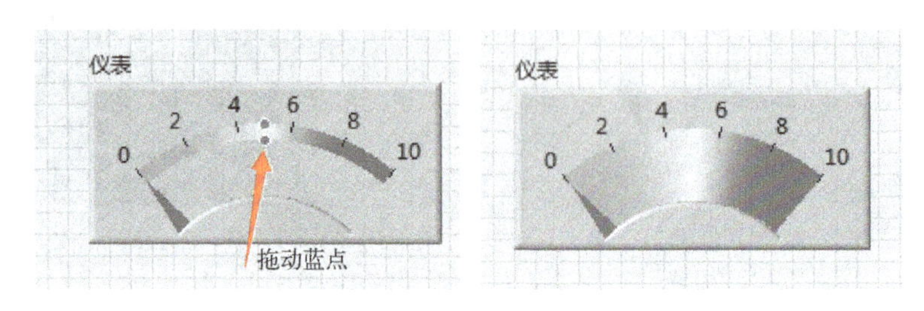

图 3-18　仪表控件编辑

打开颜色设置工具，从调色板中选择“T”(透明色)，将仪表盘颜色设置为透明；修改标签为“压力”，修改标签字体大小并移动到仪表盘上方的正中位置；右击仪表控件，在弹出的快捷菜单中选择“显示项”，勾选“数字显示”，移动“数字显示”框到合适的位置。

6）量表：修改标签为“转速”，调整字体大小；设置量程；右击量表，在弹出的快捷菜单中选择“显示项”→“梯度”，鼠标放到梯度条上，出现两个蓝点，拖拽蓝点，可以改变梯度外观；右击量表，在弹出的快捷菜单中选择“显示项”，打开“数字显示”，将数字显示框移动到合适位置。

7）波形图表：鼠标右击，在弹出的快捷菜单中选择“显示项”，取消勾选“标签”和“图例”；用文本设置工具改变波形图上 X、Y 轴文本的字体类型、大小和颜色及尺寸范围；设置波形图表面板颜色为透明；右击波形图表，在其“属性”中设置标尺曲线的样式与颜色、标尺的刻度样式与颜色、网格样式与颜色。

8）加入平面盒做背景。打开控件选板下“修饰”子选板，找到平面盒，设置颜色和大小，然后使用前面板工具栏中的“重新排列”工具，将平面盒移至后面显示。

3.3.2　程序框图

程序框图是图形化源代码的集合，又称程序框图代码，在程序框图中编程，以控制和操纵前面板上的输入和输出功能。程序框图包括端子、节点和连线。

1. 端子

当前面板放置控件和指示器后，在程序框图界面就创建了控件对象的端子。端子的颜色取决于控件或指示器存放的数据类型。端子上的字母表示数据类型。端子还可以图标方式显示，需在属性里修改。

2. 节点

节点类似于标准编程语言中的语句、操作符、函数、结构、子程序等。节点可以是函数、子 VI 或结构。在 LabVIEW 函数选板中也有特殊的节点，叫公式节点，对于计算数学公式和表达式非常有用。

比如创建一个 VI，计算两数之和，框图中显示端子、节点和连线。图 3-19 中控件端子是大图标显示形式，图 3-20 中控件端子是小图标显示形式，其中的“加”函数是节点。

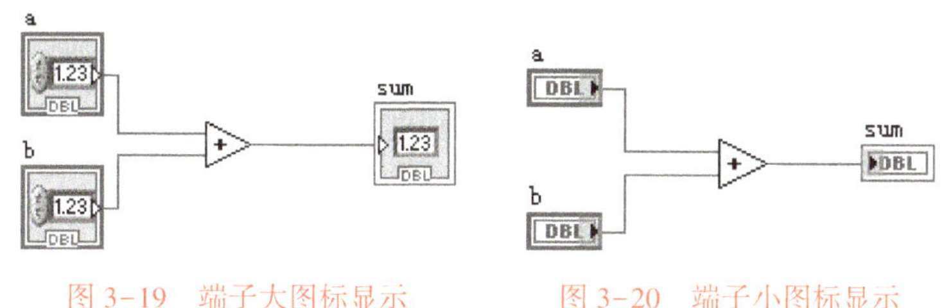

图 3-19　端子大图标显示　　图 3-20　端子小图标显示

3. 连线

连线用来连接节点和端子。连线是源端子到目的端子的数据传递路径，将数据从源端子传递到一个或多个目的端子。数据是单向流动的，从源端口向一个或多个目的端口流动。一条连线只能有一个数据源，但可以有多个数据接收端。

每种连线有不同颜色和样式，取决于流过连线的数据类型。表 3-2 所示为一些基本数据类型对应的线型和颜色。

表 3-2　基本数据类型对应的线型和颜色

数据类型	标　量	一维数组	二维数组	颜　色
数值型				橙色（浮点数）
				蓝色（整数）
布尔型				绿色
字符串型				粉色

注意： LabVIEW 图形化编程语言是数据流的编程机制，其执行的规则是，任何一个节点只有在所有输入数据均有效时才会被执行。

3.4 虚拟仪器程序的设计步骤

设计一个 VI 的步骤通常如下：

1）在前面板设计窗口中创建控件并设置属性。

2）在程序框图窗口中放置节点、图框等。

3）数据流编程。

4）运行检验。

5）程序调试。

6）数据观察。

7）文件保存。

【例 3-2】用随机数模拟产生一个摄氏温度值 C，范围为 20~40℃，将该摄氏温度值 C 转换为华氏温度值 F，华氏温度与摄氏温度转换关系是 $degF=\frac{degC\times 9}{5}+32$，将摄氏温度值和华氏温度值分别显示。

步骤：

1）打开一个新的 VI。

2）选择菜单“窗口”→“左右两栏显示”。

3）首先进行前面板的设计，将光标放到前面板上，右击弹出“控件”选板，选择“新式”→“数值”→“温度计”控件，将其拖曳到前面板上，修改其固有标签为“华氏温度值（F）”。

4）右击温度计，选择“显示项”→“数字显示”。

5）用同样方法在前面板再放置一个数值显示控件，标签改为“摄氏温度值（C）”。

6）接下来设计程序框图。将光标放到程序框图界面上，右击弹出“函数”选板，选择“编程”→“数值”→“随机数（0-1）”函数，将其放入程序框图。

7）选择“编程”→“数值”→“乘”函数，将其放入程序框图。

8）按同样方法，放置“加”函数和“除”函数。

9）经“函数”选板→“编程”→“数值”，找到“DBL 数值常量”，将其放入程序框图中，并输入数值常量的大小。也可以通过快捷方式创建常量，方法是将光标移到函数的某个连线端子上，右击选择“创建”→“常量”。

10）用连线将端子和函数图标连接起来，创建如图 3-21 所示的程序框图。

11）单击工具栏中的“运行”按钮，将会看到两个显示控件中显示的温度。如果有错误进行调试。

12）保存文件。

注意：“随机数（0-1）”函数节点返回一个 0~1 的双精度浮点数，将其通过运算转换成其他的范围，这里转换为 20~40，作为模拟读取的摄氏温度值。

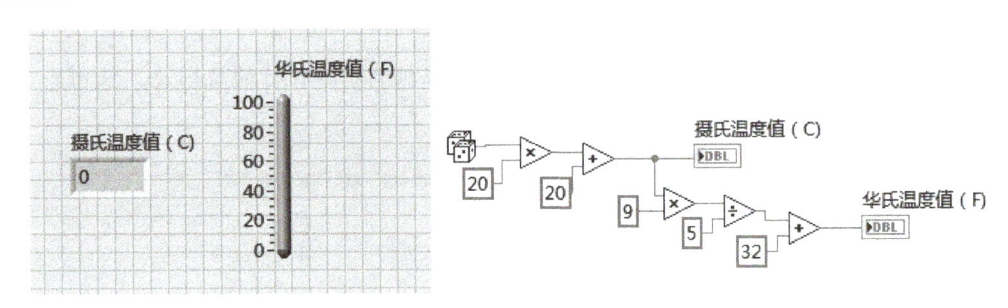

图 3-21　前面板与程序框图

3.5 程序调试技术

程序调试包括：运行 VI（运行、连续运行、异常终止、暂停）、清除语法错误、高亮显示执行过程、单步执行、探针工具和设置断点。

3.5.1 存在语法错误

单击工具栏上的“运行”按钮可以运行 VI 程序。如果运行的 VI 程序为最上级程序，则该按钮变为，如果一个 VI 程序存在错误，则工具栏上的“运行”按钮变成一个折断的箭头，程序不能被执行。单击该按钮，弹出错误列表。双击任何一个错误信息，则在程序框图中指示出错的对象或端口，此时修改设计，清除语法错误。

想要清除程序框图所有错误连线也可以使用快捷键〈Ctrl+B〉。

3.5.2　程序高亮度执行

工具栏中“高亮度执行”按钮为，单击它则变成高亮显示，此时单击“运行”按钮，VI 程序就以较慢的速度一步一步执行，显示数据流线上的数据值，没有被执行的代码呈灰色显示，执行后的代码呈高亮显示，从而用户就可以根据数据的流动状态跟踪程序的执行，方便分析程序或查找错误。

3.5.3　断点与单步执行

断点用于使程序在某一位置暂停，以便观察中间结果。断点设置方法是：从工具选板中单击“设置与清除断点”按钮，在程序框图中需要设置断点的对象上单击。断点可以设置在函数上，也可以设置在连线上，程序将在数据流过设置断点的连线以后停在下一节点上，断点也可以设置在结构上。清除断点的方法也是使用“设置与清除断点”工具。

程序执行到断点将暂停并打开程序框图，工具栏上的“暂停”按钮变红。程序停在断点后可以采用以下处理方法：

1）单击工具栏上“暂停”按钮继续执行程序。

2）单击“开始单步执行”按钮进入单步执行状态。

3）用探针工具观察中间值。

4）改变前面板控件值。

3.5.4　探针

“探针”工具用于在程序执行时显示流过某一连线的数据值等信息。探针放置在连线上的方法是：从工具选板中取出“探针”工具，放在连线上，或在连线上右击，在弹出菜单中选择探针指令。创建探针后，在连线上会显示探针序号，还会弹出探针观察窗口，显示连线流过的数据值和数据源标签。

配合使用探针、高亮度执行、单步执行和断点工具可以有效地调试程序。

【例 3-3】调试和修改一个不正确的 VI，如图 3-22 所示。使用单步和加亮执行模式单步执行 VI，以及插入探针观察数据值。

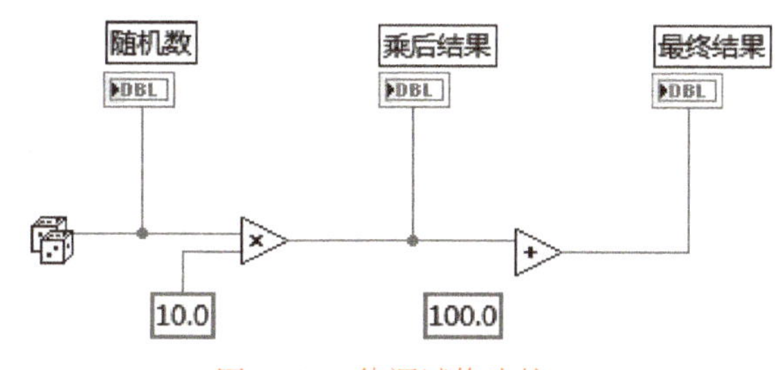

图 3-22　待调试修改的 VI

步骤：

1）切换到给定 VI 的程序框图，注意运行箭头按钮是折断的，表示该 VI 不能运行。找到错误并修改，使其正常运行。

2）单击裂开的“运行”按钮，查看错误列表，查看错误描述。

3）在错误列表中双击该错误，LabVIEW 会加亮显示导致该错误的对象，帮助用户定位出错位置。

4）添加缺少的连线，“运行”按钮变正常。

5）运行 VI。

6）排列前面板和框图左右两栏显示（“窗口”→“左右两栏显示”），然后加亮执行 VI，在单步执行模式下运行 VI。

7）每单击一次“单步通过”按钮运行一个节点，注意观察前面板上数据流，单步执行时，数据会在前面板上显示。单击停止按钮退出单步执行模式。

8）右击连线，在弹出的菜单中选择“探针”选项。

9）再次单步执行，观察探针如何显示数据。

10）取消加亮执行。

11）文件保存并关闭。

3.6 子 VI 创建与调用

3.6.1 创建子 VI

子 VI 类似于传统语言中的子程序，方便程序进行模块化结构设计。当一个 VI 创建后，它可以作为一个子 VI 在高层 VI 框图中使用。创建子 VI 主要分为以下几个步骤：创建图标、设置连线板、分配接线端给输入控件和显示控件、保存子 VI。

1. 创建图标

每个 VI 在前面板和程序框图的窗口的右上角都显示一个默认图标，右击该默认图标，选择“编辑图标”（见图 3-23），打开图标编辑器窗口，可以创建自定义图标。这个操作不是必需的，可以使用默认的 LabVIEW 图标，不会影响功能。图标编辑器窗口如图 3-24 所示，可以用窗口右边的工具设计像素编辑区中的图标。图标编辑器工具用法见表 3-3。

图 3-23　启动图标编辑器

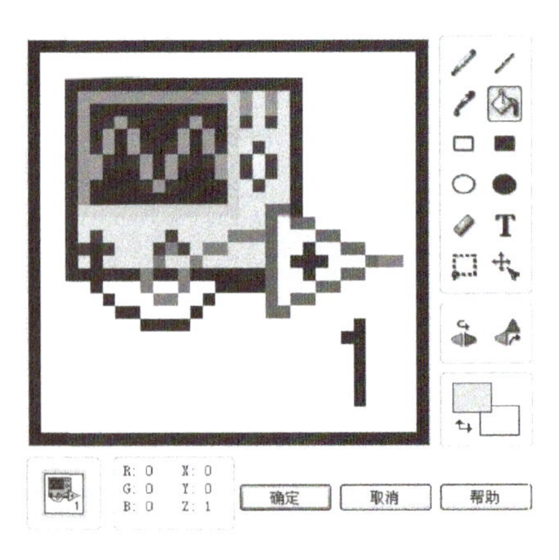

图 3-24　图标编辑器窗口

表 3-3　图标编辑器工具功能说明

工具符号	功能说明
	铅笔工具，用于绘制像素
	线条工具，用于绘制直线
	吸管工具，用于从图标元素中复制前景颜色
	填充工具，用于把选定区域填充成前景色
	矩形工具，用于绘制和前景色相同颜色的矩形边界。双击该工具可使图标的边框颜色和前景颜色相同
	填充矩形工具，用于绘制一个边框颜色和前景色相同而内部填充成背景颜色的矩形。双击该工具可使图标的边框颜色和前景颜色相同，同时把图标内部填充成背景颜色
	椭圆工具，用于绘制和前景色相同颜色的椭圆边界
	填充椭圆形工具，用于绘制一个边框颜色和前景色相同而内部填充成背景颜色的椭圆形
	橡皮擦工具，用于清除像素
T	文本工具，用于在图标中输入文本。双击这个工具可选择不同的字体。小字体选项适于在图标中输入文本
	选择工具，用于选择图标上的区域，进行剪切、复制、移动或其他操作。双击该工具并按〈Delete〉键，可删除整个图标
	移动工具，用于移动图标
	旋转图标
	前景/背景工具，用于显示当前使用的前景色和背景色。单击其中每一个矩形，会显示一个调色板，可在调色板中选择新的颜色。左上角的矩形表示前景色，右下角的矩形表示背景色

2. 设置连线板

将前面板输入控件或显示控件分配给每一个接线端，以此确定连接。右击前面板右上角的“连线板”图标，从快捷菜单中选择“模式”，可以为 VI 选择不同的连线板模式，如图 3-25 所示。

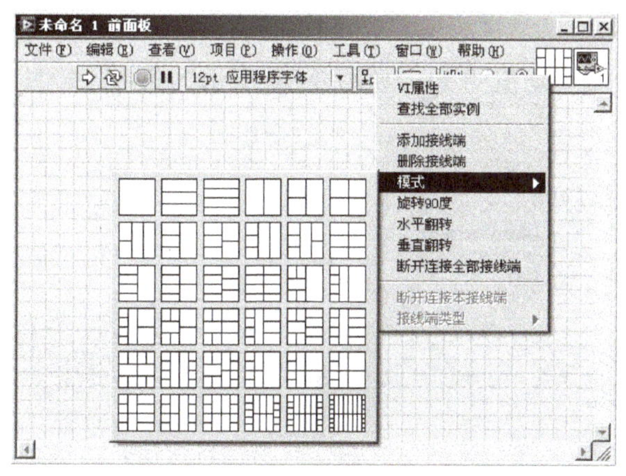

图 3-25　连线板模式

连线板上的每个窗格代表一个接线端。窗格用于进行输入或输出分配。对于前面板上的每一个输入控件或显示控件，连线板上一般都有一个相对应的接线端。多余的接线端可以保留，当需要为 VI 添加新的输入或输出端时再进行连接，这种灵活性可以减少连线板窗口的改变对 VI 层次结构的影响。

若选不到所要的模式，可以在所选的简单模式上右击，从快捷菜单中选择“添加接线端”。默认状态时，输入端口（输入控件端口）在连线端口方框左边，输出端口（显示控件端口）在连线端口方框右边。

连线板在其输入端接收数据，然后通过前面板的控件传输至程序框图的代码中，并从前面板的显示控件中接收运算结果传输至其输出端。

3. 分配接线端给输入控件和显示控件

选择连线板模式以后，必须为连线板上的每一个接线端指定一个前面板的输入控件或显示控件，从而确定连接。

用连线工具先单击连线板的一个接线端，再单击需要分配给那个接线端的前面板输入控件或输出控件，就可为该控件指定接线端。单击前面板的空白区域，接线端的颜色就变为该控件数据类型的颜色，表明该接线端已经完成连接。

先选择输入控件或显示控件，然后选择接线端也可以完成连接。

4. 保存子 VI

最后保存子 VI，子 VI 编制完成，就可以在其他程序中作为子程序来调用了。

3.6.2 调用子 VI

在程序框图中打开“函数”选板，选择“选择 VI”选项，找到需要作为子 VI 使用的 VI，将它放置在程序框图中。

在一个 VI 的程序框图中也可以放置另一个已打开的 VI。如需将一个 VI 用作子 VI，用定位工具单击该 VI 前面板或程序框图右上角的图标，并将它拖到另一个 VI 的程序框图中。

当需要在当前的 VI 中修改子 VI 时，可以双击程序框图上的子 VI，可以对该子 VI 进行编辑。保存子 VI 时，子 VI 的修改将影响到所有对该子 VI 的调用，而不仅仅是当前 VI 程序。

【例 3-4】创建一个求两个数平均值的 VI，并将其制作成子 VI，最后在另一个 VI 中调用该子 VI。

步骤：

1）创建求两个输入数平均值的 VI，如图 3-26 所示。

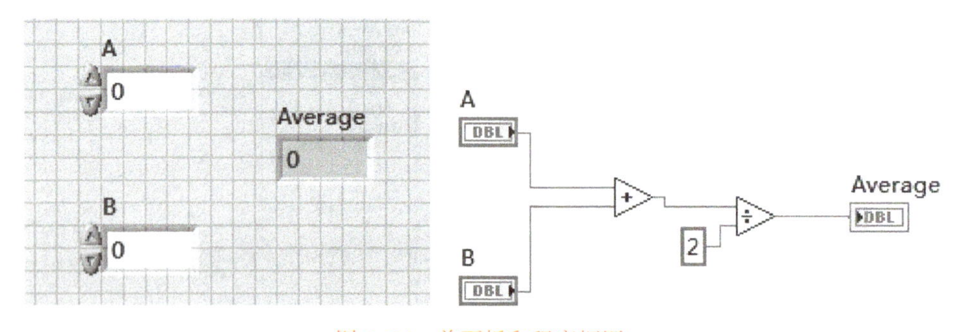

图 3-26　前面板和程序框图

2）设计图标。在前面板右上角的图标窗格上右击，从快捷菜单中选择“编辑图标”，打开图标编辑器后，使用图标编辑器工具创建图标。创建图标，如AVG2。

3）创建接线端口。右击前面板中右上角连线板图标，从弹出的快捷菜单中选择“连线板模式”，这个连线板有 3 个端口，其中两个端口关联两个数值输入数控件，一个端口关联数值显示控件（平均值）。如果有必要，还可以在连线端口图标上右击，从弹出的快捷菜单中选择“模式”来改变连线端口模式。

4）分配接线端给输入控件和显示控件。使用连线工具，先单击连线板上的一个端口，此时光标自动变成连线工具，端口变成黑色。再单击想要指定给该端口的控件或指示器，这样就创建了该指示器与相应端口的连接，此时端口的颜色会根据控制器的类型做相应的变换。按同样方法，完成连线板上其他端口与前面板上对应控件的连接，最后连线板变为。如果连线板端口仍然呈黑色或者白色，说明没有正确连接，需要重新连接。

5）保存此程序，子 VI 编制完成。

6）调用子 VI。

打开一个新的 VI，在函数选板中选择“选择 VI”，选择刚保存的 VI，将它放置到程序框图中，此时子 VI 程序将以图标AVG2形式出现，用连线工具可以看到它的连线端口，创建输入和显示控件，如图 3-27 所示。

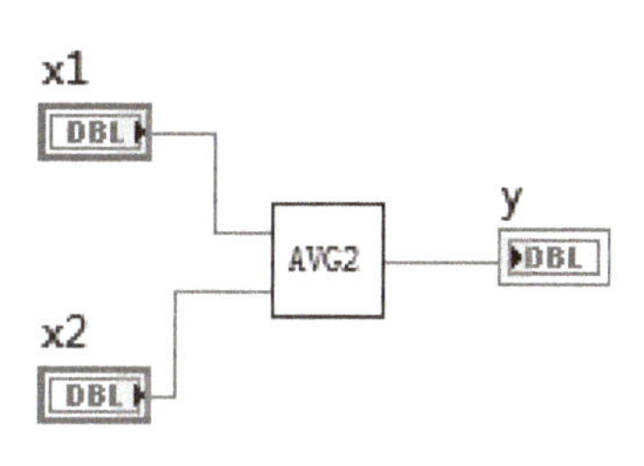

图 3-27　调用子 VI

7）运行 VI，在前面板输入数值，观察平均值输出结果。

思考与练习

一、单选题

1. 鼠标右击程序框图，可显示哪个选板？（　　）

A. 控件选板　　B. 函数选板　　C. 工具选板　　D. 前面板

2. （　　）中包含了在程序框图内编程的函数和 VI。

A. 控件选板　　B. 函数选板　　C. 前面板　　D. 程序框图

3. 在 LabVIEW 中，前面板和程序框图可以通过按（　　）快捷键方式切换。

A. 〈Ctrl+A〉　　B. 〈Ctrl+B〉　　C. 〈Ctrl+E〉　　D. 〈Ctrl+Z〉

4. （　　）中包含了 LabVIEW 编程代码。

A. 前面板　　B. 程序框图　　C. 控件选板　　D. 函数选板

5. （　　）作为用户界面，包含了输入控件和显示控件，向用户端获取和呈现数据。

A. 前面板　　B. 程序框图　　C. 控件选板　　D. 函数选板

6. 单击（　　）按钮，可在程序框图上动态显示数据的流动过程。

A. 高亮显示执行过程　　B. 连续运行

C. 运行　　D. 中止执行

7. 探针工具可用于（　　）。

A. 在 VI 运行时查看连线上的值

B. 修改子 VI 中的错误

C. 搜索 LabVIEW 帮助中所需的编程技巧

D. 搜索 LabVIEW 帮助获取关于错误的更多信息

二、操作题

1. 创建一个 VI，对两个输入数进行加、减、乘、除运算，并在前面板上显示运算结果。

2. 创建一个 VI，任意输入一个数，如果输入的数在 60~100 之间，指示灯亮，否则不亮。

3. 创建一个 VI，实现 $y=a^3+b^3+c^3$ 的功能，即输入参数是 a、b、c，输出参数是 y。再将此 VI 设计成一个子 VI，并能够在新建的 VI 中调用它。

第 4 章　LabVIEW 程序设计基础

数据类型和程序结构是 LabVIEW 程序设计中基础且重要的内容。本章介绍 LabVIEW 中的几种基本数据类型：数值型、布尔型、字符串型、枚举型和路径型，以及常用的复合数据类型：数组和簇，同时介绍这些数据类型的控件及对应的函数用法。结构是一种重要的节点类型，用来管理 VI 中的执行流，本章还介绍 LabVIEW 中常用的几种程序结构：循环结构、条件结构、顺序结构和事件结构，并通过实例详细讲解这些结构的使用方法。

4.1　基本数据类型

LabVIEW 中基本的数据类型包括数值型、布尔型、字符串型、枚举型和路径型等，此外还提供复合的数据类型，包括数组、簇、波形和动态数据类型（DDT）。

4.1.1　数值型

1. 数值控件

数值控件又分为数值输入控件和数值显示控件。数值输入控件用于输入数字值，数值型指示器用于显示数字值。数值控件位于“控件”选板→“新式”→“数值”子选板上。除了新式选板之外，其他像银色、系统和经典选板内也提供其他风格的数值控件。常用的数值输入控件和显示控件如图 4-1 所示，如旋钮、滚动条、温度计等都属于数值控件。

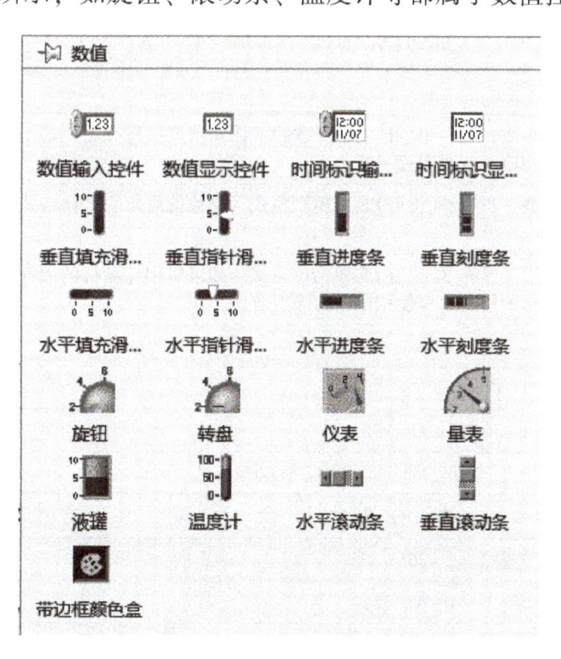

图 4-1　常用数值控件

2. 数值控件的数据类型

右击数值控件，在弹出的快捷菜单中选择“表示法”，可进行数据类型的设置，如图 4-2 所示。

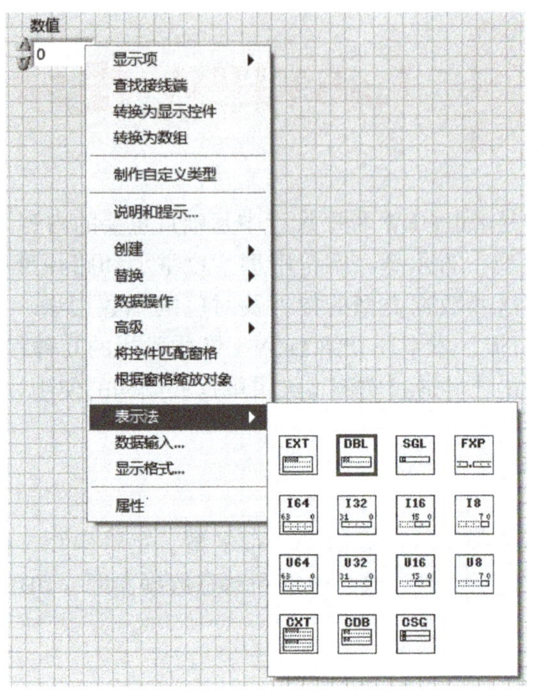

图 4-2　设置数值控件的数据类型

数值数据类型的子类型包括浮点型、有符号整型、无符号整型和复数型。浮点型用于表示分数；整型用于表示整数，有符号整型可以是正数也可以是负数，无符号整型用于表示正整数；复数由内存中两个相连的数值表示，一个表示实部，一个表示虚部。

表 4-1 所示为 LabVIEW 提供的 15 种数值数据类型及其含义。

表 4-1　LabVIEW 提供的 15 种数值数据类型及其含义

数值数据类型	含　义
EXT	扩展精度浮点数，内存中，扩展精度数的字长和精度随所在平台的不同而不同。在 Windows 中，扩展精度数为 80 位 IEEE 扩展精度格式
DBL	双精度浮点数，具有 64 位 IEEE 双精度格式，是数值对象的默认格式，大多数情况下都使用双精度浮点数
SGL	单精度浮点数，具有 32 位 IEEE 单精度格式。如果所用计算机的内存空间有限，且应用和计算中不允许出现数值溢出的情况，应使用单精度浮点数
FXP	定点型
I8	单字节整型（-128~127）
I16	双字节整型（-32 768~32 767）
I32	有符号长整型（-2 147 483 648~2 147 483 647）
I64	64 位长整型（$-1\times10^{19}\sim1\times10^{19}$）
U8	无符号单字节整型（0~255）
U16	无符号双字节整型（0~65 535）
U32	无符号长整型（0~4 294 967 295）

（续）

数值数据类型	含　义
U64	无符号 64 位整型（$0\sim2\times10^{19}$）
CXT	扩展精度浮点复数
CDB	双精度浮点复数
CSG	单精度浮点复数

不同的数据类型在存储时占用不同的字节数，这样有助于有效地利用存储器。程序框图中数值控件端子的外观取决于数据类型，不同的数据类型，其端子颜色和缩写形式也不同。一个数值控件，默认的数据类型是双精度浮点数，程序框图中端子图标显示为，小图标显示为，颜色为橙色。当数据类型改成单字节整型时，端子图标显示为，小图标显示为，颜色为蓝色。

选取的数据类型不同，其保存精度不同。数据类型选择不当，有些情况下会导致计算或者测量结果有误差，比如求分数序列$\frac{2}{1}$，$\frac{3}{2}$，$\frac{5}{3}$，$\frac{8}{5}$，$\frac{13}{8}$，…，前 20 项之和，程序中存储数据所用的数据类型不同，最后的计算结果就有差异。

如果把两个或多个不同表示法的数值输入连接到一个函数，函数将以较大、较宽的格式返回输出的数据。函数在执行前会自动将短精度表示法强制转换为长精度表示法，同时 LabVIEW 将在发生强制转换的接线端上放置一个红色的强制转换点。

LabVIEW 将浮点数转换成整数时，VI 会对其四舍五入并转换为最接近的偶数。

3. 数值函数

LabVIEW 提供的数值函数位于“函数”选板→“编程”→“数值”子选板上，如图 4-3 所示。

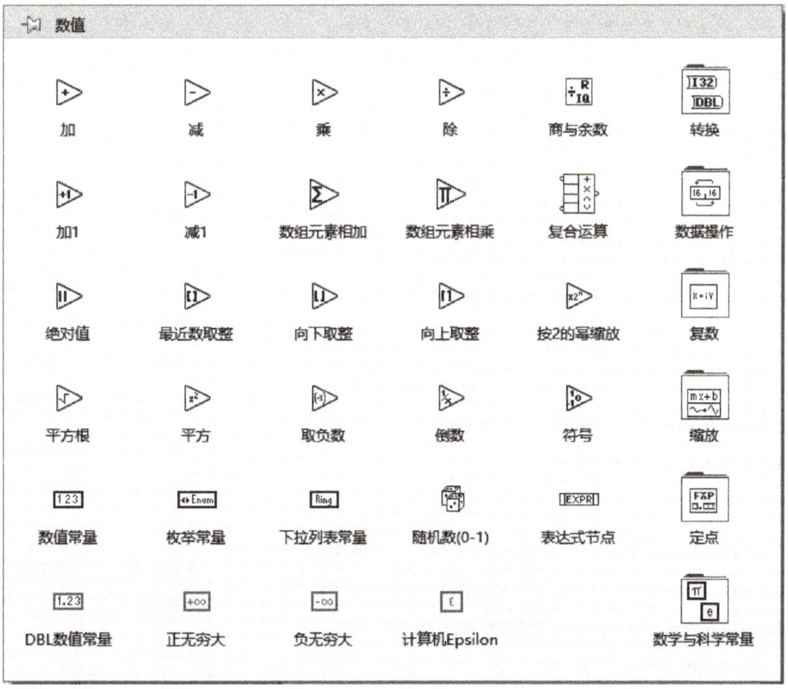

图 4-3　数值函数

在“数值”子选板中的“转换”子选板还提供了很多有关数值数据类型转换的函数，如图 4-4 所示，可以根据实际需求进行选用。

转换

EXT 转换为扩展精度浮点数	DBL 转换为双精度浮点数	SGL 转换为单精度浮点数	FXP 转换为定点数
I64 转换为64位整型	I32 转换为长整型	I16 转换为双字节整型	I8 转换为单字节整型
U64 转换为无符号64位整型	U32 转换为无符号长整型	U16 转换为无符号双字节整型	U8 转换为无符号单字节整型
CXT 转换为扩展精度复数	CDB 转换为双精度复数	CSG 转换为单精度复数	强制转换至类型
数值至布尔数组转换	布尔数组至数值转换	?1:0 布尔值至(0, 1)转换	转换为时间标识
字符串至字节数组转换	字节数组至字符串转换	UNIT 单位转换	基本单位转换
颜色至RGB转换	RGB至颜色转换		

图 4-4 “转换”子选板

4.1.2 布尔型

布尔数据类型表示只有两个值的数据，如“真”或“假”。布尔控件用于输入和显示布尔值，位于“控件”选板→“新式”→“布尔”子选板上，如图 4-5 所示。常见的布尔型控件有开关、指示灯、按钮等。布尔型控件或指示器在程序框图中端子为绿色，包括字母“TF”。

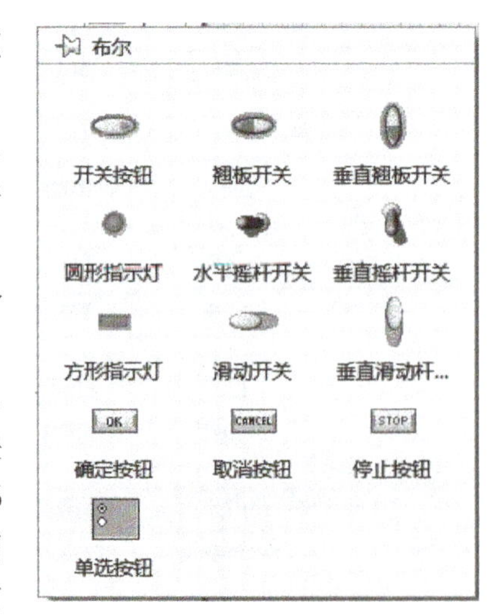

图 4-5 “布尔”子选板

布尔量操作函数位于“函数”选板→“编程”→“布尔”子选板上，如图 4-6 所示。

按钮属于布尔型的控件，在作为控制控件时，还可以选择按钮所对应的机械动作。右击按钮控件，在弹出的快捷菜单中选择“机械动作”，可以看到如图 4-7 所示的 6 种机械动作。机械动作主要分为切换和触发两类，两者相同之处在于它们都能改变布尔控件的值，不同之处在于它们如何恢复控件原值。切换动作与照明灯开关的动作方式类似；触发动作与门铃的动作方式类似。触发和转换动作又各有 3 种发生方式：单击时、释放时、保持直到释放。有关 3 种切换和触发机械动作的更多详细信息可查看 LabVIEW 帮助和关于布尔控件机械动作的范例位于 LabVIEW2018\examples\Controls and Indicators\Boolean\Mechanical Action. vi。

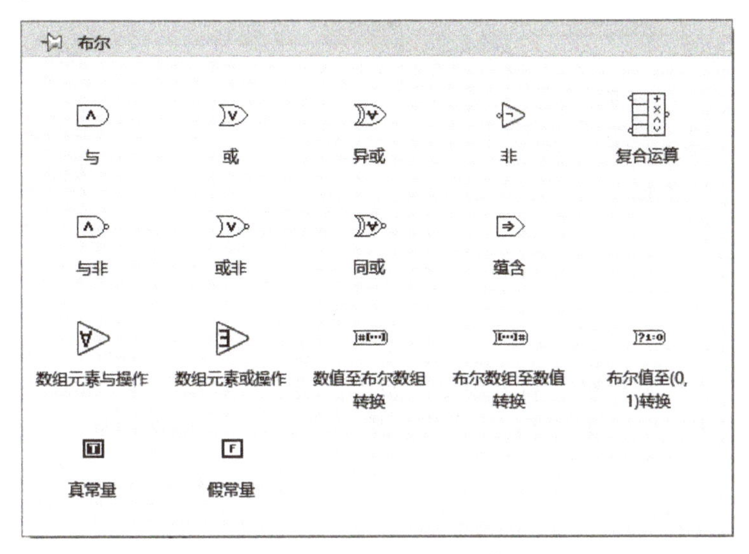

图 4-6　布尔量操作函数

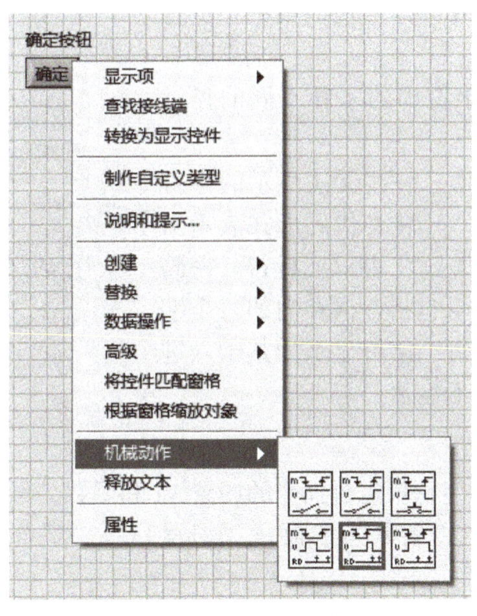

图 4-7　按钮的“机械动作”选项

4.1.3　字符串型

1. 字符串型数据与字符串控件

LabVIEW 中，字符串是可显示或不可显示的 ASCII 字符序列，应用包括创建简单的文本信息，以对话框形式向用户显示提示信息。将数值数据保存在 ASCII 文件中，必须先将数值数据转换为字符串。将数值数据以字符串形式传送到仪器或设备，再将字符串转换为数值。

LabVIEW 中字符串的存储方式与 C 语言类似，都是使用表示法为 U8 的数值数组。

字符串输入控件用于从用户那里接收文本如用户名或密码。字符串显示控件用于向用户显示文本。常见的字符串控件有字符串输入控件、字符串显示控件、组合框、表格控件，如图 4-8 所示。

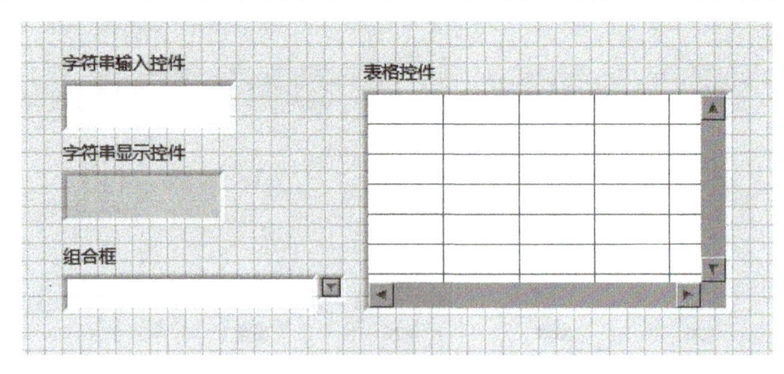

图 4-8 字符串控件

程序框图中，字符串对象的端子颜色为粉色，端子上显示字母“abc”。其中，组合框控件通过其属性或者编辑项来修改字符串内容，用于限定用户只能选择某几个字符串。

2. 字符串显示方式

字符串控件有 4 种显示方式：正常显示、“\”代码显示、密码显示、十六进制显示。这 4 种显示方式可以通过右击字符串控件，在弹出的快捷菜单中进行设置。

图 4-9 给出了同一个字符串的 4 种不同的显示方式。

在“\”代码显示方式中，一些无法显示的字符如空格、换行等符号，用“\”转义代码形式表示出来，如“\s”表示空格符，“\n”表示换行符。密码显示方式中，星号（*）显示包括空格在内的每个字符。十六进制显示方式中，每个字符显示为其十六进制的 ASCII 值，字符本身并不显示。

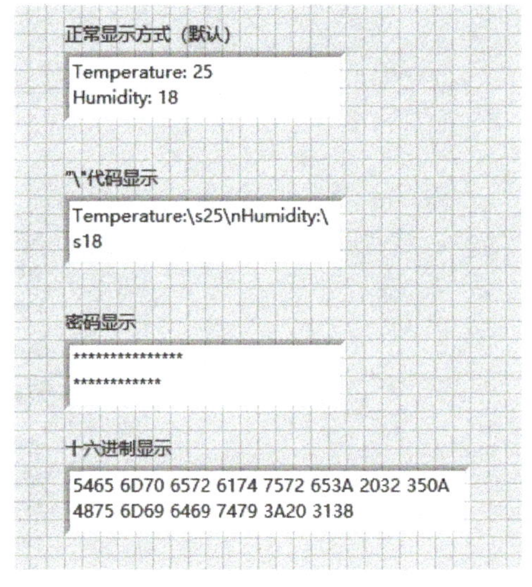

图 4-9 字符串 4 种不同显示方式

3. 字符串函数

LabVIEW 提供了用于对字符串进行操作的内置 VI 和函数，可对其进行格式化字符串、解析字符串等操作，它们位于“函数”选板→“编程”→“字符串”子选板上，如图 4-10 所示。

【例 4-1】计算机接收到单片机发送过来的一串字符串为“Temperature:25 Humidity:18”，求该字符串的长度，并从字符串中提取温湿度值。最后将温度（Temperature）值显示在温度计上，湿度（Humidity）值显示在量表上，字符串长度显示在数值显示控件中。

如图 4-11 所示，这里温度的提取调用了“截取字符串”函数，指定从偏移量 12 位置开始，提取长度为 2 的子字符串，再通过“分数/指数字符串至数值转换”函数将字符串形式的温度值转换为数值型数据。湿度的提取调用了“匹配模式”函数，该函数作用是从偏移量起始的字符串中搜索正则表达式。正则表达式为特定字符的组合，用于模式匹配，正则表达式语法可以在 LabVIEW 的帮助中找到。函数根据正则表达式查找到匹配，然后将字符串分隔为 3

个子字符串输出。

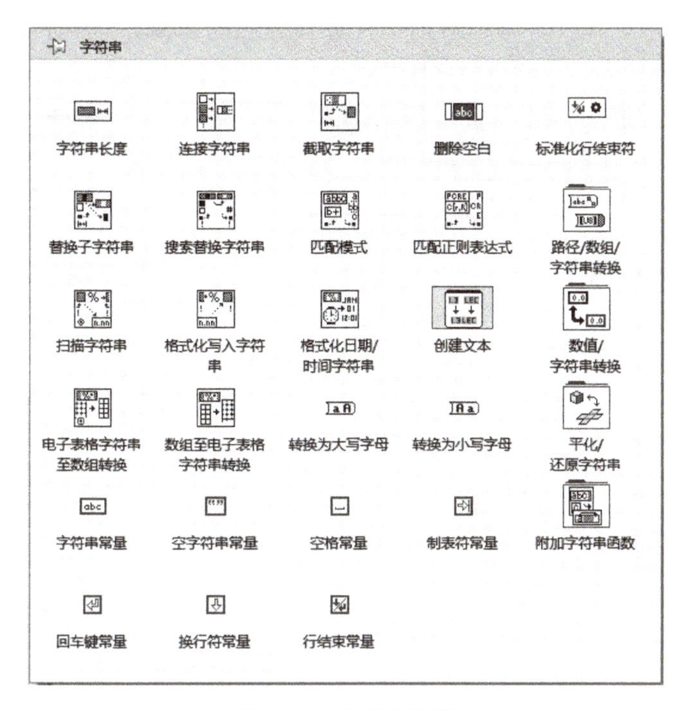

图 4-10　字符串函数

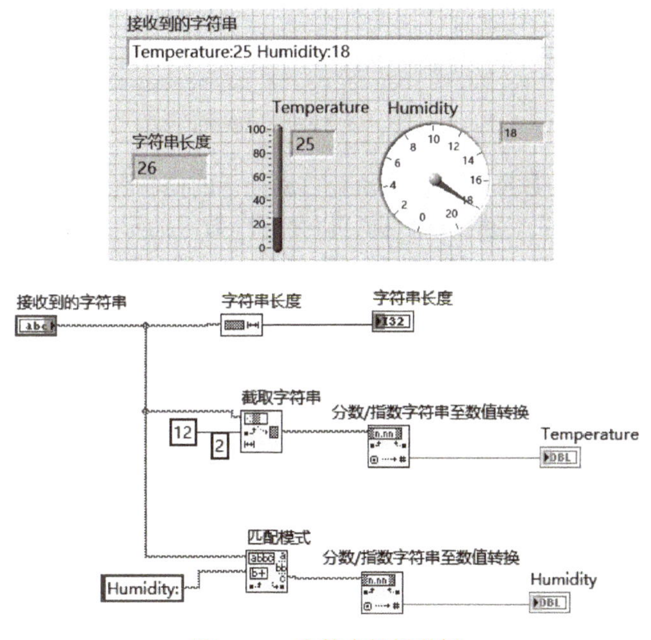

图 4-11　字符串解析举例

4.1.4　枚举型

枚举型（枚举型输入控件、枚举型常量或枚举型显示控件）是数据类型的组合，包括控件中所有数值和字符串标签的相关信息。枚举型控件可用于向用户提供一个可以选择的选项列表。例如，创建一个枚举型输入控件（位于“控件”选板→“新式”→“下拉列表和枚举”），名称为“运算”，打开其属性对话框并进行编辑项设置，其项和值对应为：加（0）、减（1）、乘（2）、除（3），如图 4-12 所示。

图 4-12　枚举型输入控件属性设置

枚举型控件经常与条件结构配合使用来处理多分支的情况。枚举型数据也非常有用，因为在程序框图上处理数字要比处理字符串简单得多。

4.1.5　路径型

路径是 LabVIEW 特有的数据类型。路径型数据记录的信息包含两部分：一是路径的种类，是相对路径还是绝对路径；二是路径的数据，以字符串数组的形式来记录。数组的元素按顺序记录下路径从根到分支每一级的名字。路径分隔符是显示路径时，根据不同系统添加进去的，因此路径数据在各个平台下都是有效的。

路径型控件或指示器用来输入或显示文件、文件夹和目录的路径，如图 4-13 所示。程序框图中端子颜色为蓝绿色。路径首先指定一个驱动器，然后是文件夹或目录，最后是文件名。

与路径有关的函数及常量位于“函数”选板→“编程”→“文件 I/O”子选板。如图 4-14 所示，在当前 VI 同一路径下，创建了一个 data. txt 数据文件。值得一提的是，这里 ..\data.txt 采用的是文件的相对路径。当运行程序时，先调用当前路径常量，得到当前 VI 的位置，再与记录的相对路径合成该数据文件的全路径。

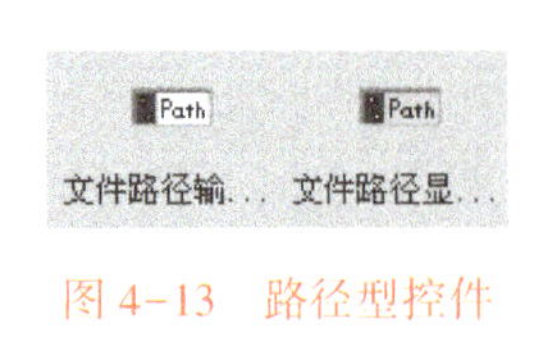

图 4-13　路径型控件

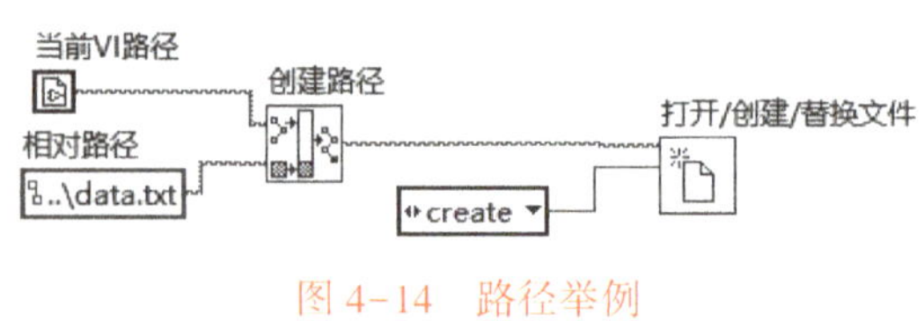

图 4-14　路径举例

在程序中使用路径数据时，应尽量使用相对路径，这样就不会因为程序位置变动而找不到相应的文件。程序读/写某一个文件中的数据，把该文件放在程序主 VI 同一路径下。

4.2 基本程序结构

在 LabVIEW 中，结构是控制程序流的控制节点，提供的主要程序结构有：循环结构、条件结构、顺序结构、事件结构。这些结构位于“函数”选板→“编程”→“结构”子选板内。结构在程序框图中一般是一个大小可以缩放的边框，可以用鼠标进行拖曳改变结构框架的大小。结构内的代码称为子程序框图。

4.2.1 两种循环结构

LabVIEW 中的循环结构主要有：while 循环和 for 循环。

这两种循环结构功能基本相同，但使用上有一些差别。for 循环必须指定循环的次数，循环一定的次数后自动退出循环；而 while 循环则不用指定循环的次数，需要指定循环退出的条件。

1. while 循环

当循环次数不能预先确定时，就需用到 while 循环。while 循环也是 LabVIEW 最基本的结构之一，相当于 C 语言中的 do…while 循环，先执行一次，再判断。

```
do
    {
        循环体;
    } while(条件);
```

LabVIEW 中 while 循环可从“函数”选板→“编程”→“结构”子选板中找到。最基本的 while 循环由循环框架、迭代端子 i 和条件端子构成，如图 4-15 所示。

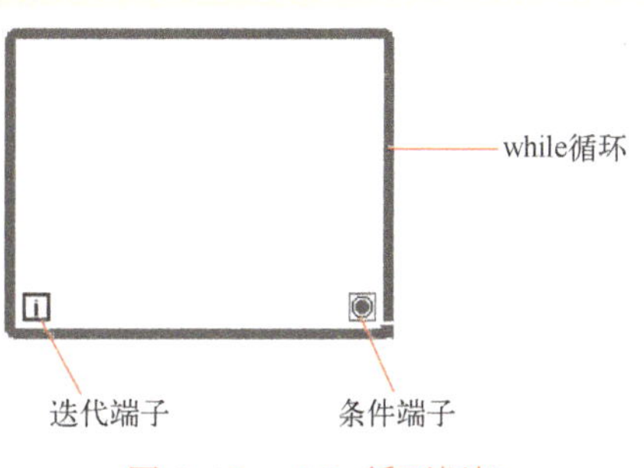

图 4-15　while 循环框架

迭代端子：用于记录和输出已执行的循环的次数，计数总是从 0 开始，第一次循环时，迭代端子返回 0。

条件端子：输入的是布尔变量，while 循环会不断执行子程序框图，直至条件端子接收到特定的布尔值时才停止执行。条件接线端默认动作是“真（T）时停止”，外观是 ，此时 while 循环将执行子程序框图直到条件接线端接收到一个 TRUE 值。右击条件端子或 while 循环的边框，选择“真（T）时继续”，可改变条件接线端的动作，外观为 。当条件接线端为“真（T）时继续”时，while 循环将执行子程序框图直到条件接线端接收到一个 FALSE 值。

while 循环至少执行一次，条件端子如果连的是布尔控件，需注意布尔控件的机械动作可设置成不同的。

2. for 循环

for 循环是将某程序段重复执行预先设定的次数。相当于 C 语言的 for 循环：

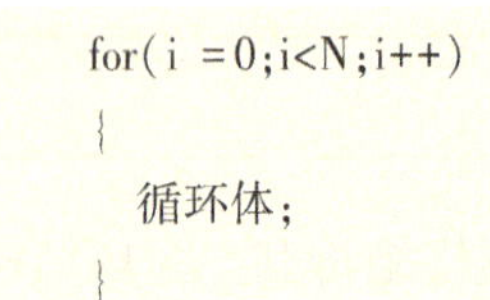

```
for(i =0;i<N;i++)
{
  循环体;
}
```

从 LabVIEW 中“函数”选板→“编程”→“结构”子选板中找到 for 循环，如图 4-16 所示。右击循环边框，在弹出菜单中选择“替换为 for 循环”或“替换为 while 循环”，就可以在两种循环间切换。

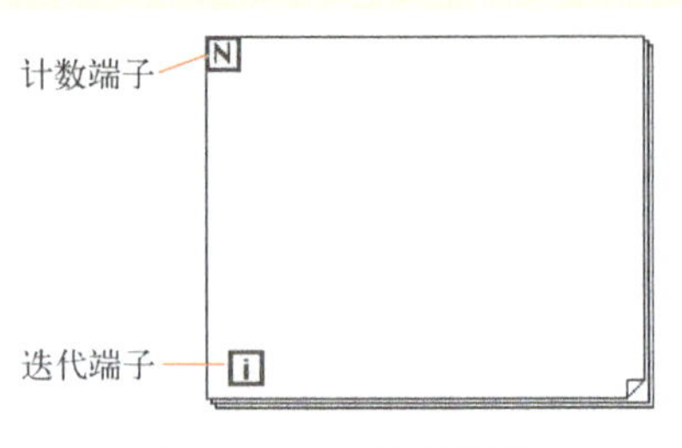

图 4-16　for 循环框体

for 节点由框架、计数端子 N、迭代端子 i 组成。一旦 for 循环开始执行，就必须执行完相应次数循环后才能终止，不可中途跳转出来。

for 循环具有自动索引功能。

【例 4-2】利用 while 循环产生随机数，当产生的随机数大于 0.8 时，循环停止。

1）打开前面板，新建两个数值显示控件，一个显示循环次数，一个显示当前的随机数。如图 4-17 所示。

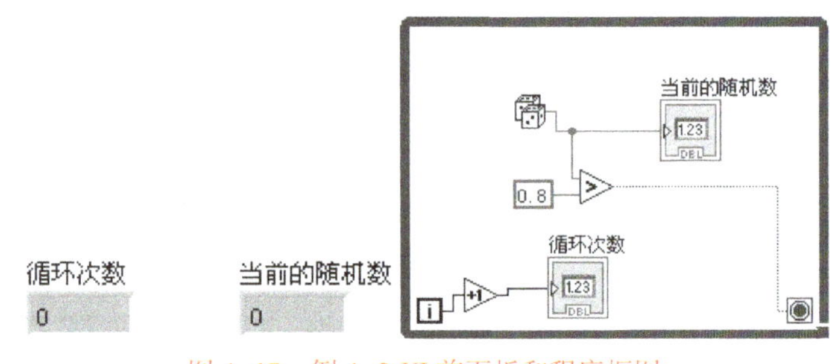

图 4-17　例 4-2 VI 前面板和程序框图

2）切换到程序框图，选择“编程”→“结构”→“while 循环”，放置一个 while 循环。

3）放置随机数函数到 while 循环内（选择“编程”→“数值”→“随机数（0~1）”），并连线。

4）放置比较函数，将循环次数与迭代端子连线。

5）运行，即可在前面板上看到结果。

【例 4-3】产生 5 个随机数，将随机数显示出来。

1）在程序框图中打开“函数”选板，选择“编程”→“结构”→“for 循环”，放置一个 for 循环。

2）右击循环计数端子 N，创建常量 5。

3）放置随机数函数到 for 循环内，并将其输出连到循环边框上，这时在循环边框上自动创建了一个“自动索引隧道”。

4）右击“自动索引隧道”，在弹出的快捷菜单中选择“创建”→“显示控件”，则在前面板上自动创建了一个数组。

5）运行程序，拖曳前面板上数组控件大小，可看到结果，如图 4-18 所示。

【例 4-4】每隔 5 s 触发点亮指示灯一次。

如图 4-19 所示，程序框图中调用 while 循环，循环内调用一个时间延时函数，赋值 1000，用来设定 while 循环的循环周期为 1 s。因此，i 值等于计时时间，把 i 赋值给计时控件。每 5 s

亮一次，即当时间为 5，10，15，20，25，30，…时触发灯亮。这里调用了“商与余数”函数，当前时间除以 5，判断余数是否为 0，如果为 0，则亮灯。

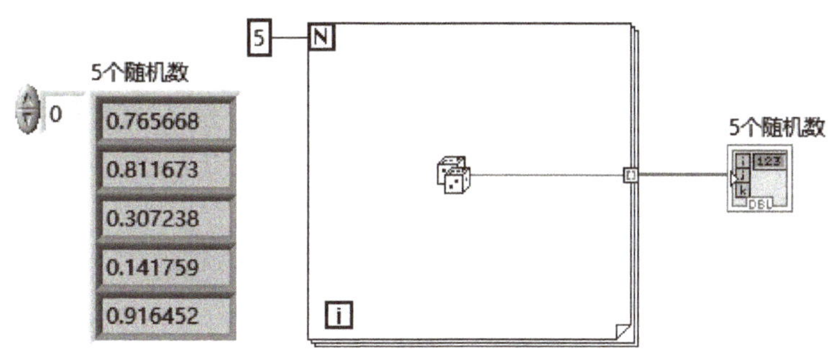

图 4-18　例 4-3 VI 的前面板和程序框图

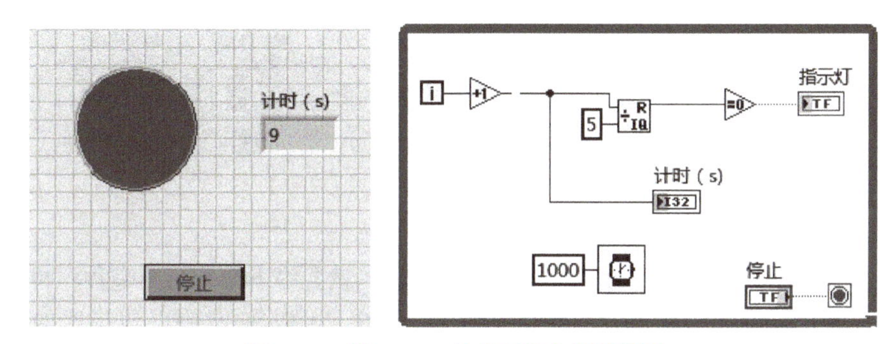

图 4-19　例 4-4 VI 的前面板和程序框图

4.2.2　隧道

隧道用于接收和输出结构中的数据。while 循环边框上的实心小方块就是隧道。实心小方块的颜色同与隧道相连的数据类型的颜色一致。数据输入循环时，只有在数据到达隧道后循环才开始执行。循环中止后，数据才输出循环。

右击隧道小方块，可以选择隧道模式，隧道模式有：索引和最终值。当隧道模式为索引时，该隧道就是一个数据缓存，每次循环的结果在隧道内按先后次序组成一个数组，循环结束时，一次将合成的数组送出。

当隧道模式为最终值时，在循环结束时，该隧道将最后一次循环送过来的数据送出。

【例 4-5】比较循环中两种不同的隧道模式，如图 4-20 所示。

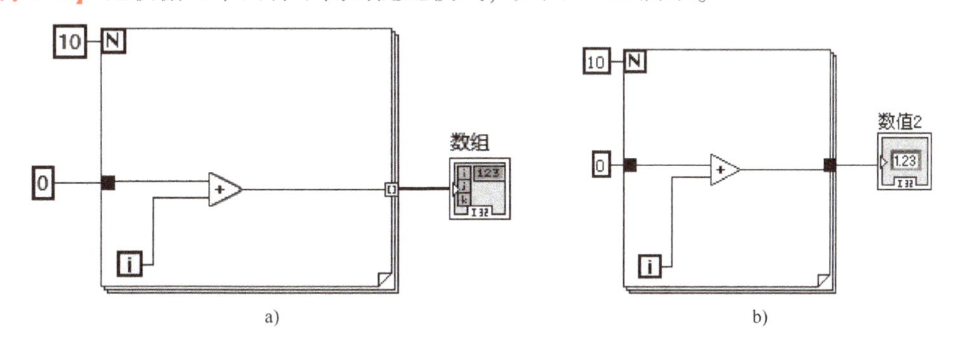

图 4-20　两种不同的隧道模式

a）索引模式　b）最终值模式

4.2.3 定时

当循环结构执行一次后，它会立刻开始执行下一次循环，除非满足条件才停止。通常需要控制循环的频率或定时，例如如果要求每 10 s 采集一次数据，就需要将各次循环间的时间间隔定时为 10 s。即使不需要以特定的频率执行循环，处理器也需要定时信息完成其他任务，如处理用户界面事件。另外在 VI 能够接受的时间允许范围内，可以通过在循环内添加定时函数的办法降低 CPU 的占用率。

定时函数在 LabVIEW 中很重要，它位于“函数”选板→“编程”→“定时”。常用的定时函数有“时间计数器”“等待（ms）”“等待下一个整数倍毫秒”“时间延迟”等，如图 4-21 所示。

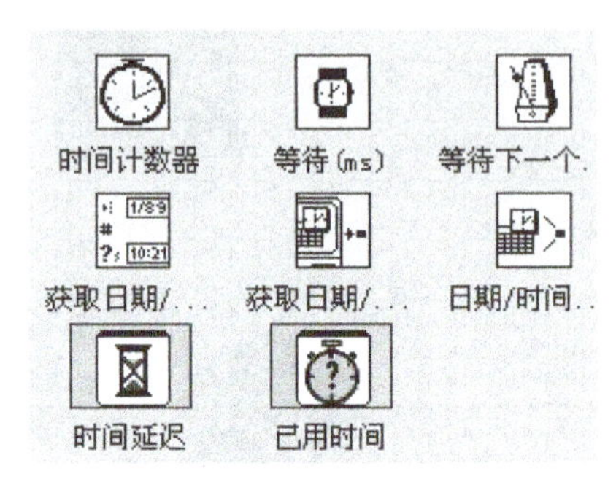

图 4-21 LabVIEW 中常用的定时函数

1. 时间计数器

计时函数返回一个操作系统内部时钟的毫秒值，通常使用两个“时间计数器”来计算某一段代码执行所需要的时间。

2. 等待（ms）

给定一个输入参数 n 毫秒，每次程序执行到它时，就会停下来等待 n 毫秒，再继续运行后续程序。在循环结构内部放置一个“等待（ms）”函数，可以使 VI 在一段指定的时间内处于睡眠状态。在这段等待时间之内，处理器可以处理其他任务。“等待”函数使用操作系统的毫秒时钟。

“等待（ms）”函数保持等待状态直至毫秒计数器的值等于预先输入的指定值。该函数保证了循环的执行速率至少是预先输入的指定值。

3. 等待下一个整数倍毫秒

给定一个输入参数 n 毫秒，每次程序执行到它时都会暂停在这里，函数每隔 n 毫秒醒来一次，醒来后再继续运行后续程序。该函数将监控毫秒计数器，保持等待状态直至毫秒计数器的值到达指定数的整数倍。将该函数置于循环结构中可控制循环执行的速率。要使该函数有效，必须使代码执行时间小于该函数指定的时间。循环第一次执行的速率是不确定的。比如设定定时为 1000 ms，对于第一次运行，无论当前时间是 50 ms 还是 850 ms，都将在下一次 1000 ms 的整数倍时间第二次运行该代码，那么实际的间隔分别是 950 ms 和 150 ms。

4. “时间延迟”

它和“等待（ms）”函数类似，但该 Express VI 多了一个内置的错误簇且以秒为单位。

5. 已用时间

某些情况下，需要在 VI 执行了一定时间之后判定已用多少时间。“已用时间”显示从指定起始时间起已经用去的时间，这是非常有用的。该 Express VI 允许在 VI 继续执行的过程中跟踪记录时间。该函数不给处理器时间完成其他任务。

一般情况下，若程序并不要求非常精确的定时，则可以选择“等待”“等待下一个整数倍毫秒”和“时间延迟”。“等待”与“时间延迟”的精度是相同的，它们每执行一次的误差可达数毫秒。“等待下一个整数倍毫秒”的精度更高一些。如果要求更高精度的定时，则需要考虑其他定时方法。

4.2.4　循环中的移位寄存器

在使用循环结构编程时，经常需要访问前一次循环产生的数据。例如，如果需要每次循环采集一个数据，且每得到 10 个数据后要计算这 10 个数据的平均值，这就需要记录前面几次循环产生的数据。移位寄存器可以将循环中的值传递到下一次循环中。

移位寄存器相当于文本编程语言中的静态变量，用来从一次迭代向下一次迭代传输数据，只能在 while 循环和 for 循环中使用。移位寄存器将第 i-1，i-2，i-3，…次循环的计算结果保存在循环的缓冲区内，并在第 i 次循环时将这些数据从循环框架左侧的移位寄存器中送出，供循环框架内的节点使用，其中，i=0，1，2，3，…。

创建移位寄存器方法是在循环边框上单击鼠标右键，在弹出的快捷菜单中选择“添加移位寄存器”，就可以创建一个移位寄存器，它在循环边框上以一对端子形式出现。右侧端子含有一个向上的箭头，用于存储每次循环结束时的数据。LabVIEW 可将连接到右侧寄存器的数据传递到下一次循环中。循环执行后，右侧端子将返回移位寄存器保存的值。

为了访问前几次迭代中的数据，可以通过增加循环边框左侧端子元素实现。方法是在左边端子的弹出菜单中选择“添加元素”，也可以拖曳移位寄存器左侧端子来添加。

在一个循环内可以有多个不同的移位寄存器来存储不同的变量，只要在循环边框上添加移位寄存器即可。一个移位寄存器的左侧端子和右侧端子是平行的，移动其中一侧，另一侧的就跟着移动，保持平行。

注意移位寄存器要进行初始化赋值，VI 运行过程中，每执行第一次循环时都使用该值对移位寄存器进行复位。通过连接输入控件或常数至移位寄存器左侧端子，可初始化移位寄存器。

【例 4-6】利用移位寄存器，观察各次循环迭代过程中，循环迭代端子 i 值的变化情况。

1）创建前面板，如图 4-22 所示。

这里有 4 个数值显示控件，Current Count 指示器显示循环计数的当前值，Previous Count 指示器显示循环计数的前一次迭代的值，Two Iterations Ago 指示器显示前两次迭代的值，Three Iterations Ago 指示器显示前 3 次迭代的值。

Current Count
0
Previous Count
0
Two Iterations Ago
0
Three Iterations Ago
0
stop
STOP

图 4-22　前面板设计

2）设计程序框图。

① 放置一个 while 循环。

② 右击循环的边框，添加移位寄存器。右击移位寄存器的左侧端子，选择“添加元素”，创建多个附加元素。

③ 迭代端子 i 与移位寄存器右侧端子相连，同时也与 Current Count 指示器相连。

④ 将移位寄存器的左侧元素端子与相应的数值显示控件相连。

⑤ 把常数 0 连接到移位寄存器左侧端子，将移位寄存器初始化为 0。

⑥ 放置定时函数 Wait（ms），让循环等待 500 ms 再进行迭代。

程序框图如图 4-23 所示。

3）检查完框图后，从窗口菜单中选择“左右两栏显示”。

4）单击“高亮显示执行过程”按钮，使程序加亮执行。

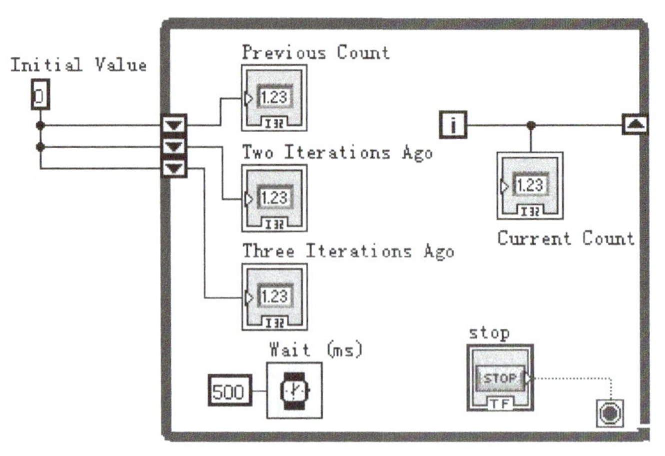

图 4-23　程序框图

5）运行 VI，仔细观察气泡，观察前面板指示器的值如何变化。每次迭代增加连接到右侧移位寄存器的计数端子的值，即 Current Count。该值在下一次迭代开始时移动到左侧的端子 Previous Count。其余左侧端子的移位寄存器的值像漏斗一样逐个传递。这里只返回前 3 次迭代的值。如果要使 VI 返回更多的值，可通过添加移位寄存器的元素实现。

【例 4-7】编写一个 VI，求 1+2+3+…+100 的值。

例 4-7

方法 1：利用 for 循环设计。前面板和程序框图如图 4-24 所示。

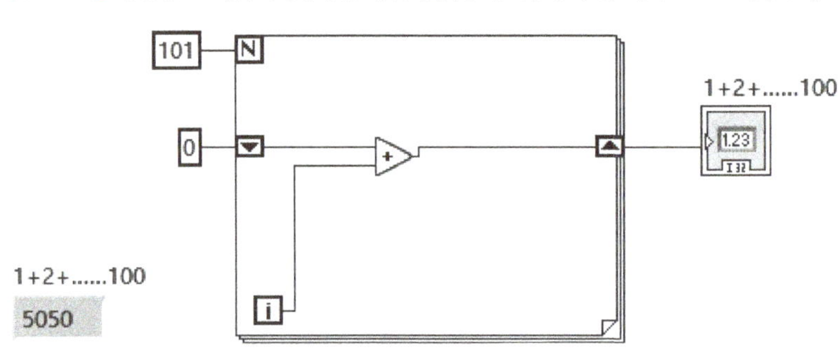

图 4-24　for 循环设计

方法 2：利用 while 循环设计。程序框图如图 4-25 所示。

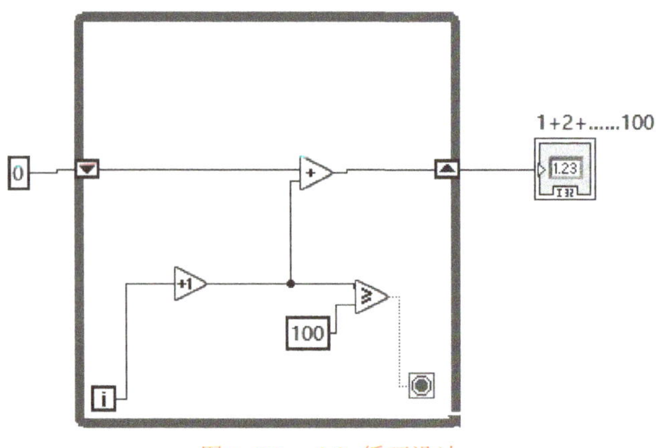

图 4-25　while 循环设计

方法 3： 利用反馈节点设计。

LabVIEW 中还提供反馈节点，功能和移位寄存器类似，利用它可以实现迭代运算，反馈节点位于“函数”选板→“编程”→“结构”子选板。“反馈节点”下方为初始化接线端，将它赋值为 0，“反馈节点”左右两个接线端相当于移位寄存器的左右两个端子，其程序框图如图 4-26 所示。

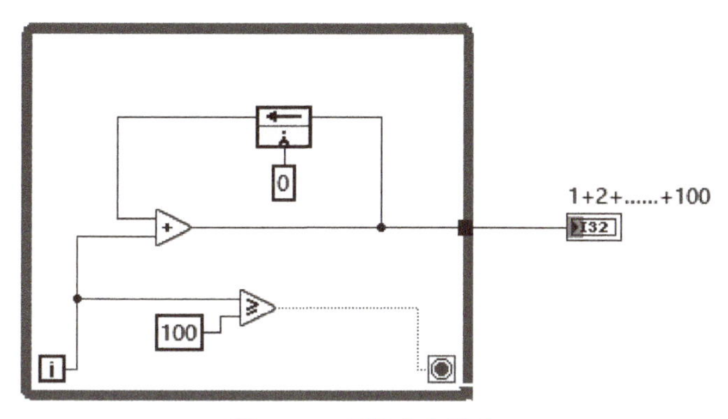

图 4-26　反馈节点设计

【例 4-8】求分数序列：$\frac{2}{1}, \frac{3}{2}, \frac{5}{3}, \frac{8}{5}, \frac{13}{8}, \cdots$，前 20 项之和。

这个分数序列中，后一项分数的分子是前一项分数的分子与分母之和，分母是前一项分数的分子，这就需要进行迭代运算。对于一个移位寄存器，左侧端子存放上次迭代中的值，右侧端子存放当前迭代所得到的值。如图 4-27 所示，这里添加了 3 个移位寄存器，分别存放分子、分母和分数和。注意移位寄存器的初始化，分子初始值为 2，分母初始值为 1，分数之和初始值为 0。此外还要注意初始化常量的数据类型，这里将分子 2、分母 1 设置为长整型（I32），分数和初始值 0 为双精度浮点型（DBL）。

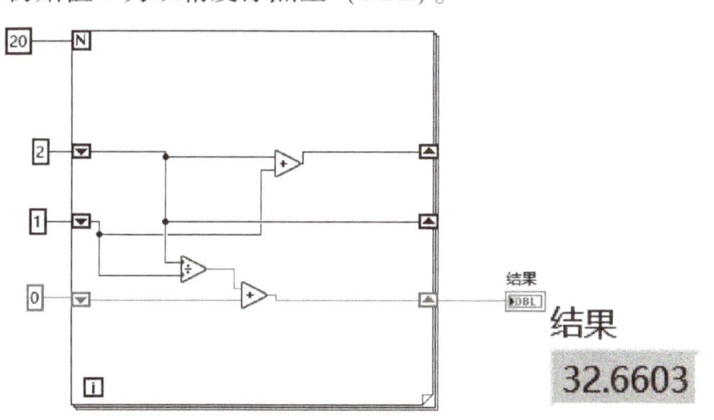

图 4-27　例 4-8 VI 程序框图和前面板

4.2.5　条件结构

条件结构类似于文本编程语言中的 switch 语句或 if…then…else 语句。LabVIEW 中条件结构如图 4-28 所示，它有两个或更多的子框图或条件分支，叠在一起显示，通过选择标签查看其他子框图，每次只能显示一个子程序框图，并且每次只执行一个条件分支，这取决于连到条件选择端口的值。

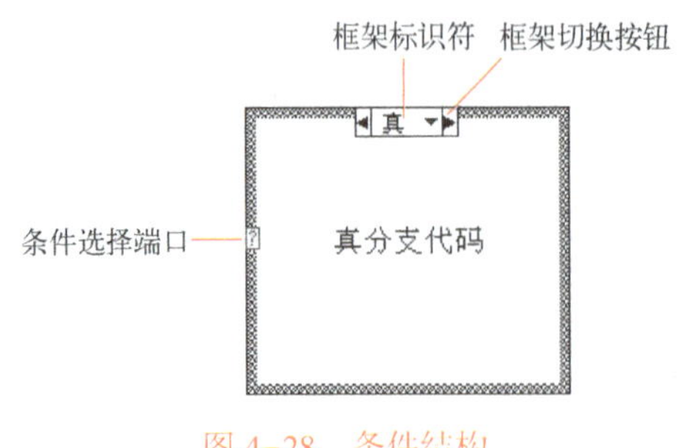

图 4-28 条件结构

编程时，将外部控制条件连接至条件选择端口，程序运行时条件选择端口会判断送来的控制条件，引导选择结构执行相应框架中的内容。

1. 条件选择端口的数据类型

条件选择端口支持的数据类型包括：整型、布尔型、字符串型和枚举型。当连到条件选择端口的数据类型不同时，框架标识符自动跟随变成相同的数据类型。控制条件的数据类型必须与框架标识符中数据类型一致，即

1）如果布尔型数据连到条件选择端口，则框架标识符里显示为“真”和“假”，条件结构只有真和假两个分支。

2）如果整型数据连到条件选择端口，则框架标识符显示为数值，默认为 0 和 1。此时条件结构允许有多个分支，可以通过弹出菜单添加或删除分支。注意要有一个分支作为默认分支处理超出范围的数值，否则程序会报错。

3）如果字符串型数据或枚举型数据连到条件选择端口，则分支的选择标识显示为带引号（""）的字符串形式。此时条件结构也允许有多个分支，应当为条件结构指定一个默认条件分支。框架标识符可以根据实际输入条件进行修改，如果字符串没有输入引号，会自动添加引号。

2. 条件结构的注意事项

条件结构应注意的问题：

1）使用选择结构时，控制条件的数据类型必须与框架标识符中的数据类型一致。二者若不匹配，LabVIEW 会报错，框架标识符中字体的颜色将变为红色。

2）如果整型、字符串型或枚举型数据作为输入条件，则条件结构必须包含处理超出范围值的默认分支。

3）右击条件结构的边框可以添加、复制、删除分支或重新排列分支的顺序，以及选择默认条件分支。

3. 条件结构的数据输入和输出隧道

当由外部节点向结构框架连线时，在结构边框就创建了输入隧道，而当由框内节点与边框连线时，在结构边框就建立了输出隧道。

注意：①对所有条件分支来说，可以使用输入隧道的数据，也可以不使用。②只要有一个分支经过隧道输出数据，那么所有分支都必须定义各自的输出到该隧道，使隧道变成实心方块。

4.2.6 对话框

LabVIEW 提供 3 种标准的弹出对话框：单按钮、双按钮和三按钮。用户可以编辑消息内

容和按钮的名称。单按钮、双按钮对话框会返回一个布尔值，三按钮会返回一个数值表示按下了哪个按钮。这些对话框是模态对话框，LabVIEW 在弹出对话框时，暂停运行 VI，直到用户对对话框做出响应。其他的窗口可以继续运行和更新，但用户不能通过鼠标或键盘进行选择和操作，直到用户处理完对话框。这些对话框在传输消息和要求用户输入时非常有用。

还可以快速创建提示用户和显示消息对话框，方法是使用“提示用户输入”和“显示对话框”信息 Express VI。

对话框函数位于“函数”选板→“编程”→“对话框与用户界面”子选板中，如图 4-29 所示。

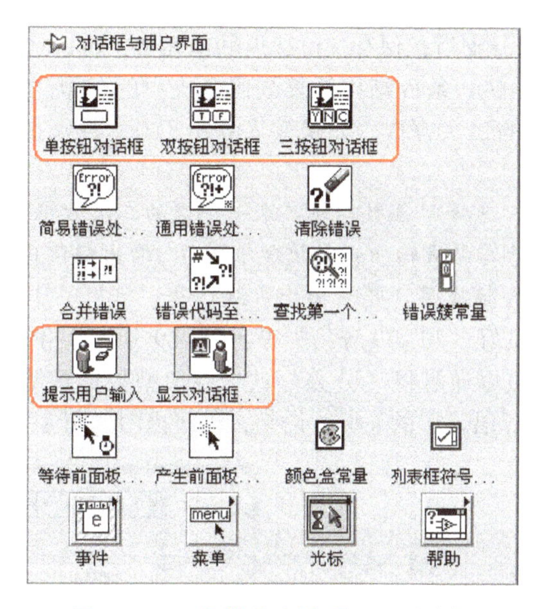

图 4-29　“对话框与用户界面”子选板

【例 4-9】创建一个 VI，如果输入数是正数，则返回二次方根；如果输入数是负数，则弹出对话框，提示“错误：是负数”，并返回错误值-99999。

1）打开新面板。

2）创建如图 4-30 所示的前面板。

图 4-30　前面板

3）打开程序框图窗口，放置条件结构（程序→结构子选项卡）到框图窗口。

4）选择其他的框图对象并根据图 4-31 完成连线。这里调用的函数有：

① 是否大于或等于函数（编程→比较）：用于检查输入数据是否大于或等于 0，如果是，返回 true。

② 二次方根函数（编程→数值）：返回输入数的二次方根。

③ 数值常数（编程→数值）：“-99999”作为错误分支的输出。

④ 单按钮对话框（编程→对话框）：显示一个包含“错误：是负数”消息的对话框。

⑤ 字符串常量（编程→字符串）：在文本框内输入文本，作为对话框的消息。

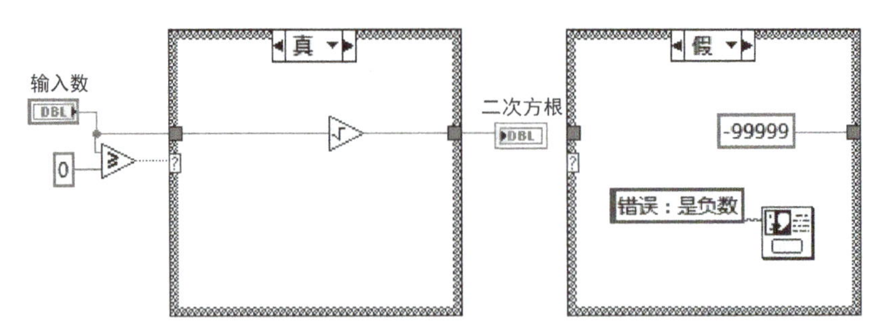

图 4-31 程序框图

5）编写完真、假两个分支后，保存文件，返回前面板，单次运行 VI 并调试。

6）结果分析：VI 总是执行条件结构的真或假分支中的一个。如果输入数大于或等于 0，VI 执行真分支，返回数据的二次方根。如果输入数小于 0，假分支输出-99999，并显示出错信息对话框。

思考：用比较选板中“选择”函数实现：求一个数的二次方根，若该数大于或等于 0，则计算该值的二次方根并将计算结果输出；若该数小于 0，输出错误代码“-99999”。

【例 4-10】给出一百分制成绩，要求输出等级优秀、良好、中等、及格、不及格。90 分以上为优秀，80~89 分为良好，70~79 分为中等，60~69 分为及格，60 分以下为不及格。

这里需要 5 个分支，可以通过将“分数”这个数值型数据赋给条件选择端口，如此就可实现多分支结构，相当于 C 语言中的 switch 语句，程序框图如图 4-32 所示。

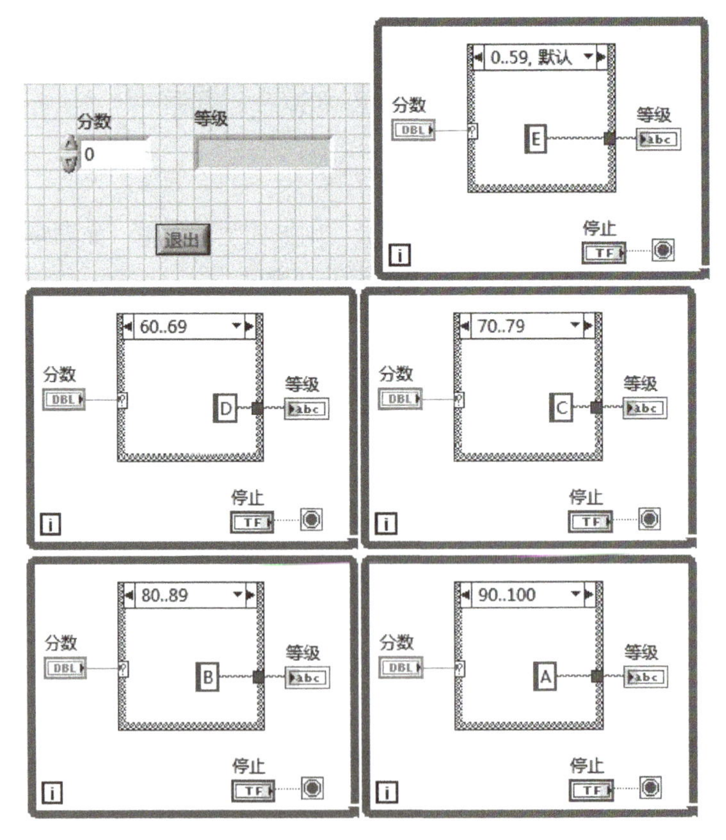

图 4-32 例 4-10 VI 前面板和程序框图

4.2.7　顺序结构

LabVIEW 作为一种图形化编程语言，其程序语句执行的规则是数据流机制，即程序中任何一个节点只有在所有输入数据有效时才会被执行。比如图 4-33 程序框图中有求 a 和 b 的两段程序，它们之间没有关联，因此执行顺序是并行的，单击工具栏里的“高亮显示执行过程”按钮，可以观察到数据流。而如果要求先执行 b 的运算，隔 5 s 后再执行 a 的运算，就需要用到顺序结构。

顺序结构的功能是让程序按指定的顺序执行。它包含一个或多个按顺序执行的子程序框图或帧。顺序结构依次执行帧 0、帧 1，直至最后一帧。初次放入顺序结构只有一帧，用鼠标右击顺序结构边框，通过快捷菜单可以进行添加帧、删除帧、插入帧或复制帧等操作，如图 4-34 所示。

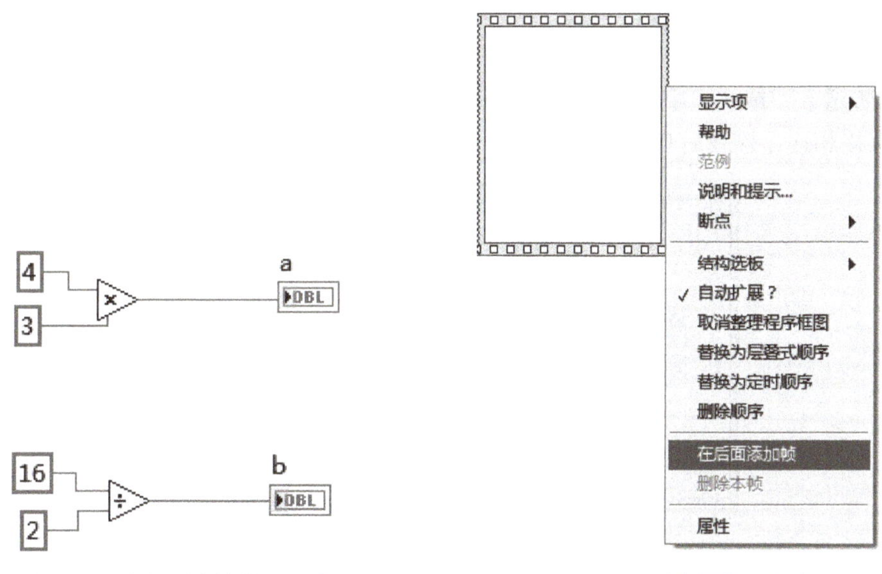

图 4-33　未加顺序控制的程序　　　图 4-34　顺序结构添加帧

LabVIEW 顺序结构有平铺式和层叠式两种外观显示形式，如图 4-35 和图 4-36 所示。两种形式可通过快捷菜单进行切换。

图 4-35　平铺式顺序结构

图 4-36　层叠式顺序结构

前面提到的要求先执行 b 的运算，5 s 后再执行 a 的运算，程序框图如图 4-37 所示。

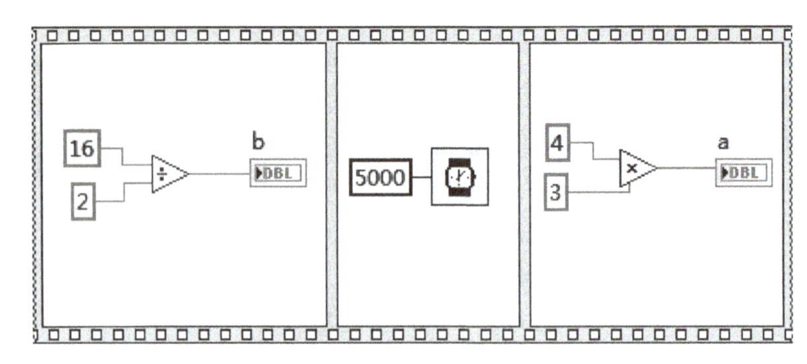

图 4-37　加顺序控制的程序框图

【例 4-11】将第一个框架中的数值传递到后续框架中使用，前面板如图 4-38 所示。

数值
7
数值 2
7

图 4-38　例 4-11 VI 的前面板

如果帧数比较少，一般采用平铺式显示，程序框图如图 4-39 所示。平铺式顺序结构各个帧之间的数据可以通过连线直接相连，连线后自动在边框上创建隧道。

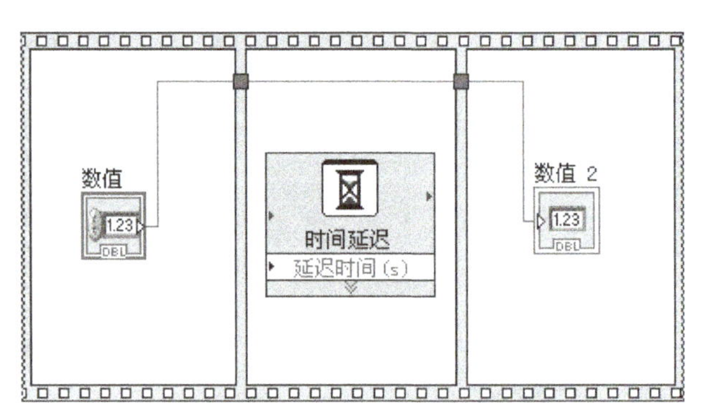

图 4-39　例 4-11 VI 的程序框图

如果帧数比较多，顺序结构以层叠式结构显示，可以采用下面步骤实现数据的传递。如图 4-40 所示，在数据源所在的帧 0 边框上右击，选择“添加顺序局部变量”，出现小方框，在帧 0 中，将数值输入控件与顺序结构变量相连，出现向外的箭头，后续帧中都有向内的箭头（箭头表示数据流动方向，向内表示数据流入，向外表示数据流出）。在数据接收终端帧 2 中，将顺序局部变量与数值显示控件相连。

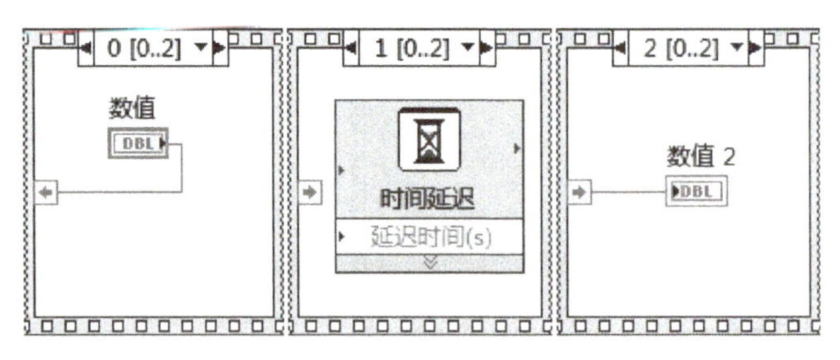

图 4-40　层叠式结构显示

可见，在数据传递时，平铺式顺序结构通过隧道进行数据传递，层叠式顺序结构通过顺序局部变量进行数据传递。层叠式顺序结构占用的程序框图面积较小，而平铺式顺序结构的可读性较好。

【例 4-12】匹配数字。在前面板输入一个数，当计算机随机产生的数与该数相同时，循环停止，计算这个匹配过程所消耗的时间。

1）打开新面板，创建如图 4-41 所示的前面板。

2）打开程序框图窗口，放置单层顺序结构（编程→结构→顺序结构）。

3）右击顺序结构边框，添加帧，这里创建 3 帧。

4）完成框图内程序的设计，如图 4-42 所示。

图 4-41　例 4-12 VI 的前面板设计

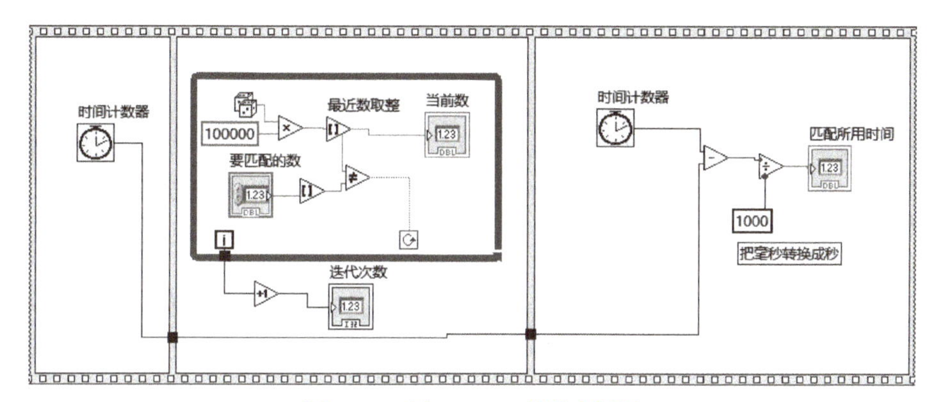

图 4-42　例 4-12 VI 的程序框图

这里调用的函数说明如下：

Tick Count(ms)时间计数器函数（编程→定时）：返回时钟间隔值。

Random Number(0-1)随机数函数（编程→数值）：返回一个 0~1 的随机数。

乘函数（编程→数值）：把随机数乘以 100 000，返回一个 0~100 000 的随机数。

Round to Nearest 最近数取整函数（编程→数值）：将 0~100 000 的随机数舍入为最接近的整数。

不等于函数（编程→比较）：比较随机数和前面板指定的数值，如果相等，则返回 true；否则返回 false。

加 1 函数（编程→数值）：循环迭代值加 1 得到循环次数（循环迭代值从索引 0 开始）。

在第一帧，时间计数器函数返回毫秒计时器的值，该值连到了下一帧。在第二帧，VI 一直执行循环，直到随机数函数返回的值等于指定的数值。在最后一帧中，时间计数器函数返回一个新的毫秒时间数。VI 把新的时间和旧的时间相减，就得到中间一帧做匹配所用掉的时间，然后除以 1000，把毫秒转化为秒单位。

5）打开“高亮显示执行过程”按钮，在“要匹配的数”控件内输入一个要匹配的数，运行 VI，观察当前前面板上产生的数值。关闭加亮执行可以加快执行速度。

6）保存文件。

4.2.8　事件结构

LabVIEW 是一种数据流编程环境，由数据流决定程序中节点的执行顺序。但在编程中也可以设置某些事件，对数据流进行干预，如鼠标事件、键盘事件就可以采用事件结构实现。

事件结构位于“函数”选板→“编程”→“结构”子选板上。将其拖动到程序框图中，如图 4-43 所示。

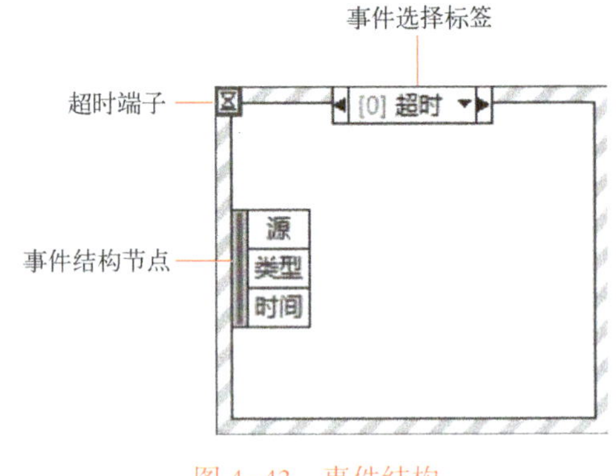

图 4-43　事件结构

事件结构由超时端子、事件选择标签和事件结构节点组成。

超时端子用于设定事件结构在等待指定事件发生的超时时间，以毫秒（ms）为单位。默认值为 -1，表示永不超时，即事件处于永远等待状态，直到指定的事件发生为止。当设定其他值后，若当事件在指定的时间内发生，事件结构便会响应该事件；若事件在指定的时间内没发生，则每隔设置时间段返回超时事件执行一次。通常需要为事件结构指定一个超时时间，否则事件结构将一直处于等待状态。

和条件结构类似，事件结构可以包括一个或多个子程序框图或事件分支，满足某个事件就执行对应事件的功能分支。结构处理事件时，仅有一个子程序框图或分支在执行。刚创建的“事件结构”，只有一个默认的超时事件，当指定的超时时间内没有任何事件结构定义的事件发生时，才会触发超时事件。

事件设置不可直接编辑，而是根据当前 VI 中所添加的控件或 VI 事件进行选择性编辑。用鼠标右击事件结构边框，选择“添加事件分支”来添加新的子框图，如图 4-44 所示；选择“编辑本分支所处理的事件”，打开“编辑事件”对话框可以为当前子框图设置事件，如图 4-45 所示。

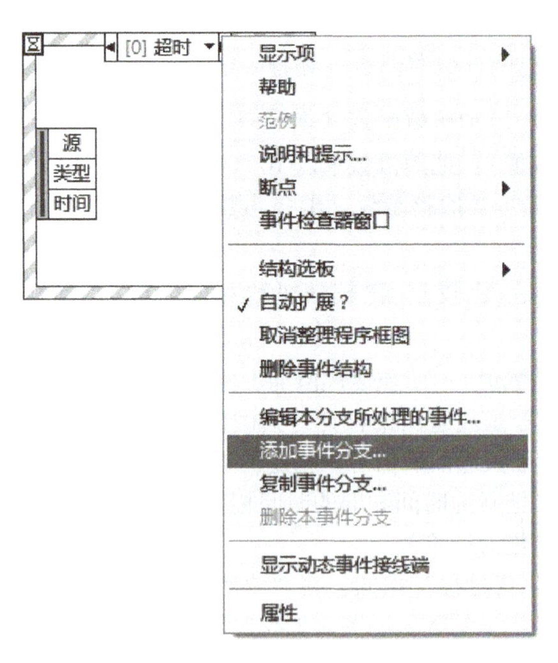

图 4-44　添加事件分支

在“编辑事件”对话框里，每个事件功能分支可以配置为多个事件，通过单击“添加事件”按钮实现。当这些事件中有一个发生时，对应的“事件分支”代码就会执行。“事件说明符”的每一行都是一个配置好的事件，每行分为左、右两部分，左侧列出了事件源，右侧列出该事件源对应的事件名称。

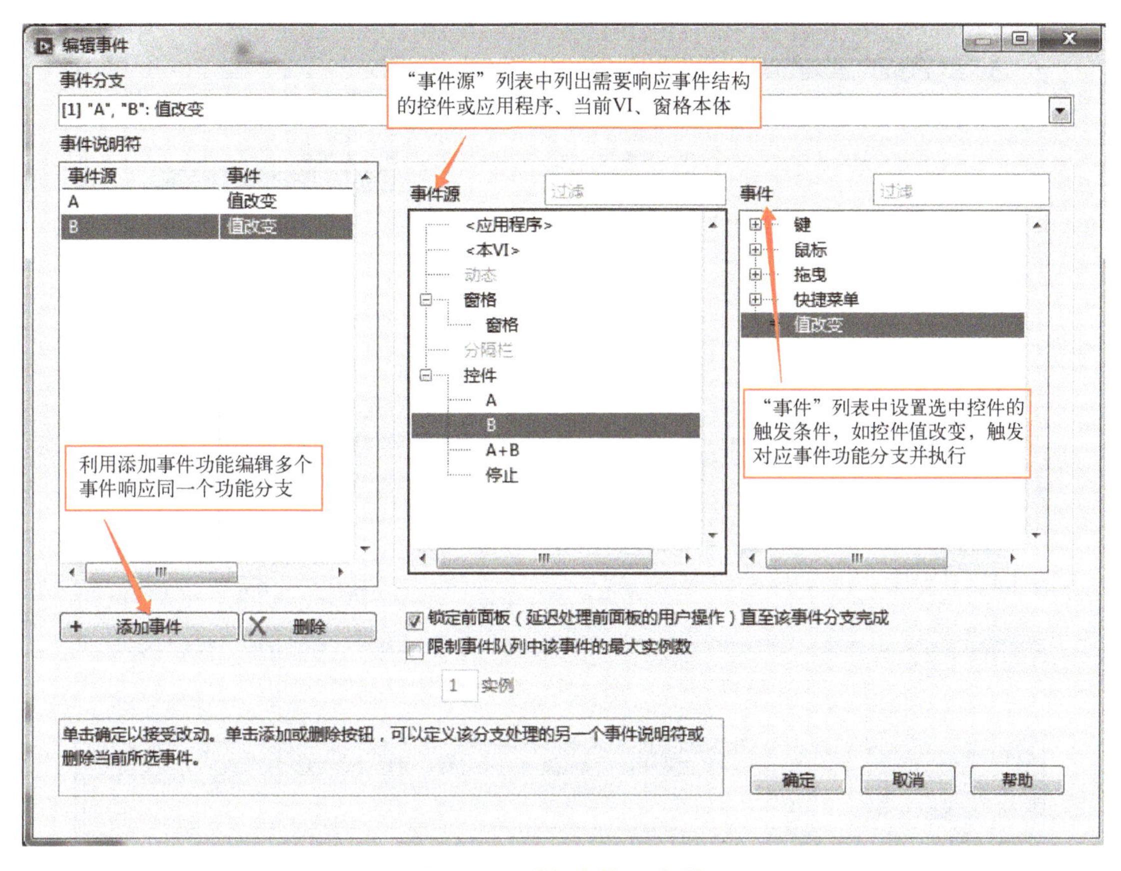

图 4-45 “编辑事件”对话框

事件结构通常放在循环内使用，执行事件结构时，循环等待事件发生（如鼠标单击前面板某个按钮开关），并执行相应事件处理程序。然后不断重复以等待下一个事件的发生。

【例 4-13】单击滑动杆，显示对话框，指示当前滑动杆的数值；单击“确定”按钮，显示对话框，提示按了该按钮。

1）创建如图 4-46 所示的前面板。

2）在程序框图里放置事件结构。

滑动杆 0 2 4 6 8 10 确定

图 4-46 前面板

3）在事件结构边框上单击鼠标右键，选择“编辑本分支所处理的事件”，打开“编辑事件”对话框。单击“删除”按钮，删除超时事件。在“事件源”中选择“滑动杆”，从相应的事件窗口中选择“值改变”事件，如图 4-47 所示，最后单击“确定”按钮退出“编辑事件”对话框。

4）同上，在事件结构边框上单击鼠标右键，选择“添加事件分支”，打开“编辑事件”对话框，在事件源中选择“确定按钮”，从相应的事件窗口中选择“鼠标按下”事件，如图 4-48 所示，最后单击“确定”按钮退出“编辑事件”对话框。

5）编写滑动杆值改变事件处理程序，如图 4-49 所示。

图 4-47　添加“滑动杆”事件分支“值改变”

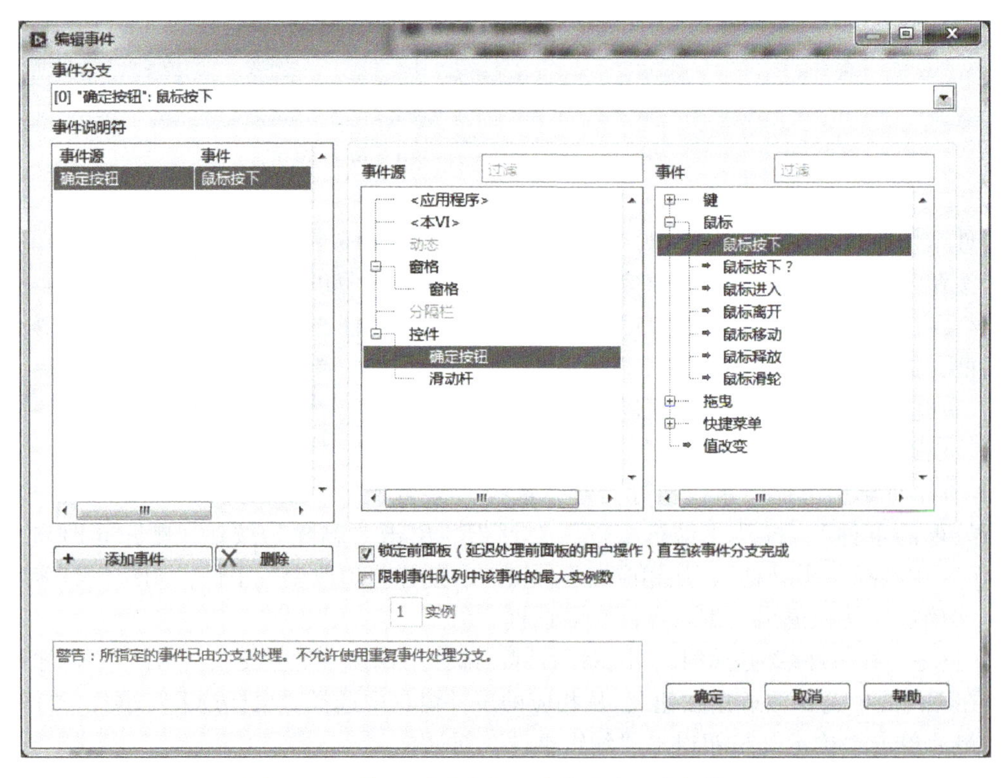

图 4-48　添加“确定按钮”事件分支“鼠标按下”

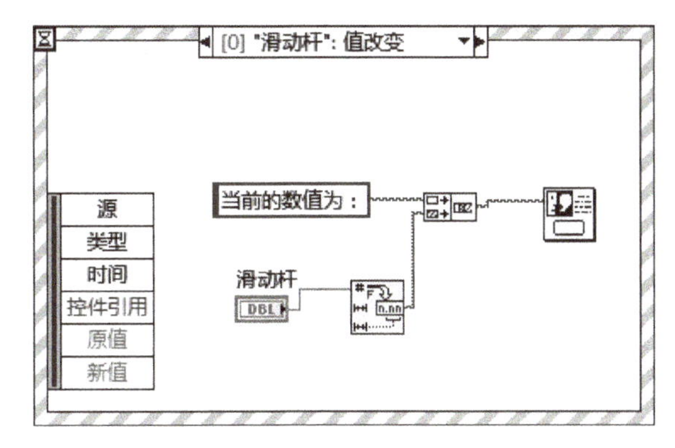

图 4-49　滑动杆值改变事件处理程序

：数值至小数字符串转换函数，位于“函数”选板→“编程”→“字符串”→“数值/字符串转换”→“数值至小数字符串转换”。

：连接字符串函数，位于“函数”选板→“编程”→“字符串”→“连接字符串”。

：单按钮对话框，位于“函数”选板→“编程”→“对话框与用户界面”，显示“当前的数值为：……”的消息。

6）编写确定按钮鼠标按下事件处理程序，如图 4-50 所示。

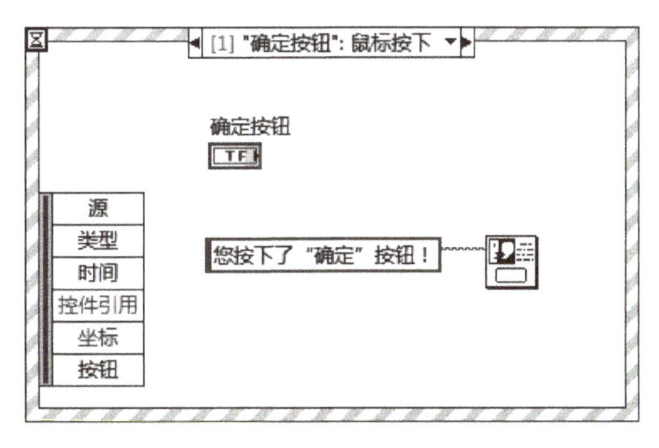

图 4-50　确定按钮鼠标按下事件处理程序

7）单击“连续运行”按钮。单击“滑动杆”时，弹出提示对话框，显示当前的数值；单击“确定”按钮时，弹出提示框，提示按下了该按钮。程序运行结果如图 4-51 所示。

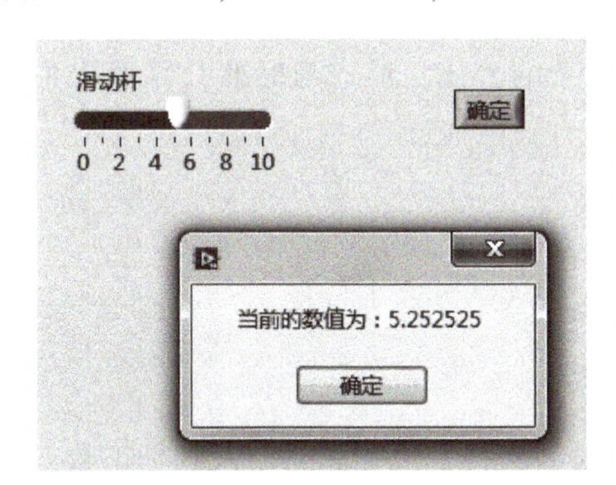

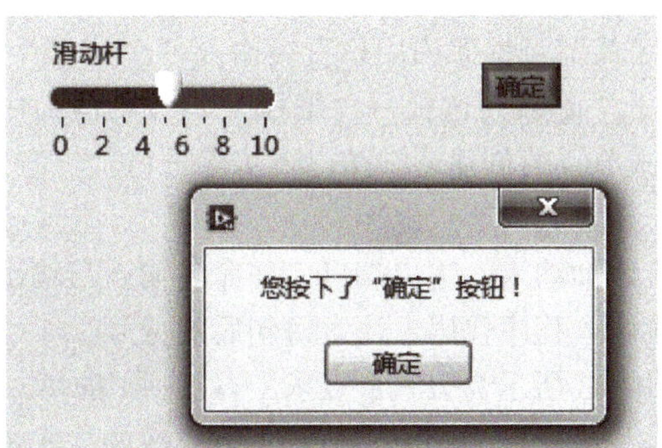

图 4-51　程序运行结果

【例 4-14】利用事件结构编写一个单击计数器，单击“+1”按钮，计数值加 1；单击“清零”按钮，计数值清零；单击“停止”按钮，程序停止运行。

前面板和程序框图如图 4-52 所示。

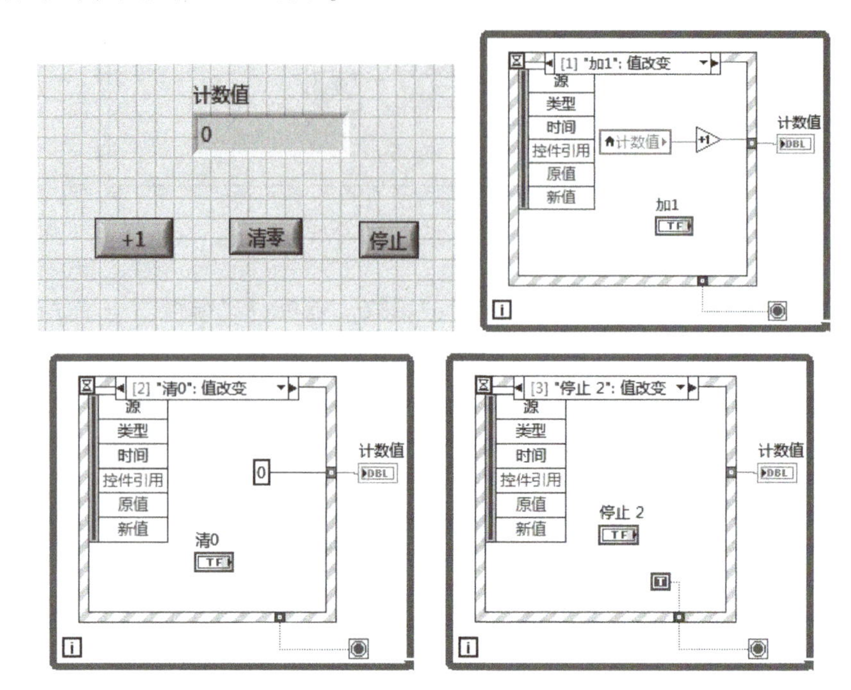

图 4-52 例 4-14 VI 前面板和程序框图

4.2.9 公式节点

假如程序中有一些复杂的数学计算，编写图形代码相对比较麻烦。公式节点是一种专用于处理数学公式编程的特殊结构形式，尤其适用于含有多个变量或较为复杂的方程，以及对已有文本代码的利用。除支持文本方程表达式外，公式节点还支持为 C 语言编程者所熟悉的 if 语句、while 循环、for 循环和 do 循环的文本输入。这些程序的组成元素与 C 语言程序相似，但并不完全相同。

可通过复制、粘贴的方式将已有的文本代码移植到公式节点中，无须通过图形化编程的方式再次创建相同的代码。

在公式节点框架内用户直接输入一个或多个复杂的公式，形式与标准 C 语言类似。公式节点位于“函数”选板→“编程”→“结构”中。

公式节点的创建通常按以下步骤进行：

1）创建公式节点框架。

2）添加输入、输出端口，并命名输入与输出变量（区分大小写）。

3）输入程序代码，注意每句后加分号。

图 4-53 所示为公式节点求 $y=x^2+x+1$ 的值。

图 4-54 所示为用公式节点求输入数的二次方根的两种方法。如果输入数是正数，则返回二次方根；如果输入数是负数，则返回错误值-99999。

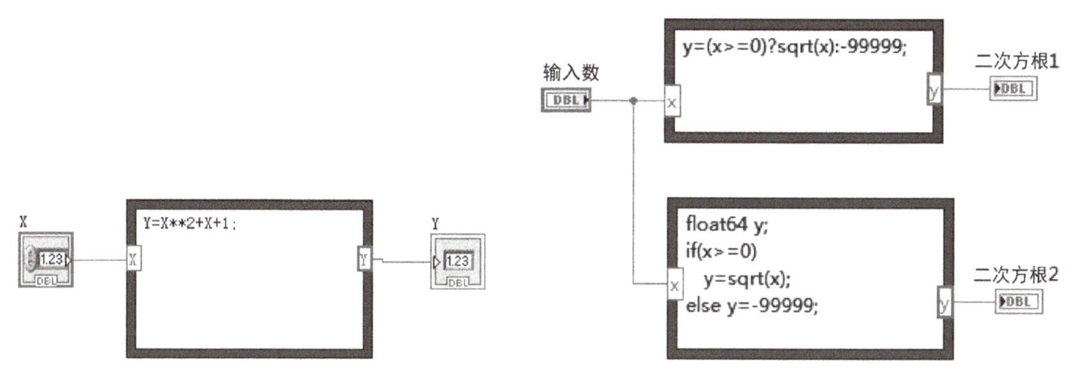

图 4-53　调用公式节点实现数值运算　　图 4-54　公式节点中使用双分支条件语句的两种方法

在公式节点的帮助窗口中列出了公式节点中使用的操作符、函数和语法规定，详细信息可查阅 LabVIEW 帮助。

【例 4-15】计算下列方程：

$$y1=x^3-x^2+5$$

$$y2=m*x+b$$

采用一个公式节点来完成上面两个方程的计算，并且将两者的计算结果送到同一个示波器上进行显示。

实验步骤：

1）打开新的前面板，创建如图 4-55 所示的前面板，其中的波形图控件用于显示两个方程的曲线。分别用两个数值控件来输入 m 和 b 的值。

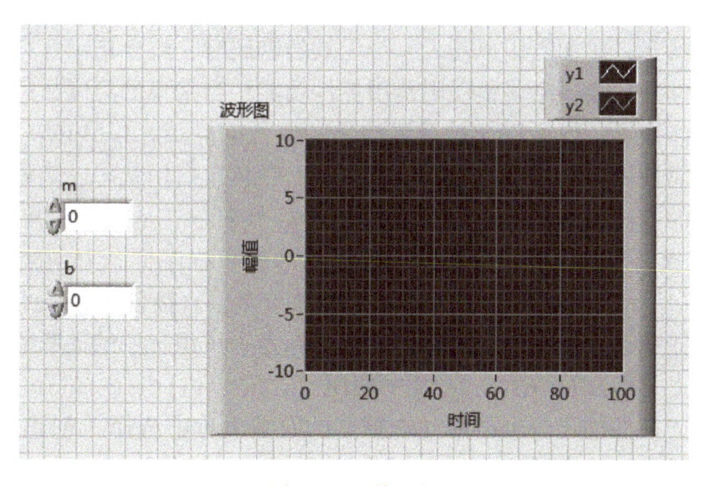

图 4-55　前面板

2）下拉图例，改变其大小来显示两条曲线。用标注工具给两条曲线重新命名。通过图例的弹出菜单可以定义每条曲线的线型，也可以改变每条曲线的颜色。

3）在程序框图中放入公式节点，鼠标右击公式节点边框，在快捷菜单中选择“添加输入”，并输入端口名称，创建 3 个输入端口 m、b、x。在同样的菜单中选择“添加输出”，创建输出端口 y1 和 y2。创建一个输入或输出端口时，给它所赋的变量名必须与公式中所使用的变量名一致，并且区分大小写。

4）在公式节点里直接输入公式，以分号（;）结尾。程序框图如图 4-56 所示。

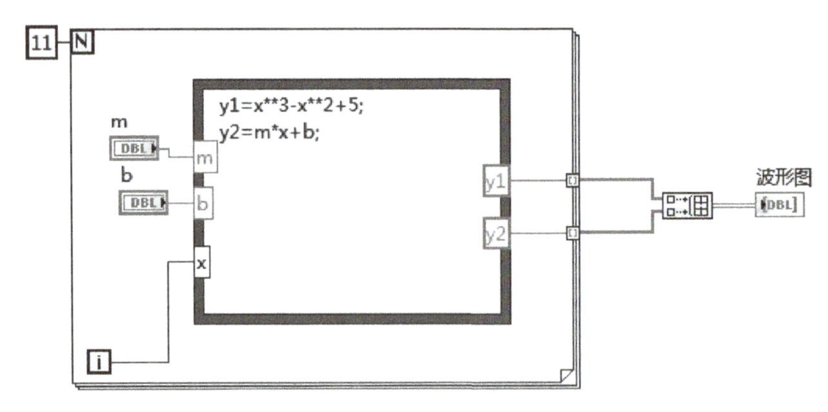

图 4-56　程序框图

函数说明如下：

11：数值常数（函数→编程→数值）。这个常数指定了 for 循环的迭代次数。

i：由于迭代终端是从 0 计到 10，因此可用它来控制公式较多中的 x 值。

创建数组图标：创建数组（函数→编程→数组）。在一个多曲线图示中设定两个数组输入，通过下拉创建数组函数可改变其大小，创建两个输入终端。

5）回到前面板，每次给 m 和 b 赋不同的值来运行 VI。

6）保存 VI。

4.2.10　属性节点

在程序运行过程中，界面上部分控件会根据用户输入信息或所监测参量数值所处的范围区间动态地改变显示状态，比如当用户输入一个无效的密码时，红色指示灯开始闪烁；用户登录密码正确则启用控件的功能，密码错误则禁用控件功能；当采集的温度超过某一阈值，波形曲线变为红色等。这些操作一般可以通过设置控件的属性来完成。LabVIEW 提供属性节点用于访问控件的属性，属性内容包括控件的数值、位置、颜色、启用状态、隐藏等。

创建属性节点的方法有两种：一种是直接右击控件对象，从快捷菜单中选择“创建”→“属性节点”，再从弹出的菜单中选择一个属性，这样就在程序框图上创建了该控件的一个属性节点。如图 4-57 所示创建液罐控件“可见”属性节点，直接创建出来的属性节点和它对应控件之间没有数据线相连，但用户通过它们的共同标签来辨识它们的关联关系。直接从控件上创建出来的属性节点只能在控件所在的 VI 中使用。

还有一种是先为控件创建一个引用（在控件的右键菜单中选择“创建”→“引用”），同时调用通用的“属性节点”函数（位于“函数”选板→“编程”→“应用程序控制”→“属性节点”），然后将控件的引用与通用的“属性节点”函数相连，再选择需要设置的属性，如图 4-58 所示。

引用在 LabVIEW 中常称为引用句柄，在 Windows 编程中，引用句柄指的是指向内存的指针，换句话说，引用句柄保存的是数据类型的地址。通过对控件引用句柄的操作，可以改变控件的属性参数。

用以上两种方法创建的属性节点在功能上是完全相同的。

【例 4-16】随机数函数模拟产生 0~100℃之间的温度值。每隔 2 s 测量一次温度值，当温度在 0~40℃范围时，温度计颜色为绿色；当温度在 41~80℃范围时，温度计颜色为橙色；温度超过 80℃，温度计颜色为红色。

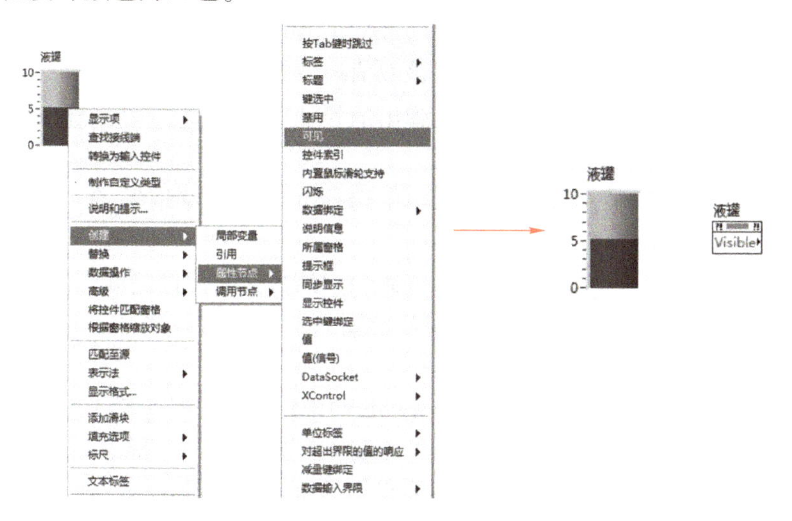

图 4-57　属性节点创建方法 1

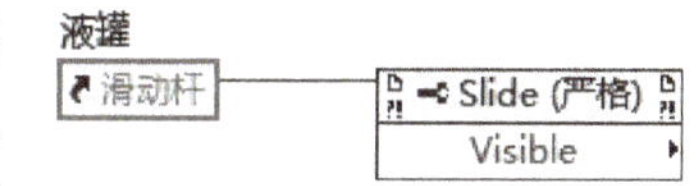

图 4-58　属性节点创建方法 2

如图 4-59 所示，这里设置了 3 个条件分支，选择器标签设为：“0..40”“41..80”“81..100”，其中一个分支设为默认分支。创建温度计的属性节点，选择“填充颜色”属性，并将其设置为“转换为写入”。在各条件子框图内，将颜色盒常量赋值给属性节点的输入端。颜色盒常量位于“函数”选板→“编程”→“图形与声音”→“图片函数”→“颜色盒常量”。

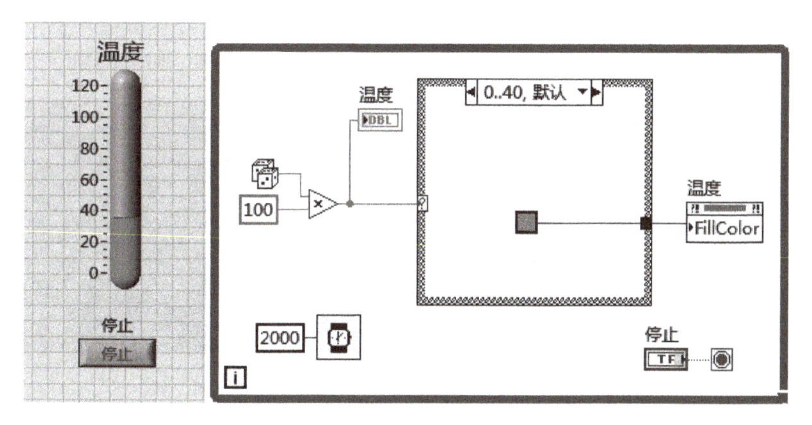

图 4-59　例 4-16 VI 前面板和程序框图

4.2.11　局部变量

一般把数据写入输入控件（更新输入控件内容）或从显示控件中读取数据，多线程间共享数据时，可以考虑使用局部变量。当一个 VI 中的多个地方访问前面板对象，而那些地方无法连线到前面板的对象端子时，可以使用 LabVIEW 局部变量。

局部变量的创建方法如下。

方法一：在程序框图界面右击，打开“函数”选板，选择“编程”→“结构”→“局部变量”，将局部变量节点[▶♠?]放至程序框图中，此时的局部变量图标是黑色的，显示带有“?”，表示局部变量未定义，即没有将它和任何控件相关联。这时单击局部变量就会弹出当前的控件和指示器列表，选择其中之一，就完成了该局部变量的定义，局部变量就会变成相应控件的名称，如在列表中选择了数值控件，就创建了该数值控件的局部变量数值。

方法二： 右击一个对象或者其端子，在弹出的快捷菜单中选择“创建”→“局部变量”，自动切换到程序框图，放置该局部变量。

在局部变量上面右击，在弹出的快捷菜单中选择“转换为读取”或“转换为写入”就可以改变局部变量的数据流入或流出方向。

前面板控件的局部变量相当于它的一个复制，它的数值与控件是同步的。通过改变局部变量是输入量还是显示量，就可以达到局部变量给输入控件赋值或者从显示控件中读取数据的目的。

控件的局部变量既可以用作读出数据，也可以用作写入数据，给 VI 的编写带来灵活性，但是在实际 VI 的编写过程中，应该慎用局部变量。因为每一个局部变量都是一份数据复制，对于大型的数组来说这是一个实际问题，如果想要尽量降低内存需求，要保守使用局部变量。另外在多线程并行运行的 VI 中，局部变量可能引起竞争条件，比如对于写模式的局部变量，如果同时写入其两个以上副本时，就会产生竞争条件。因此在使用局部变量时，要检查框图，尽可能采用更缜密的方案定义执行顺序，避免出现竞争条件。另外，过多使用局部变量会使 VI 的可读性变差，有可能使编程错误不易被发现。因此在 VI 内部，数据的传递能通过数据连线完成的应当采用连线，只有在不得不使用局部变量的情况下，才考虑使用它。

【例 4-17】 用一个“停止”按钮控制两个并行的 while 循环。

前面板如图 4-60 所示。

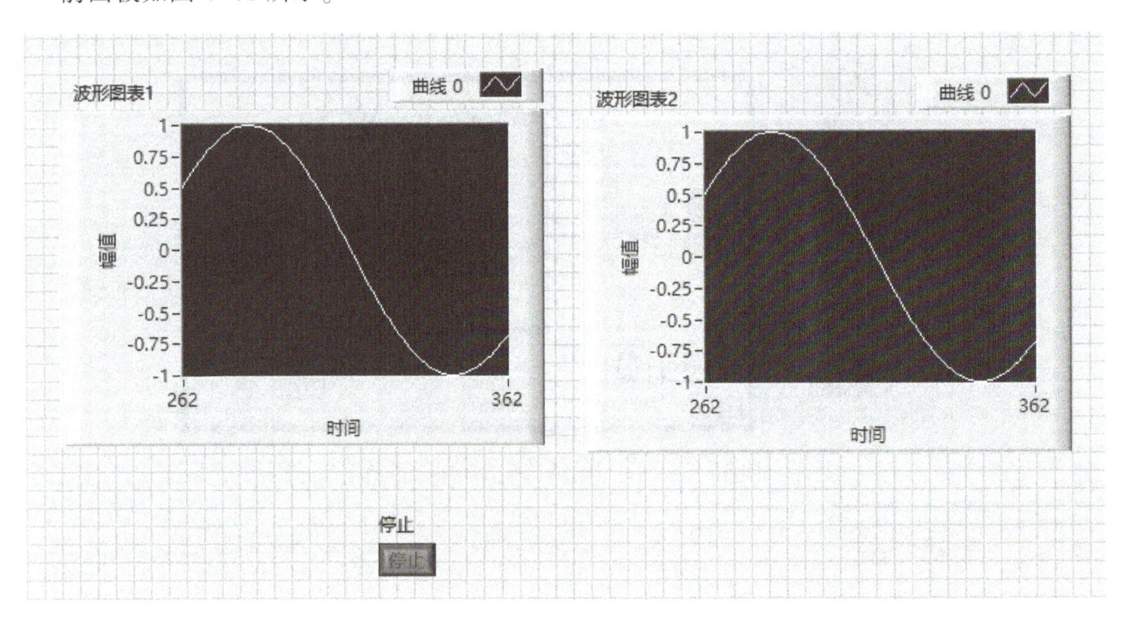

图 4-60　例 4-17 VI 的前面板

要求使用一个“停止”按钮来控制两个并行循环。如果采用数据连线，如图 4-61 所示，从“停止”按钮读出的数据分别连接到两个循环的停止条件的输入端，两个循环不能同时运行、同时停止。这里多个线程中同时使用同一个数据，就需要使用局部变量来解决，如图 4-62 所示。

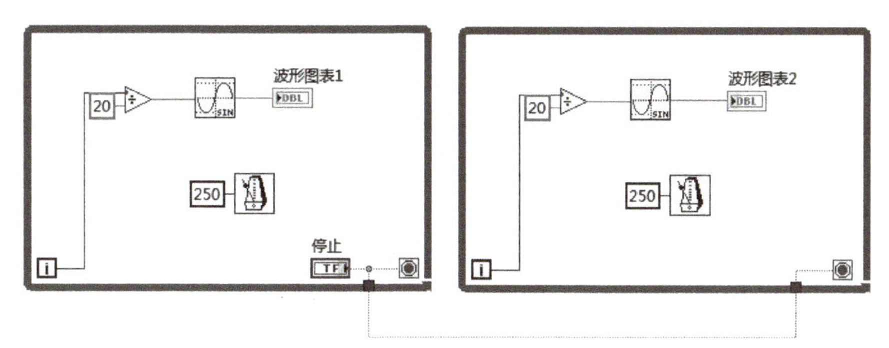

图 4-61　数据连线连接两个循环

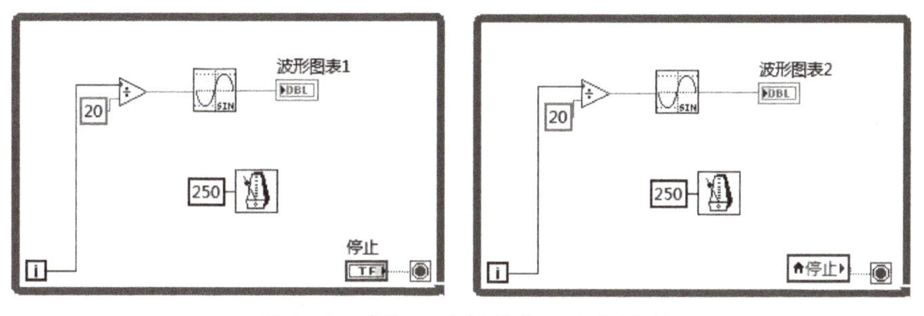

图 4-62　使用一个控件停止两个循环

在编写图 4-62 所示的程序时，会出现错误提示，如图 4-63 所示。

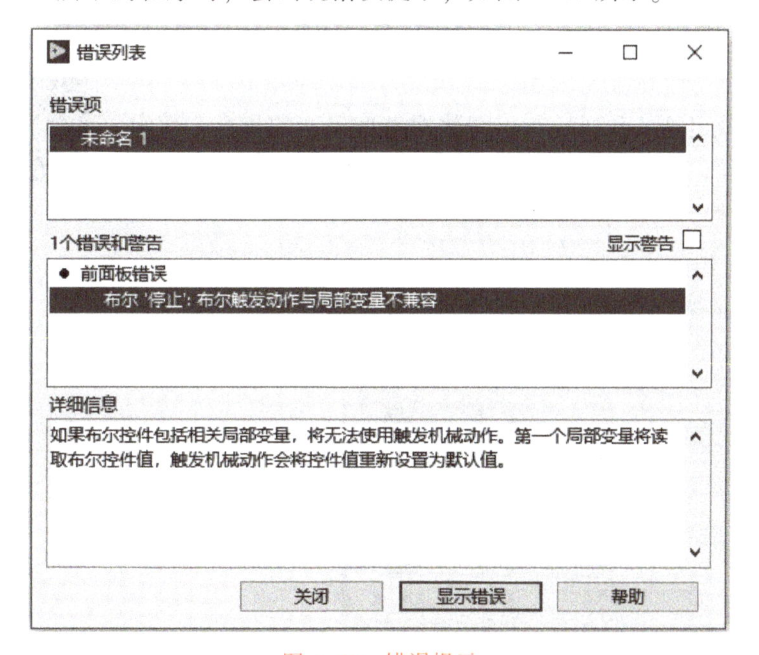

图 4-63　错误提示

原因是“停止”按钮的机械动作默认是触发动作，布尔触发动作与局部变量不兼容，应将按钮当前默认的机械动作“释放时触发”改为“释放时转换”，这样程序就能运行了。

运行修改后的 VI，单击前面板“停止”按钮，两个循环都会停止。当再次运行程序时，程序不能继续运行下去了，原因是第一次运行完程序，“停止”按钮的状态一直为“真”，继续循环的条件不满足，循环根本不会进行。因此，需要在每次运行循环之前，将“停止”按钮的状态初始化为“假”，由此需要采用顺序结构对“停止”按钮先进行初始化。程序框图如图 4-64 所示。

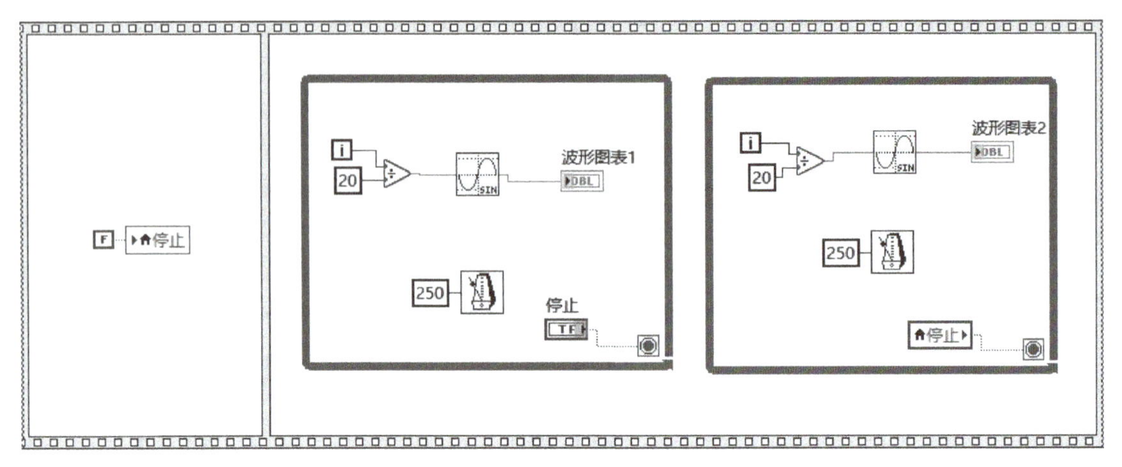

图 4-64　例 4-17 VI 的程序框图

4.3 数组与数组处理函数

4.3.1 数组的概念与创建

1. 数组概念

LabVIEW 的数组是一系列具有相同数据类型元素的集合，数组的元素可以是数值、布尔、路径、字符串、波形和簇等数据类型。

2. 前面板创建数组输入控件和显示控件

前面板创建数组的步骤如下：

1）放置数组框架。从前面板“控件”选板→“新式”里找到数组框架，如图 4-65 所示。

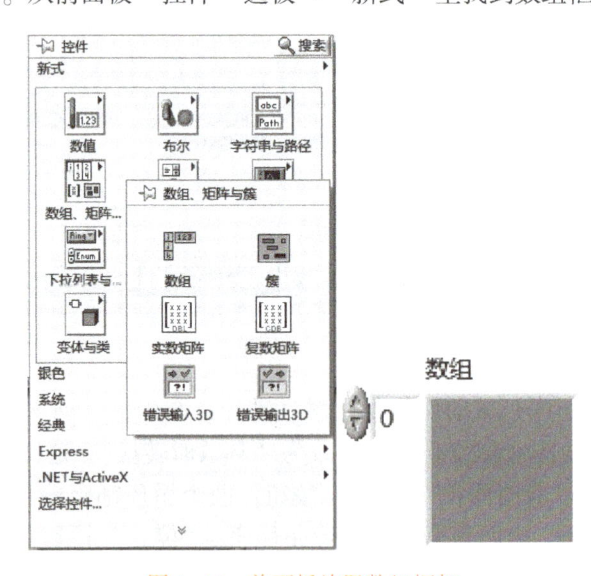

图 4-65　前面板放置数组框架

2）向数组框架中添加“元素”，从而确定数组元素的数据类型，如图 4-66 所示。

数组内放置的元素可以是数值、布尔、字符串、路径、引用句柄、簇等输入控件或显示控件。数组框架内放置元素后，数组中就有了与元素相关联的数据类型。

3）光标放置在数组框架的右下角，以拖曳方式确定数组元素的可视大小，如图 4-67 所示，这个数组内包含了 4 个元素。

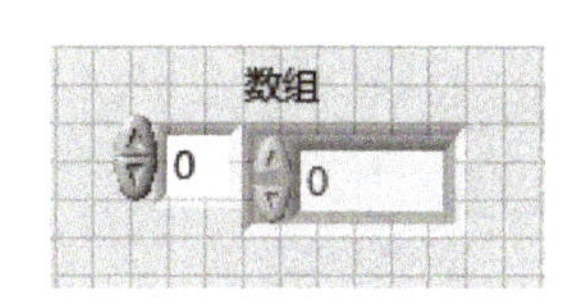

图 4-66　向数组框架内放入控件

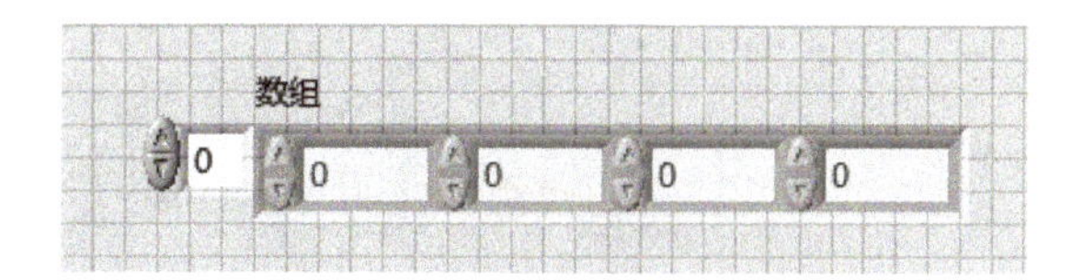

图 4-67　改变数组元素的可视大小

4）给元素赋值，如图 4-68 所示。

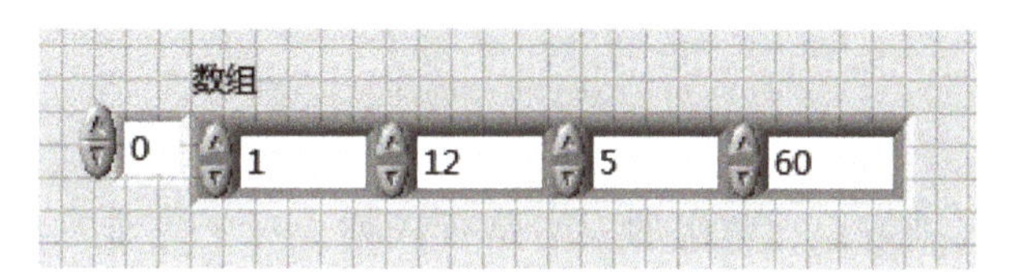

图 4-68　给元素赋值

5）增加数组维度。

数组可以是一维或者多维，数组创建之初都是一维的，如要二维以上的数组，可以用光标在数组索引左下角向下拖动，或在数组左上角的索引弹出菜单中选择“添加维度”，增加数组的维度，再以拖曳方式确定数组元素的可视大小。图 4-69 所示为一个 3 行 4 列二维数组。

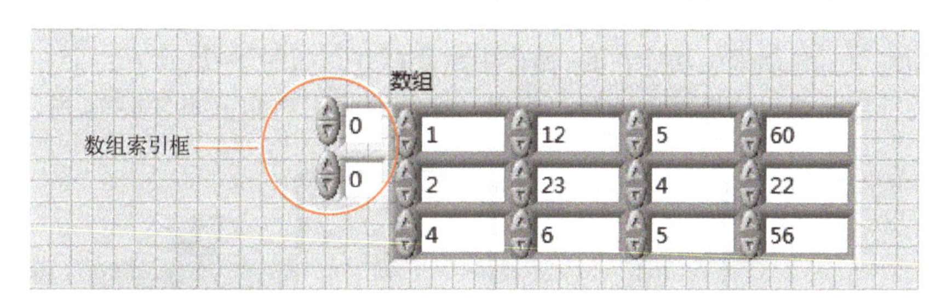

图 4-69　前面板二维数组的创建

3. 程序框图创建数组常量

还可以像创建数值、布尔或字符串常数一样，在程序框图上创建数组常量。首先从函数选板中选择“数组常量”，将其添加到程序框图中，如图 4-70 所示。然后将数值常量、布尔常量或字符串常量添加到数组常量中，如图 4-71 所示。数组常量常用于存储常量数据或用于同另一个数组进行比较，也用于将数据传输到子 VI。

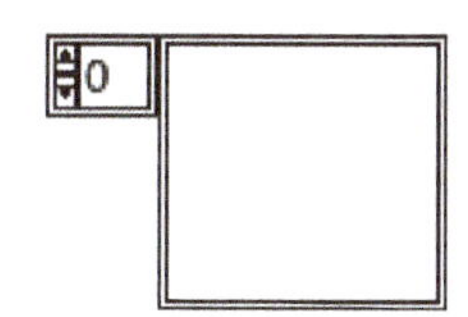

图 4-70　程序框图面板放置数组常量

图 4-71　数组常量里放入数值常量

4. 数组的索引

数组元素是有序的，通过索引来访问。如图 4-72 所示，数组框架的左上角区域提供的是数组的索引框，索引框也可以隐藏。索引框以外的主要区域是元素区域。索引框中选择的元素一般指出现在元素框左上角的元素。

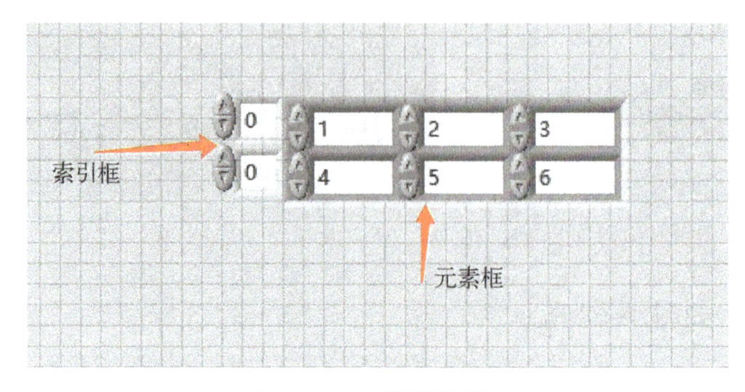

图 4-72 二维数值数组

对于一维数组和二维数组，数组的索引是行或列。对于三维数组，数组的索引是页、行和列。各维数组的索引都是从零开始，即索引的范围是 0~n-1，其中 n 是数组中元素的个数。

利用操作工具，对元素赋值。通过弹出菜单可以清除数组控件、指示器或常数中的数据。

5. 自动索引创建数组

for 循环和 while 循环可以在边界上启用自动索引并累加数组，每次迭代创建一个元素，该功能叫作自动索引。自动索引功能在 for 循环中默认打开，如图 4-73 所示；而在 while 循环中是默认关闭的，右击通过快捷菜单选择“索引”来打开索引功能，如图 4-74 所示。

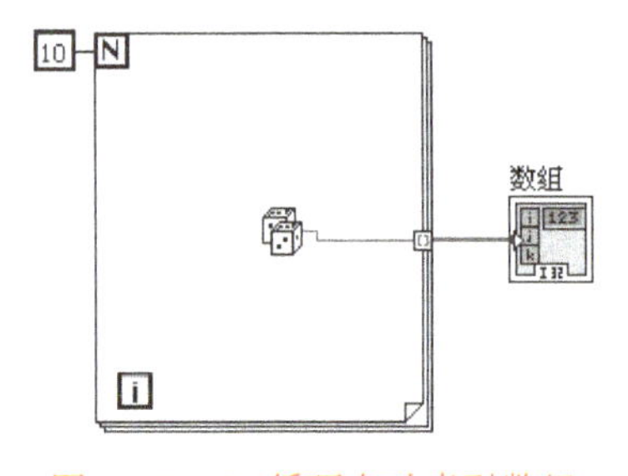

图 4-73 for 循环自动索引数组

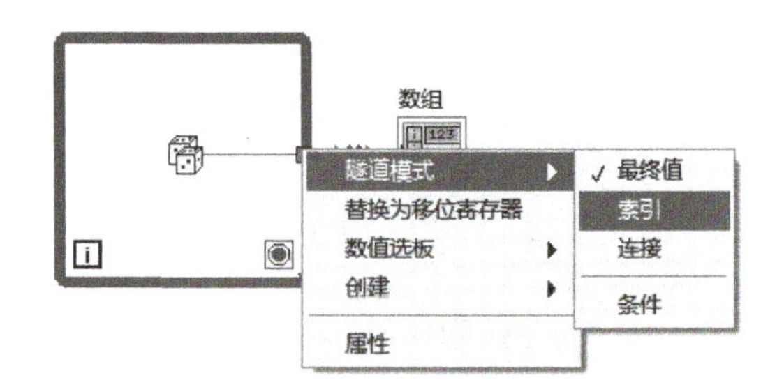

图 4-74 while 循环中手动打开“索引”

4.3.2 数组处理函数

数组的基本操作有：求数组的长度、取出数组中的元素、替换数组中的元素、初始化数组、求数组最大值与最小值、删除、插入等。这些操作可以通过调用数组函数实现，数组函数位于“函数”选板→“编程”→“数组”，如图 4-75 所示。常用的数组函数和功能见表 4-2。

【例 4-18】使用循环建立一个 3 行 5 列的二维随机数数组，显示数组并求出数组中元素的最大值与最小值。

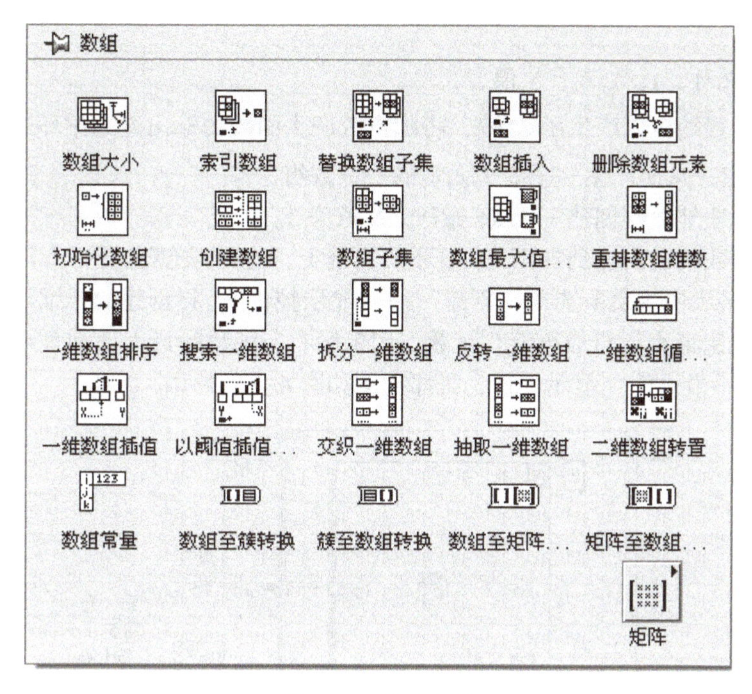

图 4-75　数组函数

表 4-2　常用数组函数和功能

序号	名　称	图标与连接端口	功　能
1	初始化数组	元素；维数大小0；…；维数大小n–1 → 初始化的数组	创建一个 n 维数组，每个元素都初始化为元素的值
2	数组大小	数组 → 大小	返回数组每个维度中元素的个数
3	创建数组	数组；元素；元素；元素 → 添加的数组	连接多个数组或向 n 维数组添加元素
4	索引数组	n维数组；索引0；索引n–1 → 元素或子数组	根据索引访问数组中的某个元素或子数组
5	数组子集	数组；索引(0)；长度(剩余)；索引(0)；长度(剩余) → 子数组	返回数组的一部分，从索引处开始，包含长度个元素
6	数组最大值与最小值	数组 → 最大值；最大索引；最小值；最小索引	返回数组中的最大值和最小值及其索引

实验步骤：

1）放入 for 循环，计数端子 N 值为 5。

2）循环内放置随机数产生函数，将随机数产生函数的输出连到循环边框，会自动创建一个自动索引隧道，从而产生一个 5 个元素的一维数组。

3）在已有程序外面再创建一个 for 循环，N 值为 3。

4）随机数函数的输出连到外面 for 循环的边框上，也自动创建了一个自动索引隧道，在隧道输出处右击，从快捷菜单选择“创建”→“显示控件”，将创建的二维数组显示出来。

5）调用“数组最大值与最小值”函数，用鼠标右击函数的最大值和最小值输出端子，创建“最大值”和“最小值”显示控件，程序框图如图 4-76 所示。

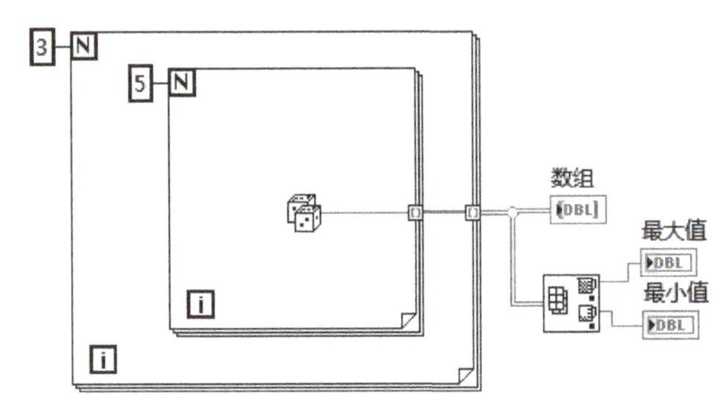

图 4-76　例 4-18 VI 程序框图

【例 4-19】设计一个流水灯。指示灯从左到右逐个点亮，指示灯状态变化的频率可以控制。

实验步骤：

1）打开新的前面板，在前面板中放置数组框架，如图 4-77 所示。

2）放置布尔型圆形指示灯到数组框架中，拉大框架，使其出现 5 个指示灯。

3）放置量表控件，标签为“频率调节”，最大值为 1000。

4）放置停止按钮。

5）打开程序框图，放置 while 循环。

6）在程序框图里放置一个数组常量（“数组”→“数组常量”），在数组常量内放入数值常量（“数值→数值常量”），拖曳数组框架，使其包含 5 个数值常量，将数值常量的值修改为 1、2、4、8、16。

7）放入索引数组函数（“数组”→“索引数组”），将数值常量数组输出与索引数组函数相连。

8）放入数值至布尔数组转换函数（“数值”→“转换”→“数值至布尔数组转换”），将函数的输入与索引数组输出相连，函数的输出连到灯数组上。

9）创建数组的索引值。调用商与余数函数（“数值”→“商与余数”），将循环计数端子 i 与 5 相除，将余数输出端连到索引数组函数的索引输入端上。

10）放置等待函数（“定时”→“等待（ms）”），右击“频率调节”，从快捷菜单选择“转换为输入控件”，将频率调节控件与等待函数相连。

11）将“停止”按钮与循环条件控制端相连。

12）单击“运行”按钮，改变前面板“频率调节”的大小，会看到指示灯从左到右逐个自动点亮。

13）保存 VI。

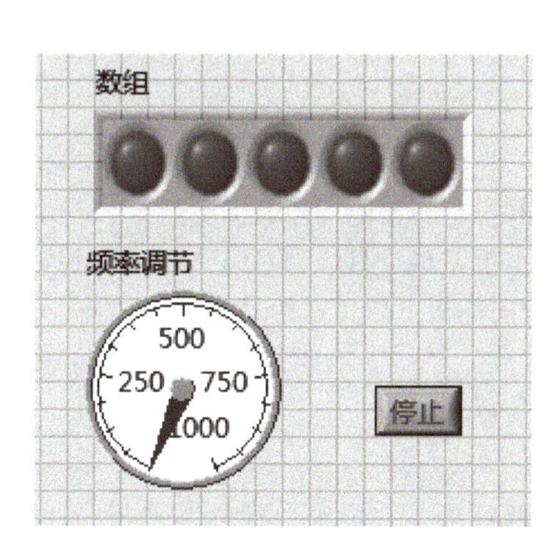

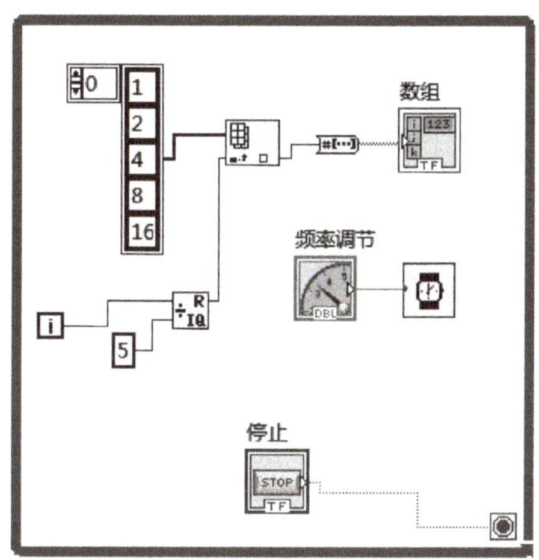

图 4-77　例 4-19 VI 前面板和程序框图

设高电平使灯亮，低电平使灯灭，5 个灯依次点亮所需要的二进制序列为 00001、00010、00100、01000、10000，其对应的十进制数依次是 1、2、4、8、16，因此创建了由这 5 个数值常量构成的数组，这 5 个元素在数组中的索引依次为 0、1、2、3、4。整数 i 除以 5 的余数就在0~4 的范围，因为每一次循环 i 加 1，因此余数就依次得到 0、1、2、3、4，随着 i 的不断增大，余数都在 0~4 范围依次循环。每次循环，通过索引数组函数取出对应的一个十进制数，通过数值转换成布尔数组，得到控制彩灯所需要的信号。彩灯循环变化的节拍通过控制循环内延时时间实现。

【例 4-20】显示所有的“水仙花数”。水仙花数指一个 3 位数，其各位数字三次方和等于该数本身。例如，153 是一个水仙花数，因为 $153=1^3+5^3+3^3$。

水仙花数是一个 3 位数，因此需要在 100~999 这 900 个整数中逐个进行判断。如图 4-78 所示，这里利用 for 循环，循环次数设为 900，那么通过循环 i+100 就依次产生 100~999 这 900 个整数，供后面程序进行判断。通过商与余数函数，将该整数的个、十、百位分离，并求取它们的三次方和。调用条件结构进行判断，如果三次方和等于该数本身，则将该数添加进水仙花数组内，反之不添加。这里将当前数添加到上一次循环得到的数组内，通过创建数组函数及移位寄存器实现，移位寄存器要进行初始化。

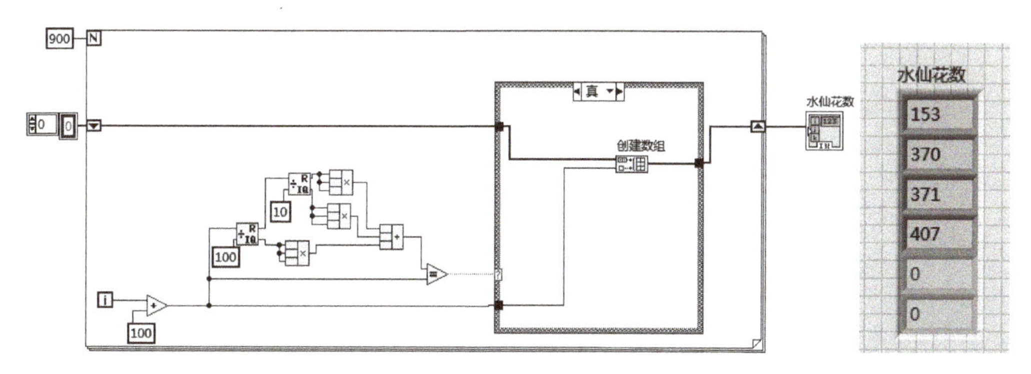

图 4-78　例 4-20 VI 的程序框图和运行结果

4.4 簇

4.4.1 簇的创建

1. 簇的概念

簇也是多个元素的集合，但与数组不同的是，它把不同类型的数据元素归为一组，类似于文本编程语言中的结构体。在图表和图形上绘图时，会频繁使用簇数据类型。

将几个数据元素捆绑成簇可以消除程序框图上混乱的连线，减少子 VI 所需的连线板接线端的数目。连线板最多可以有 28 个接线端。如果前面板上要传送给另一个 VI 的输入控件和显示控件多于 28 个，应将其中的一些对象组成一个簇，然后为该簇分配一个连线板接线端。此外，某些控件和函数必须要用簇这种数据类型的参数。

2. 簇控件与指示器的创建

簇的创建方法类似于数组，先在前面板放置簇框架，它位于“控件”选板→“新式”→“数组、矩阵与簇”，拖曳光标改变其大小，然后在框架内放置元素，元素可以是数值、布尔、字符串、路径、引用句柄、簇输入控件或簇显示控件。

注意： 簇中只能包含输入控件或者显示控件，不能既包含输入控件又包含显示控件。

3. 簇顺序

簇中的元素有自己的逻辑顺序，这是由它们放进簇的先后顺序决定的，而与它们在簇外框中位置无关。放入簇中的第一个对象是元素 0，第二个对象是元素 1，依此类推。如果删除某个元素，该顺序会自动调整。簇顺序决定了簇元素在程序框图上的“捆绑”和“解除捆绑”函数上作为接线端出现的顺序。

右击簇边框，从快捷菜单选择“重新排序簇中控件”命令，弹出对话框，可以查看并修改簇元素顺序。如图 4-79 所示，这里有 3 个簇元素，每个元素的白色框显示它在簇顺序中的

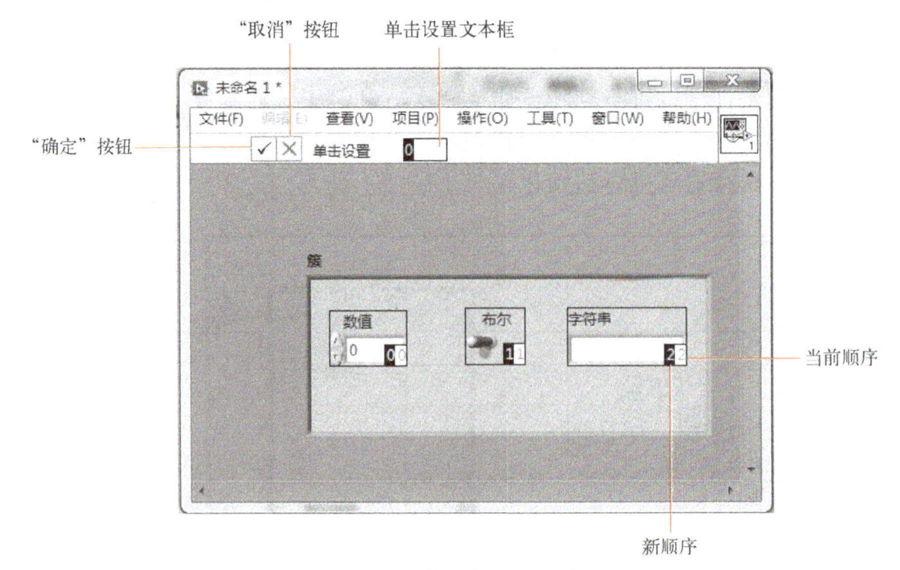

图 4-79 修改簇元素顺序

当前位置，黑色框显示它在簇顺序中的新位置。在“单击设置文本框”中输入新顺序的序数并单击该元素，就可以为该元素设置新的顺序。元素的簇顺序变化后，其他元素的簇顺序会做相应调整。单击工具栏中的“确认”按钮，保存所做的更改。单击取消按钮，返回原有顺序。

4. 簇常量的创建

如需要在程序框图中创建一个簇常量，可以从“函数”选板中选择“簇常量”，将该簇外框添加到程序框图上，然后向该簇外框中添加字符串常量、数值常量或簇常量。簇常量用于存储常量数据或用于同另一个簇进行比较。如果需要在前面板窗口中放置一个簇控件或者显示控件，并且在程序框图中创建一个包含同样元素的簇常量，可以从前面板窗口中将该簇拖曳到程序框图中。

5. 两个簇的连接

如需对两个簇进行连线，它们必须具有相同数目的元素。与簇顺序相对应的元素也必须具有兼容的数据类型。例如，如果一个簇中的双精度浮点数值与另一个簇中的字符串有相同的簇顺序，将这两个簇相连，连线将断开，程序不能运行。如果数值的表示法不同，LabVIEW 会将它们强制转换为同一表示法。

4.4.2 常用的簇函数

创建簇并对簇进行操作，要用到簇函数。簇函数位于“函数”选板→“编程”→“簇、类与变体”子选板，如图 4-80 所示。

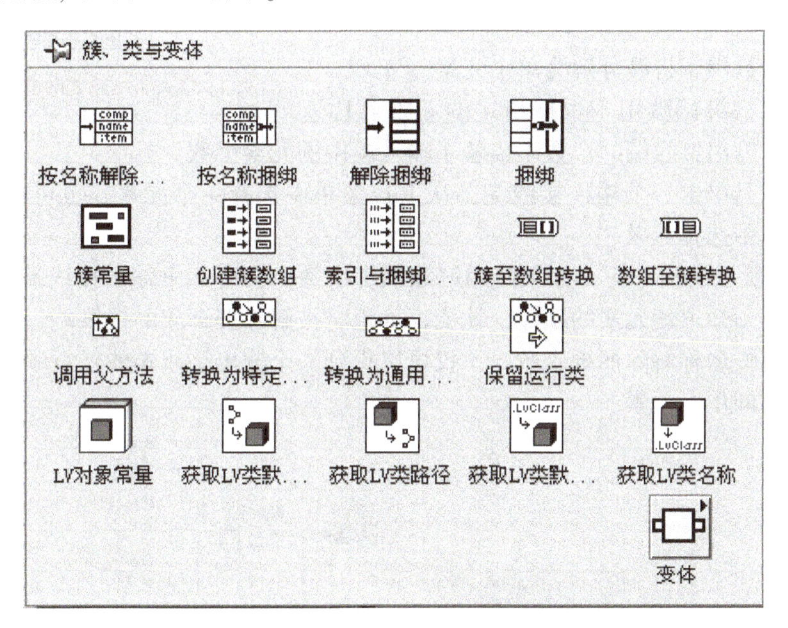

图 4-80 簇函数

1. 集合簇

“捆绑”函数用于将单个元素集合成簇，如图 4-81 所示，或者用于改变现有簇中某些元素。使用定位工具下拉“捆绑”函数或者右击一个元素输入，从快捷菜单中选择“添加输入”，为该函数添加输入端。

2. 修改簇

利用捆绑函数修改一个簇。如果要对簇输入进行连线，用户只需对要改变的元素进行连线。例如图 4-82 中所示的输入簇包含 3 个输入控件，将其中第一个数值控件内的值替换成新的值。

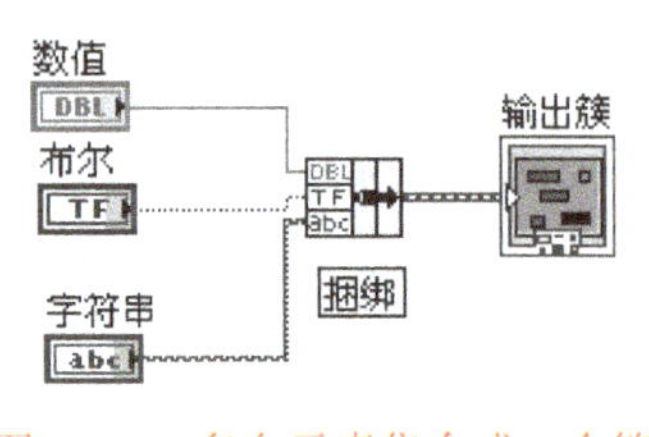

图 4-81　多个元素集合成一个簇

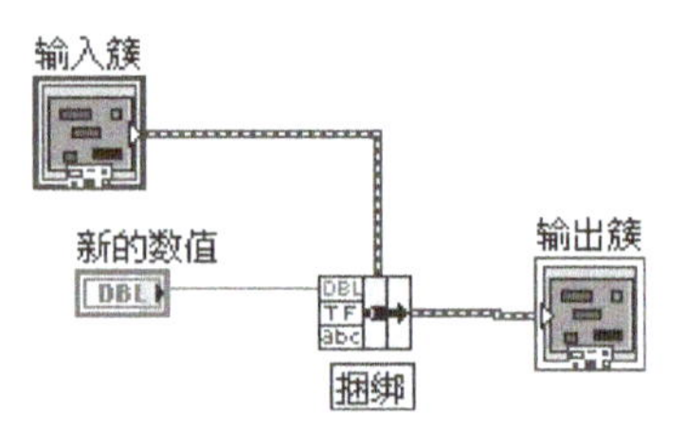

图 4-82　通过捆绑函数修改簇

利用按名称捆绑函数修改一个簇。按名称捆绑函数也可替换或者访问现有簇中带标签的元素。按名称捆绑函数的工作方式同捆绑函数类似，但是它以自身标签为引用，而不是其在簇中的顺序。只有带标签的元素可以被访问。输入的个数不需要与输出簇中元素的个数相匹配。

使用操作工具单击一个输入接线端并在下拉菜单中可以选择一个元素。也可以右击输入端，从快捷菜单中选择元素。在图 4-83 中，按名称捆绑函数可用于更新簇中的元素。

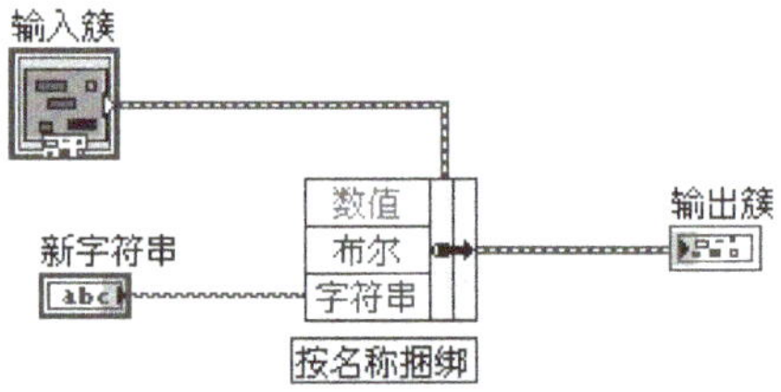

图 4-83　通过按名称捆绑函数修改簇

3. 分解簇

解除捆绑函数用于将簇分解为单个元素。

按名称解除捆绑函数用于根据指定的元素名称返回单个簇元素。输出接线端的个数不依赖于输入簇中的元素个数。

使用操作工具单击一个输入接线端，从下拉菜单中选择一个元素。也可以右击输出接线端，从快捷菜单中选择元素。

如图 4-84 所示的输入簇，如果使用解除捆绑函数，会有 4 个输出接线端，对应于簇中 4 个输入控件。必须知道簇元素的顺序，才能正确地将被解除捆绑簇的接线端与簇中相应的控件关联。如果使用按名称解除捆绑函数，不仅可以得到一个输出接线端的任意顺序，而且可以任意顺序按名称访问单个元素。

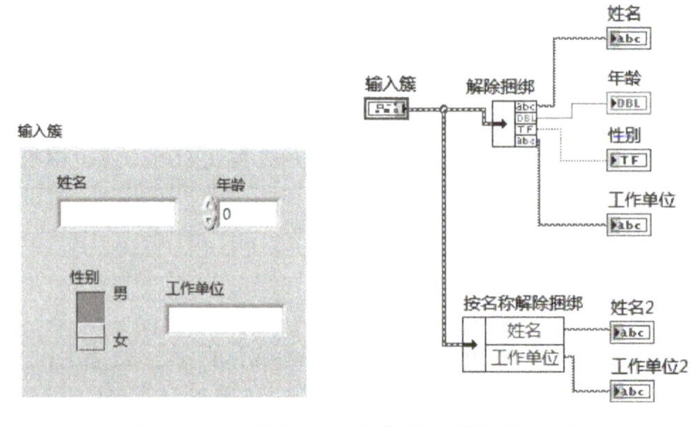

图 4-84　解除捆绑与按名称解除捆绑函数

【例 4-21】创建一个 VI，将一些基本数据类型的数据元素合成一个簇数据。

实验步骤：

（1）创建前面板

1）添加一个簇控件，位于“控件”选板→“新式”→“数组、簇”→“簇”。然后将一个数值显示控件、一个圆形指示灯控件和一个字符串显示控件放入簇框架中。

2）添加一个旋钮控件。

3）添加一个布尔开关控件。

4）添加一个字符串输入控件。

（2）程序框图设计

1）添加一个捆绑函数，位于“函数”选板→“编程”→“簇、类与变体”→“捆绑”。选中函数图标，向下拖动图标边框，将捆绑函数节点的输入端口设置为 3 个。

2）将旋钮控件、开关控件、字符串输入控件分别与捆绑函数的 3 个输入端口相连。

3）将捆绑函数的输出端与簇控件相连。

4）程序框图如图 4-85 所示，保存 VI。

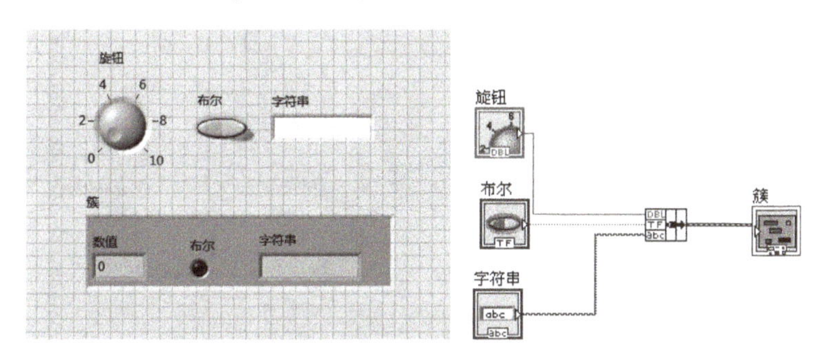

图 4-85　例 4-21 VI 的前面板和程序框图

（3）程序运行

单击“连续运行”按钮，然后用鼠标转动旋钮控件，单击布尔开关，或在字符串输入控件输入字符，在簇中即可看到数据显示结果。

【例 4-22】用簇模拟汽车控制，控制面板可以对显示面板中的参量进行控制。节气门控制转速，转速 = 节气门×100，档位控制时速，时速 = 档位×40，油箱内初始油量设为 200 L，油量随 VI 运行时间逐渐减少，当油量低于 30 L 时，油量指示灯点亮报警。

首先进行前面板的设计，如图 4-86 所示，创建显示面板和控制面板两个簇，程序框图中调用“按名称解除捆绑”函数，将“控制面板”簇的输出连到“按名称解除捆绑”函数输入端，下拉“按名称解除捆绑”函数的边框，可以看到分解出来的 4 个元素（左转灯、右转灯、节气门和档位）。

调用“按名称捆绑”函数，右击“显示面板”簇的输入端子，在弹出的快捷菜单中选择“创建”→“常量”，创建一个常量簇。将此常量簇连到“按名称捆绑”函数中间的端子（“输入簇”端子），下拉“按名称捆绑”函数的边框，就可以看到与“显示面板”簇内控件一一对应的 6 个元素（左转灯、右转灯、时速、转速、油量、油量不足）。根据要求设计对应数量控制关系，编写其他的运算部分程序。

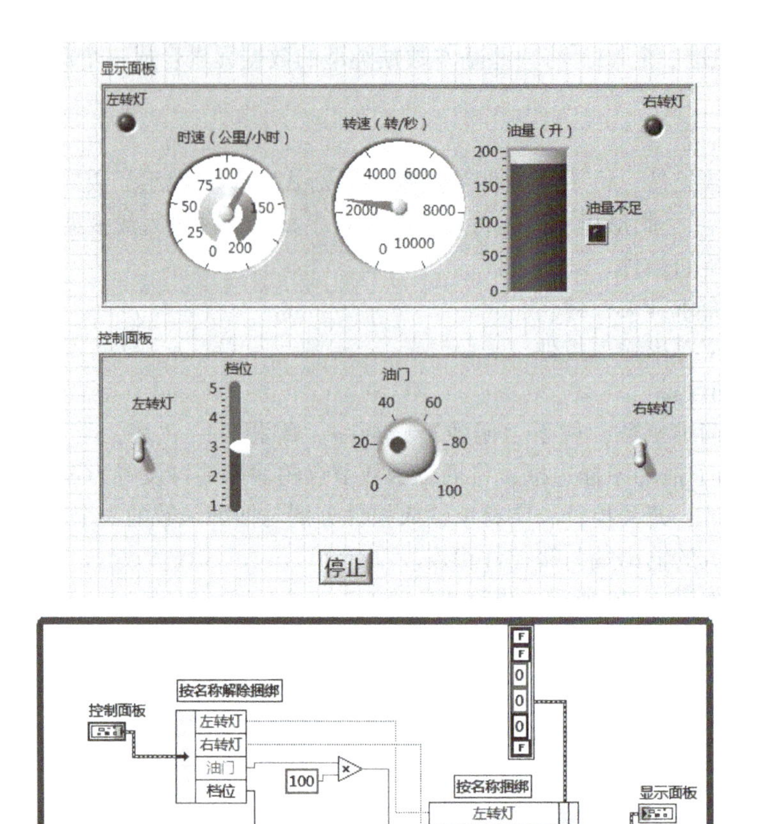

图 4-86　例 4-22 VI 的前面板和程序框图

4.4.3　错误簇

错误簇是簇的一个应用，LabVIEW 提供的很多函数中都带有错误簇。图 4-87 所示为 VISA 配置串口函数的错误输入簇和错误输出簇，这样的错误簇包含了 3 个元素：状态、代码和源。它们对应不同的数据类型，其中“状态”是布尔类型，“代码”是数值类型，“源”是对错误信息的描述，是字符串数据类型。利用错误簇的输入与输出，可将各个用到的函数连接起来，如图 4-88 所示。错误簇在数据采集、串口通信、文件 I/O 等应用场合经常出现，当 VI 出现异常状

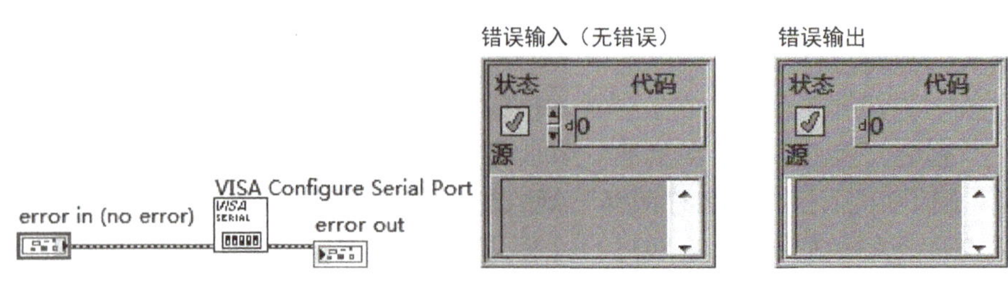

图 4-87　错误簇的输入控件和输出控件

态时，可以利用错误簇提供的信息找出错误原因，让 VI 的运行更加稳定。

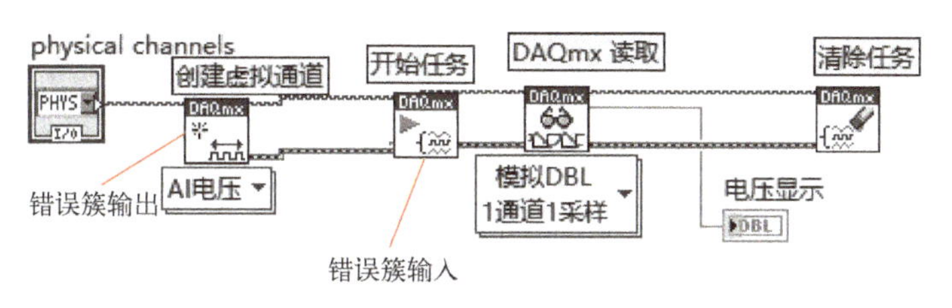

图 4-88　错误簇使用举例

也可使用条件结构处理错误，错误簇决定条件分支。将错误簇连接到条件结构的选择器接线端时，条件结构只识别该簇的状态布尔值，分支选择器标签将显示错误和无错误两个分支，并且条件结构的边框会改变颜色，错误为红色，无错误为绿色，如图 4-89 所示。如有错误发生，条件结构将执行错误子程序框图，将错误文本在对话框中显示。

图 4-89　错误簇处理举例

4.5 文件 I/O

实际应用中常常需要将数据记录在文件中，或者从已有的数据文件中读取数据到 LabVIEW 程序中，这些就涉及文件 I/O 的操作。

4.5.1 文件 I/O 操作步骤

一个典型的文件 I/O 操作包括 3 个流程：打开文件、读/写文件和关闭文件，如图 4-90 所示。

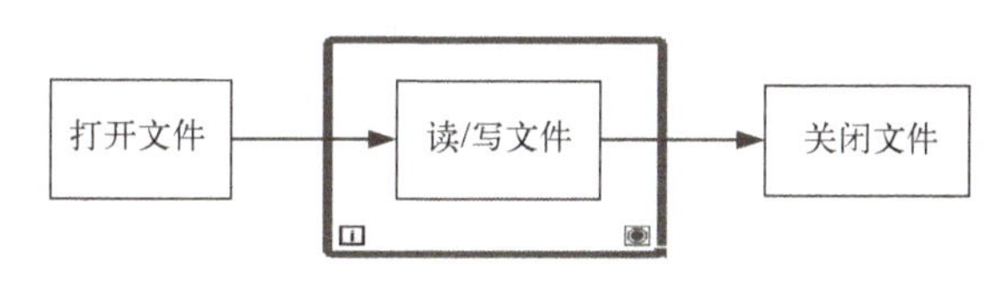

图 4-90　典型的文件 I/O 操作步骤

1）创建或打开文件。通过指定路径或在 LabVIEW 中以对话框的形式确定文件位置。文件打开后，通过引用句柄表示该文件。

2）读或写文件。向引用句柄、绝对文件路径或对话框指定的文件内写入或读取内容。

3）关闭文件。关闭引用句柄所指定的打开文件，并返回至引用句柄相关文件的路径。

4.5.2 文件格式

LabVIEW 可以使用或创建的文件格式有：二进制、ASCII、LVM 和 TDM。

- 二进制：二进制文件（.dat）是基本的文件格式，是其他文件格式的基础。
- ASCII：ASCII 文件（.txt）也称为文本文件，是一种特定类型的二进制文件，是大多数程序使用的标准，在很多程序中（如 Excel、记事本等）都可以打开。
- LVM：LVM 文件（.lvm）是 LabVIEW 数据文件，是用制表符分隔的文本文件，可以用电子表格应用程序或文本编辑应用程序打开。它包括了数据的信息，例如生成数据的日期和时间。这种文件格式是一种特定类型的 ASCII 文件，专用于 LabVIEW。
- TDM：TDM 是一种特定类型的二进制文件，专用于 NI 产品。它实际上包含了两个单独的文件（包含数据属性的 XML 文件和用于表示波形的二进制文件）。

如果磁盘空间和文件读写速度以及数字精度不是考虑的主要因素，或无须进行随机读写，可以使用文本文件。这种文件类型比较常见，可以在各种操作系统下由多种应用程序打开，比如记事本、Word、Excel 等第三方软件，因此这种文件类型的通用性最强。

如果需要将数据存储为文本文件，必须先将数据转换为字符串。

4.5.3 文件 I/O VI 和函数

要完成文件操作需要调用文件 I/O 函数。文件 I/O VI 和函数用于打开和关闭文件、读写文件、在路径控件中创建指定的目录和文件、获取目录信息、将字符串、数字、数组和簇写入文件。文件 I/O 函数位于“函数”选板→“编程”→“文件 I/O”函数子选板上，如图 4-91 所示。

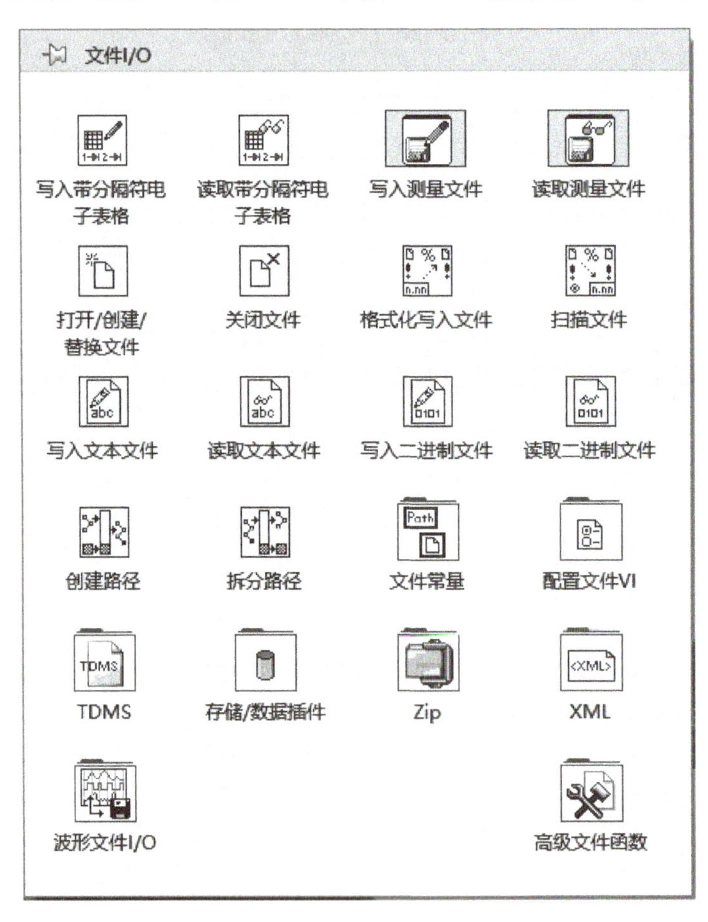

图 4-91 “文件 I/O”函数子选板

文件 I/O 函数分为两种：底层文件 I/O 函数和高层文件 I/O 函数。

1. 底层文件 I/O 函数

文件 I/O 包括打开、读/写和关闭 3 项操作步骤。每个底层文件 I/O 函数都只执行文件I/O 操作步骤中的一个操作。常用的底层文件 I/O 函数如图 4-92 所示。当循环中涉及文件 I/O 时，应使用底层函数。

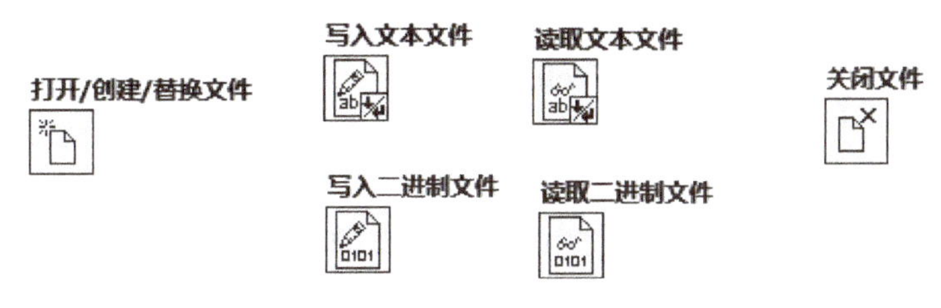

图 4-92 常用的底层文件 I/O 函数

【例 4-23】利用文本文件 I/O 函数存储数据。将产生的随机数写入当前应用程序目录下一个“aa. txt”文件下。

如图 4-93 所示，在循环开始前打开文件并在循环结束后关闭文件，在循环中进行多次写操作，避免了在循环的每次迭代中对同一文件进行频繁地打开和关闭操作，从而节省内存资源，提高了 VI 效率。运行程序，最后文件记录结果如图 4-94 所示。

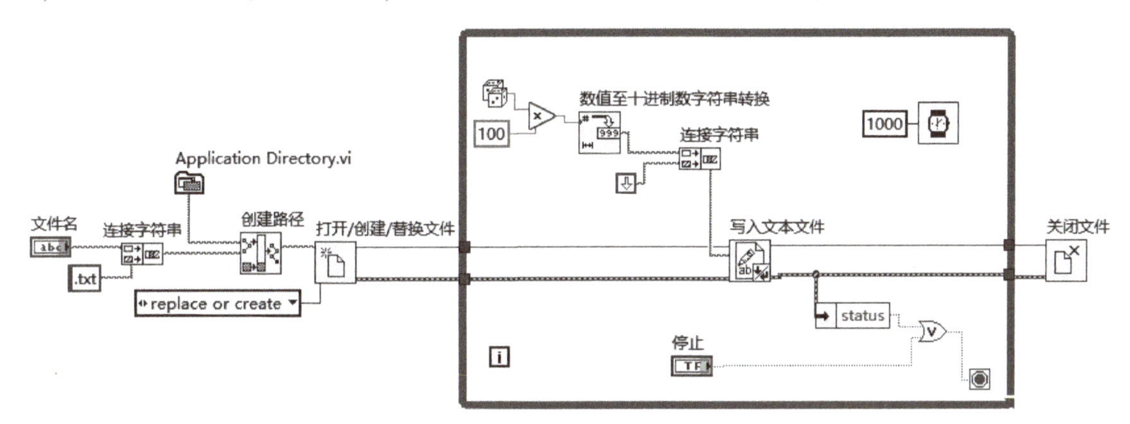

图 4-93 利用文本文件 I/O 函数存储数据 VI 的程序框图

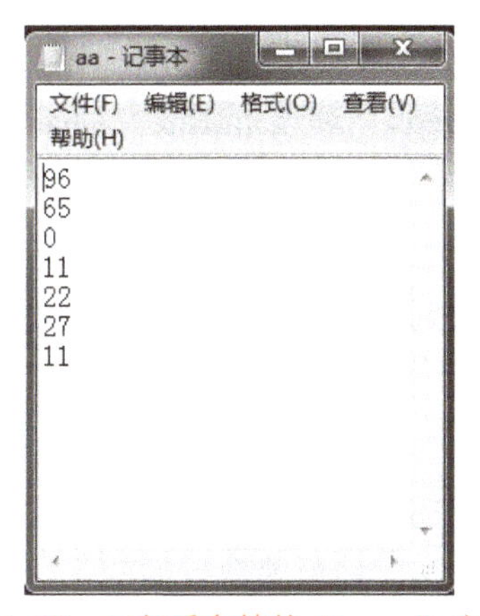

图 4-94 运行后存储的“aa. txt”文件

2. 高层文件 I/O 函数

如果一个文件 I/O VI 可以执行文件 I/O 操作流程中的所有 3 项操作（打开、读/写和关闭），这个 VI 称为高层 VI。高层文件 I/O 函数 VI 如图 4-95 所示。

图 4-95 高层文件 I/O 函数 VI

1）写入带分隔符电子表格：使字符串、带符号整数或双精度的二维或一维数组转换为文本字符串，并将该字符串写入一个新的字节流文件或添加字符串到现有文件中。通过连线数据至二维数据或一维数据输入端可确定要使用的多态实例，也可手动选择实例。使用该 VI 可以转置或分隔数据。VI 在向文件中写入数据之前，将先打开或创建该文件，并且在完成写操作时关闭该文件。该 VI 可用于创建一个大部分电子表格应用程序可读取的文本文件。

2）读取带分隔符电子表格：在一个数值文本文件中，从一个指定的字符偏移量开始，读取指定的行数或列数，并将读取的数据转换为二维双精度数组，数组元素可以是数字、字符串或整数。必须手动选择所需多态实例。VI 在从文件中读取数据之前，将先打开该文件，并且在完成读操作时，关闭该文件。该 VI 可用于读取一个以文本格式存储的电子表格文件。

3）写入测量文件：用于将数据写入文本测量文件（.lvm）、二进制文件格式的测量文件（.tdm 或 .tdms）或 Microsoft Excel 文件（.xlsx）的 Express VI。存储方法、文件格式、段首类型和分隔符这些参数可以指定。

4）读取测量文件：用于读取文本测量文件（.lvm）、二进制文件格式的测量文件（.tdm 或 .tdms）中数据的 Express VI。文件名、文件格式和段大小这些参数可以指定。

高层 VI 可能在效率上低于用于执行流程中单个操作的底层 VI 和函数。如果正在写入位于循环中的文件，可使用底层文件 I/O VI。如果正在写入单个操作中的文件，则使用高层文件 I/O VI 更方便。应避免将高层 VI 放入循环中，因为这些 VI 在每次运行时都要进行打开和关闭操作。

4.6 波形图与波形图表

在 LabVIEW 的图形显示功能中，按照处理测量数据的方式和显示过程的不同，图形显示控件主要分成两大类：波形图（Graph）和波形图表（Chart）。图形控件主要用于程序中数据的形象化显示，可以将数据流在示波器窗口控件中显示，也可以用来显示图片或图像。

1. 波形图

波形图通常先将测量数据存放到数组中，事后再根据需要进行处理，在波形图中一次性显示出来，同时清除前一次显示的波形，其表现形式较为丰富。

2. 波形图表

波形图表将采集的数据实时、逐点地显示出来，新输入的数据点添加到已有的曲线尾部进行连续显示。波形图表可以直观、实时地反映数据的变化趋势，通常用于显示以恒定速率采集到的数据信号曲线，可以显示一条或多条曲线。

波形图表控件可以接收标量数据（1 个数据点），也可以接收数组。如果接收的是单点数据，波形图表控件将数据顺序加到原有曲线尾部，若波形超过横轴设定的显示范围，曲线将在横轴方向上一位一位向左移动更新；如果接收的是数组，则把数组元素一次性添加到原有曲线尾部。

波形图表控件有不同的数据刷新模式，而波形图没有这个特性。波形图表控件开辟一个显示缓冲器，按照先进先出原则工作，该显示缓冲器用于保存部分历史数据。可以配置波形图表更新数据的方式即刷新模式，在其属性中设置。波形图表的刷新模式有 3 种：带状图表、示波器图表和扫描图。

- 带状图表：默认的更新模式，有类似于纸带记录仪的滚动显示，曲线从左到右连续绘制，当新的数据点到达右部边界时，先前的数据点逐次左移。
- 示波器图表：类似于示波器的回扫显示方式，显示某一项数据，如脉冲或波形，当曲线到达绘制区域的右边界时，曲线被擦除，并且再次从左边界开始绘制曲线。
- 扫描图：非常类似于示波器图表，只是当数据到达右边界时并不清空显示区，取而代之的是一个移动的垂直线作为新数据的开始标记，并且随着新数据的增加在显示屏上移动。扫描图表的显示特性类似于心电图仪的显示。

示波器图表和扫描图都有与示波器类似的回扫显示特性。由于回扫曲线所需的时间较短，所以用示波器图表和扫描图显示曲线比用带状图表要快。

3. 两者比较

波形图表具有实时显示特性，因此该控件系统内存开销比波形图控件大。在使用 LabVIEW 开发应用程序过程中，究竟使用哪个控件，要结合各方面因素，既要考虑显示的实际需要，还需要考虑系统的硬件配置。

【例 4-24】分别用波形图（见图 4-96）与波形图表（见图 4-97）显示随机函数产生的 100 个随机数据，体会两者区别。

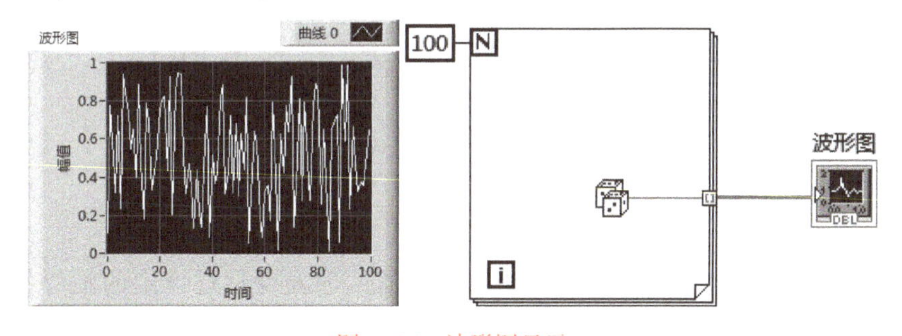

图 4-96　波形图显示

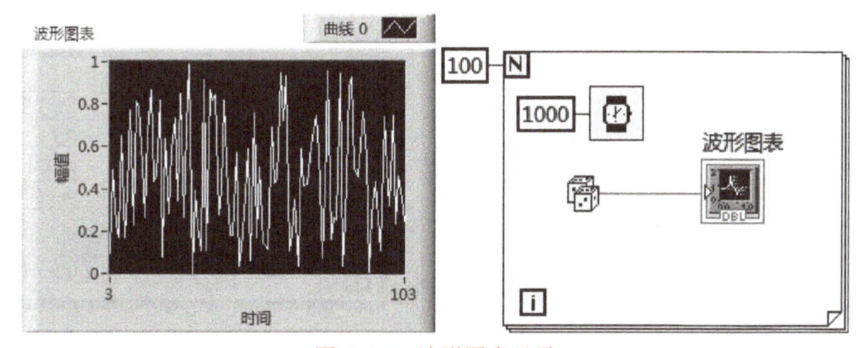

图 4-97　波形图表显示

【例 4-25】用波形图显示电压测量结果并设置采样起始时间 X0 和采样时间间隔 DetaX。电压采样从 10 ms 开始，每隔 5 ms 采样一个点，共采样 30 个点，信号采样前经过了 10 倍衰减。捆绑次序不能颠倒，需以起始时间、时间间隔、数组的顺序进行。

前面板和程序框图如图 4-98 所示。

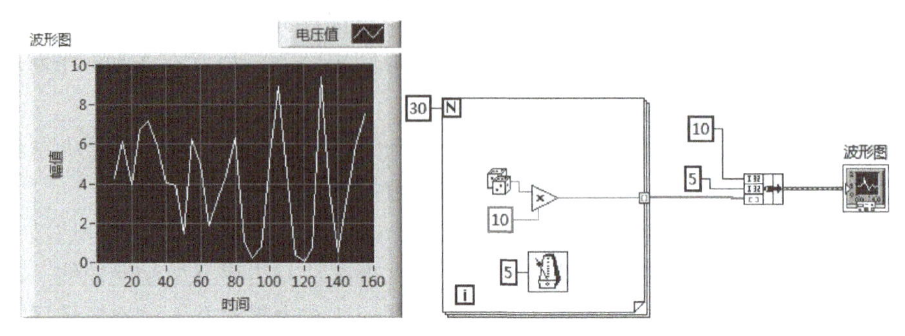

图 4-98 例 4-25 VI 的前面板与程序框图

【例 4-26】测量多个电压信号，进行两组数据采集，假设两个信号具有相同的起始时间 X0 和时间间隔 DetaX，但在相同的时间内，一个采集了 30 点的数据，另一个采集了 50 点的数据。用波形图显示测量结果。

前面板和程序框图如图 4-99 所示。

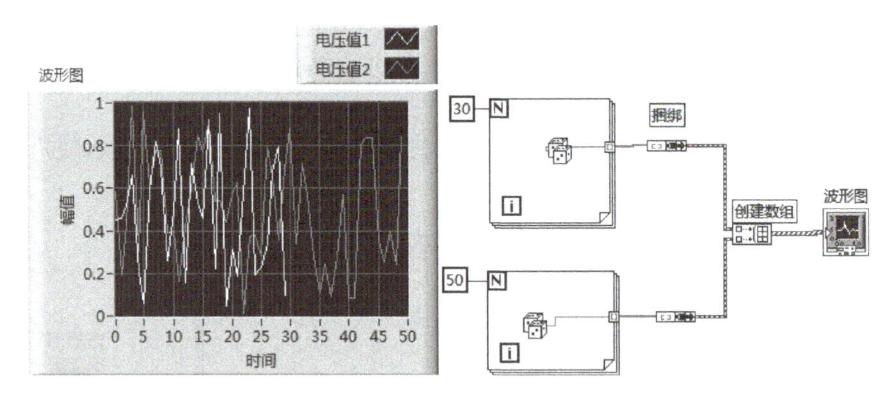

图 4-99 例 4-26 VI 的前面板与程序框图

【例 4-27】用波形图表来实时显示现场温度值，当温度超过设定的临界值时，点亮报警灯。

前面板和程序框图如图 4-100 所示。

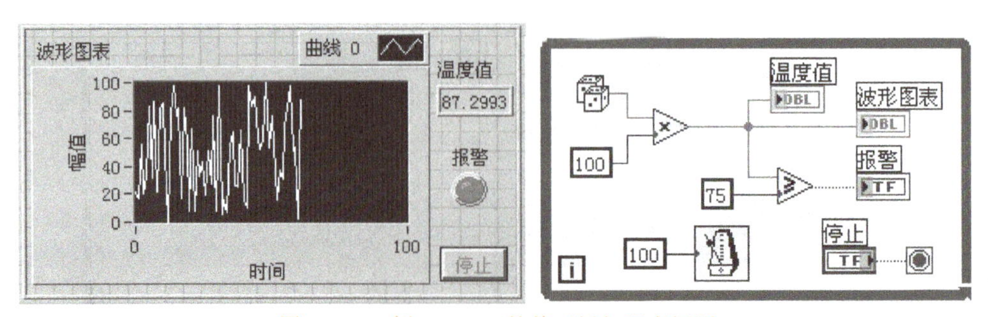

图 4-100 例 4-27 VI 的前面板与程序框图

思考与练习

一、单选题

1. 字符串的连线颜色是（　　）。

A. 绿色　　B. 蓝色　　C. 橙色　　D. 粉色

2. 无符号单字节整型数据类型的缩写是（　　）。

A. I8　　B. I16　　C. U8　　D. U16

3. 关于图 4-101 所示程序执行正确的表述是（　　）。

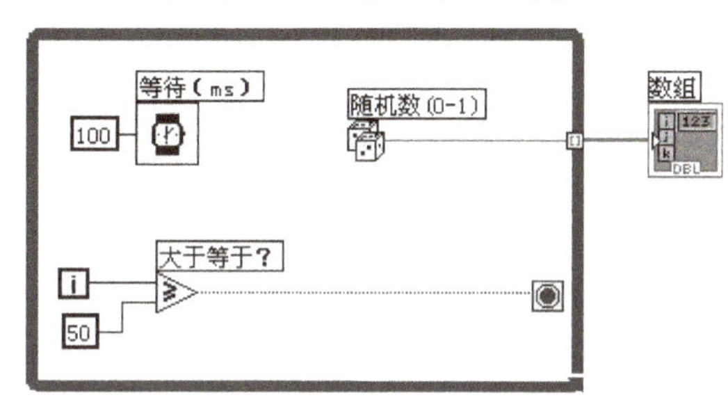

图 4-101　题 3 图

A. 循环在执行 49 次后停止　　B. 循环在执行 50 次后停止

C. 循环在执行 51 次后停止　　D. 总数接线端为 50 的 for 循环的可执行相同操作

4. 下列关于数组的表述，错误的是（　　）。

A. 数组可用于保存由循环生成的数据

B. 数组元素无索引

C. 数组可包含输入控件或显示控件，但无法同时包含两种控件

D. 数组可组合相同类型的数据元素

5. 执行图 4-102 所示程序后，移位寄存器结果的值是（　　）。

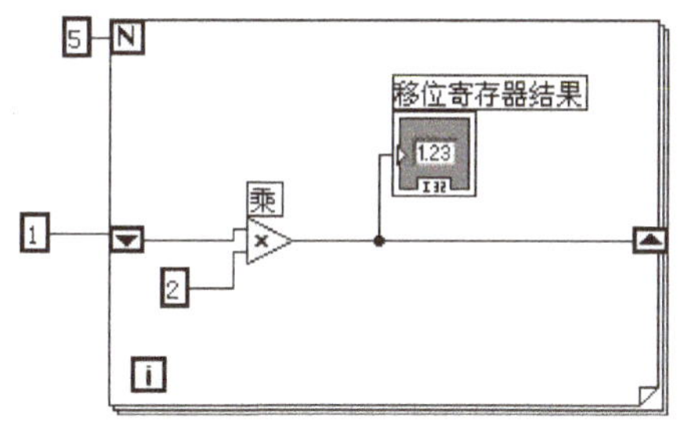

图 4-102　题 5 图

A. 16　　B. 24　　C. 32　　D. 10

6. 程序框图如图 4-103 所示，加法运算的结果是（　　）。

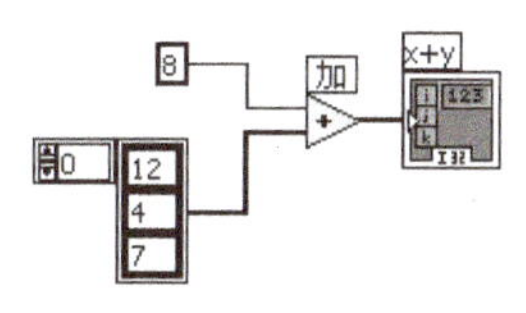

图 4-103　题 6 图

A. 一维数组{20,4,7}　　　　B. 一维数组{20,12,15}
C. 一维数组{12,4,15}　　　　D. 一维数组 {20}

7. 以下关于数组索引的表述，不正确的是（　　）。
A. 索引可用于访问数组中特定元素　　B. 二维数组包含列索引和行索引
C. 索引范围为 0~(n-1)　　D. 索引范围为 1~n

8. 执行图 4-104 所示程序后，长度中的值是（　　）。

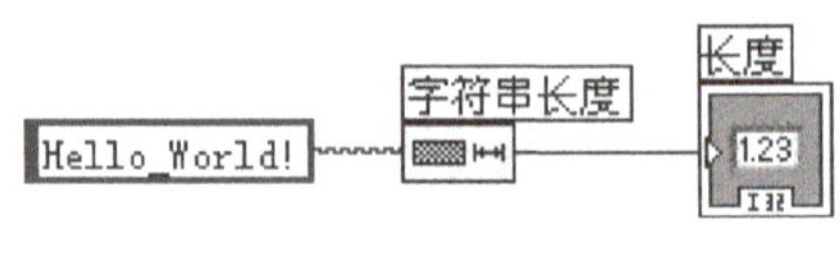

图 4-104　题 8 图

A. 10　　B. 11　　C. 12　　D. 13

9. 执行图 4-105 所示程序后，结果字符串的值是（　　）。

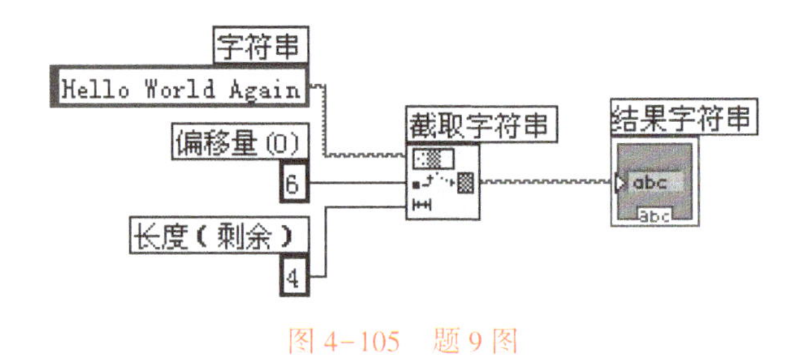

图 4-105　题 9 图

A. Hello w　　B. Wor　　C. Hell　　D. Worl

10. 执行图 4-106 所示程序后，子数组的值是（　　）。

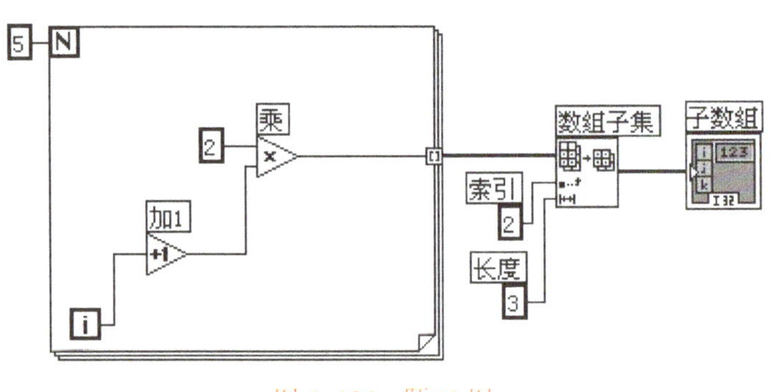

图 4-106　题 10 图

A. 一维数组{6,8,10}　　　　B. 一维数组{4,6,8}
C. 一维数组{2,4,6}　　　　D. 一维数组{8,16,32}

二、操作题

1. 求 100 以内所有偶数之和和奇数之和。
2. 将 100 以内所有能被 7 整除的数显示出来。
3. 寻找 100~200 整数中的所有素数。
4. 设计一个 VI，打开布尔开关时，状态显示“打开”，指示灯绿灯亮。关闭布尔开关时，状态显示“关闭”，指示灯熄灭。前面板如图 4-107 所示。

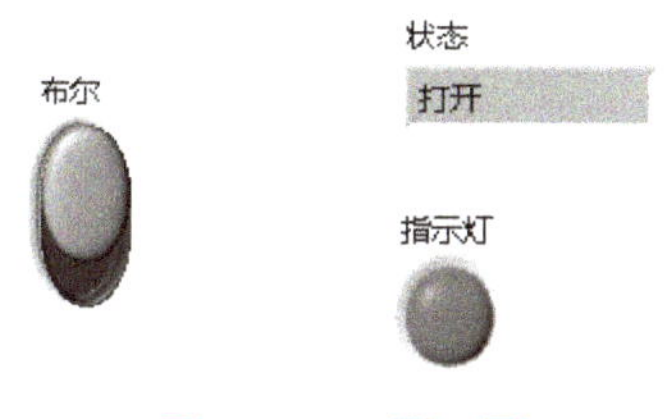

图 4-107 题 4 图

5. 利用滑动杆模拟采集到的温度，当温度超过某一设定值时，红色报警灯点亮。

6. 创建一个计算器 VI，能够对输入的两个数 A 和 B 进行加、减、乘、除运算，使用滑动控件指定执行的运算，用一个数值显示控件显示运算结果，前面板参考如图 4-108 所示。

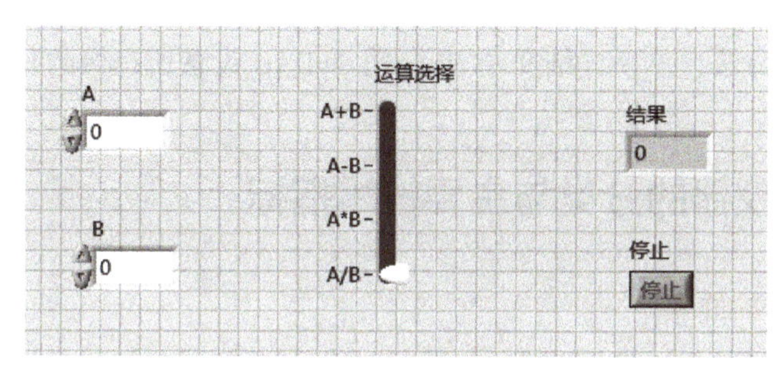

图 4-108 题 6 图

7. 用随机数产生函数模拟测量得到的 20 个温度值，它们都在 20～40 之间，求平均温度、最高温度和最低温度。

8. 要求产生一个在 1～100 的随机数，当该随机数在 20～40 范围内时循环停止，显示当前的随机数及循环的次数。

9. 设计一个五人三门课程的成绩录入程序，可以对每一个人的每一门课成绩进行修改，前面板参考如图 4-109 所示。

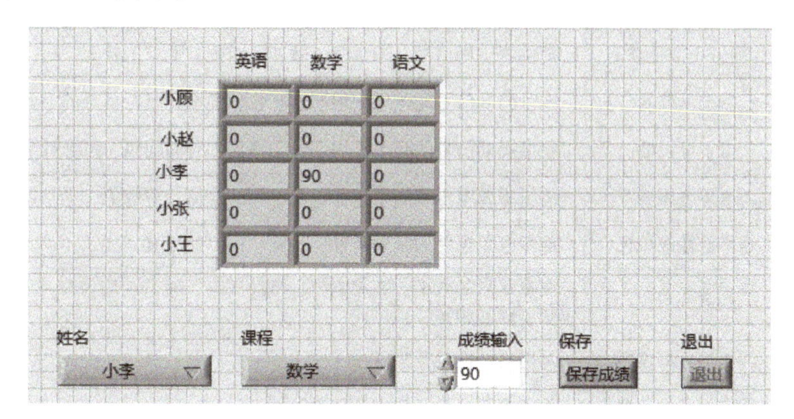

图 4-109 题 9 图

10. 设计一个用户登录界面，输入用户名和密码，单击“登录”按钮，如果输入的用户名是自己的姓名，并且密码是 123456 时，“验证通过”指示灯点亮，颜色为绿色，反之则“验证不通过”指示灯点亮，颜色为红色。单击“退出”按钮，停止程序运行。

第 5 章 虚拟仪器的使用

电子测量仪器应用于国民经济各个领域，是实现国家科技进步和原创核心技术必不可少的条件。在电子测量仪器产品中既有传统的测量仪器，又有虚拟电子测量仪器，它们在测量原理、面板的组成和测量方法等方面既有联系又有区别。本章首先介绍常用的传统电子测量仪器的功能、面板和使用方法，然后详细介绍 NI 公司 myDAQ 设备所提供的几款虚拟电子测量仪器的使用方法。

5.1 电子测量仪器的分类与主要技术指标

1. 电子测量仪器的分类

电子测量仪器种类繁多，根据侧重点不同会有不同分类方法。

1）按测量精度分为高精度仪器、普通仪器和简易仪器。

2）按用途分为专业用仪器和通用仪器。

3）按功能分为信号发生仪器、信号分析仪器、网络特性测量仪器、电子元器件测试仪器、电波特性测试仪器、辅助仪器。

表 5-1 列举了常用的电子测量仪器及其应用场合。

表 5-1 常用的电子测量仪器及其应用场合

测量方法	测量仪器	主要应用场合
时域测量	测量用信号源	提供测试用信号，如正弦、脉冲、函数、噪声信号等
	电子示波器	实时测量信号的电压、周期、相位、频率、脉冲信号的上升沿、下降沿等参数
	电子计数器	测量周期信号的频率、周期、频率比、时间间隔、累加计数等
	电子电压表	测量正弦电压或周期性非正弦电压的峰值、有效值、平均值
频域测量	频率特性测试仪	测量电子电路的幅频特性、带宽、回路的 Q 值等
	频谱分析仪	测量信号的电平、频率响应、谐波失真、频谱纯度及频率稳定度，测量电路的幅频特性和相频特性等
	网络分析仪	对网络特性进行测量
数据域测量	数字信号发生器	提供串行、并行数据及任意数据流信号
	逻辑分析仪	检测数字系统的软硬件工作程序
	数据通信分析仪	数据通信网和传输设备的误码、延时、报警和频率的测量
随机测量	噪声系数分析仪	对噪声信号测量
	电磁干扰测试仪	对电磁干扰信号进行测量

2. 电子测量仪器的主要技术指标

电子测量仪器的主要技术指标包括精度、稳定性、灵敏度（分辨力）、输入阻抗、线性度、有效范围（量程）、频率范围等。

1）精度：也称测量准确度，是测量值与被测量真值的接近程度，该指标是评价测量仪器的性能和评定测量结果最主要、最基本的指标。

2）稳定性：是指在规定的时间内，其他外界条件恒定不变的情况下，保证仪器示值不变的能力。造成示值变化的原因主要是仪器内部各元器件的特性、参数不稳定和老化等。

3）灵敏度：是指测量仪器对被测量参数变化的敏感程度，也常表述为分辨力或分辨率，表示测量仪表所能区分的被测量变化的最小值，在数字式仪表中经常使用，同一仪器不同量程的分辨率是不相同的。

4）输入阻抗：仪器的输入阻抗对测量结果会产生一定影响，如电压表、示波器等仪表测量时，仪器并联在待测电路两端，改变了被测电路的阻抗特性。为了减小仪器对待测电路的影响，提高测量精度，通常对这类仪器的输入阻抗也有一定的要求。

5）线性度：表示仪表输出量随输入量变化的规律，有线性关系和非线性关系两种情况。

6）有效范围：是指仪器在满足误差要求的情况下，所能测量的最大值与最小值之差，也称为仪器的量程。

7）频率范围：指保证测量仪器其他指标正常工作的有效频率范围。

3. 电子测量仪器的选用及使用注意事项

在选择测量仪器时要考虑的问题包括量程、准确度、频响特性、仪器在所有量程内的输入阻抗、稳定性、环境、电源、仪器的连接、隔离和屏蔽、可靠性等。

使用时候的注意事项如下。

1）电子仪器的电源线、插头应完好无损。

2）测试高压部件时，应特别注意身体与高压电绝缘，最好用一只手操作，并站在绝缘板上，以减少触电危险。如万一发生触电事故，应立即切断总电源，并进行急救。

3）实验时遇到有焦味、打火现象等，要立即切断电源，并检查电路，排除故障。

4）实验完毕应切断电源，防止意外事故发生。

5.2 常用电子测量仪器

5.2.1 万用表

万用表也叫多用表，是一种多功能、多量程、便于携带的电子仪表。它可以用来测量电压、电流、电阻等参量，并且能对多种常用电子元器件进行检测。万用表由表头、测量电路、转换开关以及测量表笔等组成。其中，表头用来指示被测量的数值，测量电路用来把各种被测量转换为适合表头测量的直流微小电流或者电压，转换开关用来实现对不同测量电路、量程的选择，以适合各种被测量的要求，测试表笔用来将被测信号引入万用表。

1. 万用表的操作面板

万用表根据其工作原理和结果显示方式的不同可以分为模拟万用表和数字万用表，其面板分别如图 5-1 和图 5-2 所示。

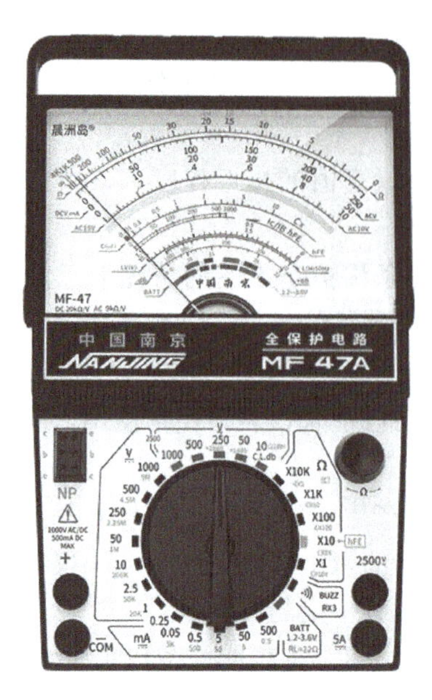

图 5-1　模拟万用表的面板图

图 5-2　数字万用表的面板图

2. 万用表的注意事项

（1）模拟万用表的使用注意事项

使用前，检查万用表的外观是否完好无损，轻轻摇晃时，指针应左右轻微摆动自如，查看并转动转换开关和量程选择开关是否切换灵活。水平放置万用表，在测量之前，必须将万用表进行机械调零。测量电阻前应进行欧姆调零，以检查万用表的电池电压，如果调零指针不能指在欧姆刻度尺右边的“0”刻度线上，则应更换电池。仪表在测量过程中不能旋转开关旋钮，以免损坏仪表。测量高压或大电流时，为避免烧坏开关，应在切断电源的情况下改变量程。如果偶然因过载而烧断熔丝时，可打开表盒换上相同型号的熔丝。在读数时，操作者的视线必须正视指针。万用表使用完毕后，应将转换开关置于空档或者置于交流电压最高档位，长期不使用时应取出电池。测未知量的电压和电流时，应先选择最高档位，待读取第一次数值后，逐渐转至适当的量程位置以取得较准确的读数，避免用小量程测量大信号，以免烧坏电路。

（2）数字万用表的使用注意事项

使用前应熟悉电源开关、量程选择开关、各种插孔的作用，然后打开电源开关，选择适当量程档位进行测量。如果无法预先估计被测电压或电流的大小，则应先将量程开关旋转至最高量程测量一次，再视情况逐渐把量程减小到合适位置。测量完毕后应将量程选择开关置于OFF，并关闭电源。如果 LCD 仅在最高位显示数字“1”，其他位均消失，表明已超过量程范围，须将量程选择开关转至较高档位；测量电压时，应将数字万用表与被测电路并联，测电流时应将数字万用表与被测电路串联，测直流量时不必考虑正、负极性。当误用交流电压档去测量直流电压或者误用直流电压档去测量交流电压时，显示屏将显示“000”或低位上的数字出现跳动。禁止在测量高电压（220 V 以上）或大电流（0.5 A 以上）时更换量程，以防止产生电弧，烧毁开关触点。当显示“BATT”或“LOW BAT”时，表示电池电压低于工作电压。数字万用表的红表笔为正，黑表笔为负，测量晶体管、电解电容器等有极性的元器件时，必须注意表笔的极性。

5.2.2　示波器

示波器是一种用来观察电量随时间变化的仪器，可以用来显示信号波形，测量电压、周期、频率、相位、时间、调制系数等参数。

目前，示波器已成为广泛用于科学实验与产品研发、生产、维修中的“万用仪器”。此外，在许多尖端设备和仪器如雷达、频谱分析仪、时域反射计、时域网络分析仪等中，示波器已成为必备的组成部分。

示波器按照其性能和结构可分为：通用示波器、多束示波器、取样示波器、存储示波器。

1. 传统示波器的操作面板与按键

YB4328 双踪模拟示波器的前面板布局如图 5-3 所示，前面板上的按钮如图 5-4 所示。

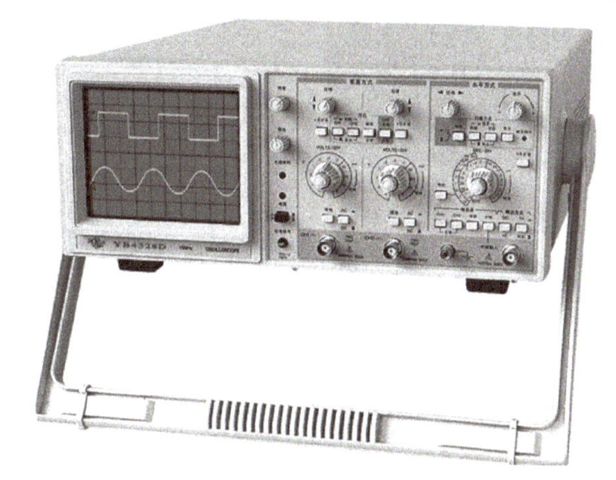

图 5-3　模拟示波器的前面板布局

图 5-4　模拟示波器前面板上的按钮

数字存储示波器采用数字电路，先经过 A/D 转换器将模拟输入信号波形转换成数字信息，存储于数字存储器中。需要显示时，再从存储器中读出，通过 D/A 转换器将数字信息转换成模拟波形，显示在示波器屏幕上。

图 5-5 所示为 DS1104 数字存储示波器的面板。

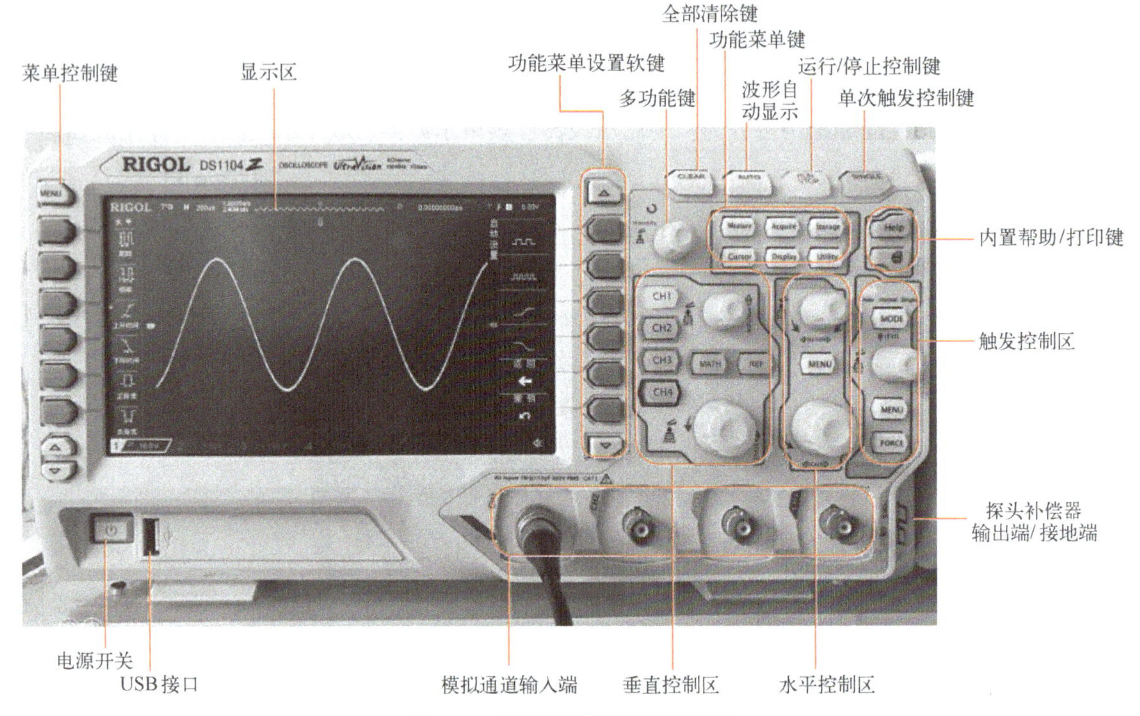

图 5-5 数字存储示波器的面板

2. 通用示波器的主要技术指标

（1）频带宽度和上升时间

示波器的频带宽度一般指示波器垂直通道的频带宽度，是垂直通道输入信号上、下限频率之差。

上升时间是垂直通道加一个理想的脉冲信号，显示波形从稳定幅度的 10%上升到 90%所需的时间，反映了示波器垂直通道跟随输入信号快速变化的能力。

（2）扫描速度

扫描速度是指单位时间内光点水平移动的距离，单位为“cm/s”或“DIV/s”。

扫描速度的倒数称为时基因数，它表示单位距离代表的时间，单位为“s/div”“ms/div”“us/div”（或“s/cm”“ms/cm”“us/cm”）。示波器常用“时基因数”进行水平刻度。

（3）偏转因数

偏转因数指在输入信号作用下，光点在荧光屏上垂直方向移动 1cm（即 1 格）所需的电压值，单位为“V/cm”“mV/cm”（或“V/div”“mV/div”）。数值越小，波形上下显示幅度越大。偏转因数表示了示波器垂直通道的放大/衰减能力，用于垂直标度。偏转因数的倒数称为偏转灵敏度。

(4) 输入方式

输入方式为信号输入耦合方式，一般有直流（DC）耦合、交流（AC）耦合和接地（GND）耦合3种，可通过示波器面板选择。

- 直流（DC）耦合：即直接耦合，将信号中所有成分都加到示波器。交替变换交流耦合和直流耦合可以测出交流信号中的直流成分大小。
- 交流（AC）耦合：隔离被测信号中的直流及慢变化量，抑制工频干扰，便于测量高频及交流瞬变信号，相当于高通滤波。当信号包括直流和交流成分，而实际只关心交流成分时，选择交流耦合。
- 接地（GND）耦合：将示波器垂直通道输入端短路，一般用于确定测量直流电压时零电平的位置。

(5) 输入阻抗

当被测信号接入示波器时，输入阻抗等效为示波器输入电阻和输入电容的并联。

(6) 触发源选择方式

触发源是指用于提供产生扫描电压的同步信号来源，一般有内触发（INT）、外触发（EXT）、线触发（LINE）3种。

- 内触发：由被测信号产生同步触发信号。
- 外触发：由外部电路提供的信号产生同步触发信号。
- 线触发：又称电源触发，利用示波器内部工频电源产生同步触发信号。

3. 使用注意事项

- 打开电源前一定要检查示波器面板上的按钮是否都处于正常位置。
- 测量被测信号前要对示波器进行校准。
- 定量观测波形时，尽量在屏幕的中心区域进行，以减少测量误差。
- 测试过程中，应避免手指或人体其他部位接触信号输入端，以免对测试结果产生影响。
- 若示波器暂停使用并已关上电源，如需继续使用时，应待数分钟后再开启电源，以免烧坏熔体。

5.2.3 测量用信号发生器

测量用信号发生器可以为电子测量提供各种不同频率、不同幅值的正弦波信号、方波信号、三角波信号等，也是电子测量中最基本、最广泛的电子测量仪器之一。

1) 信号发生器按输出波形可以分为如下几种。

- 正弦信号发生器：产生正弦波或受调制的正弦波。
- 脉冲信号发生器：产生脉宽可调的重复脉冲波。
- 函数信号发生器：产生幅度与时间成一定函数关系的信号，如正弦波、三角波、方波等各种信号。
- 噪声信号发生器：产生各种模拟干扰的电信号。

2) 信号发生器按输出频率范围可以分为下面几类。

- 超低频信号发生器：产生的信号频率范围为1 kHz以下。
- 低频信号发生器：产生的信号频率范围为1 Hz～200 kHz。
- 高频信号发生器：产生的信号频率范围为200 kHz～30 MHz。
- 甚高频信号发生器：产生的信号频率范围为30 MHz～300 MHz。

• 超高频信号发生器：产生的信号频率范围为 300 MHz～3 GHz。

信号发生器的主要技术指标包括：输出频率范围、频率准确度、频率稳定度、输出形式、输出阻抗、调制特性等。

图 5-6 所示为 DG4062 函数/任意波形发生器的前面板，它是集函数发生器、任意波形发生器、脉冲发生器、谐波发生器、模拟/数字调制器、频率计等功能于一身的多功能信号发生器，具有两个功能完全相同的通道，通道间相位可调。

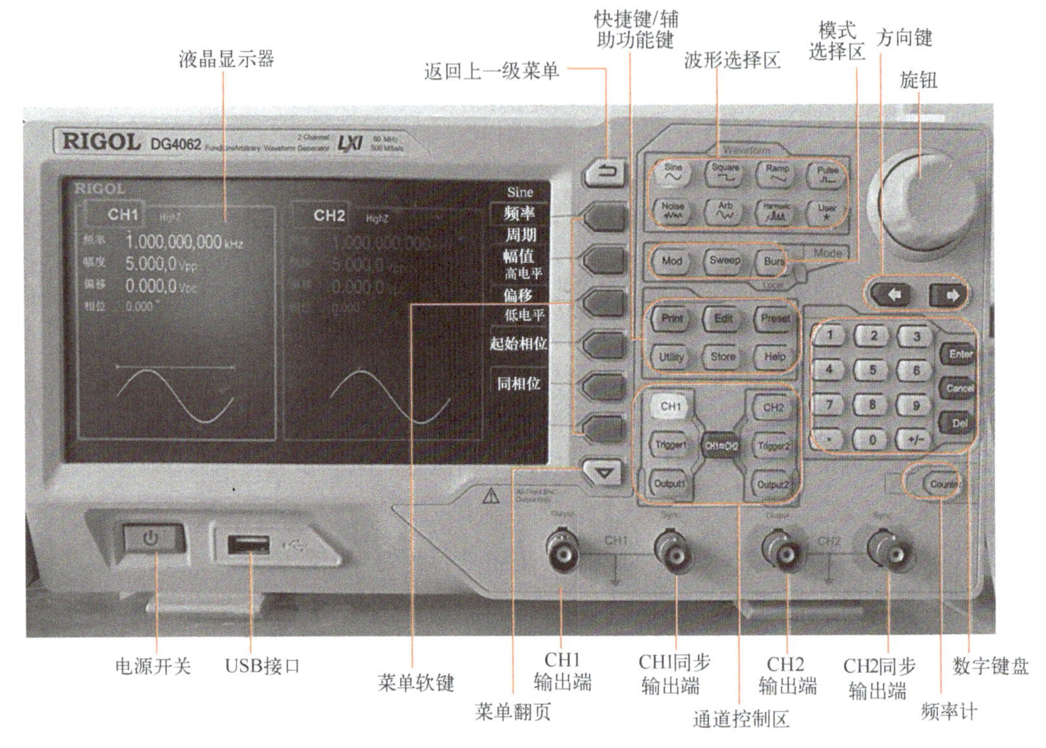

图 5-6　函数/任意波形发生器前面板

5.2.4　直流稳压电源

电力网供给用户的是交流电，而各种电子设备装置需要使用直流电源。直流稳压电源将电网提供的 220 V、50 Hz 交流电转换为直流电输出，它是电子实验的必备仪器。

1. 直流稳压电源前面板

直流稳压电源面板结构有指针式和数字式两种，图 5-7 所示为数字式 SPD3303D 型直流稳压电源的前面板。它具有 3 组独立输出通道（CH1、CH2 、CH3），其中 CH1 与 CH2 输出电压值可调。CH3 输出电压固定，可选电压值有 2.5 V、3.3 V、5 V。同时具有输出短路和过载保护，以在不同类型的生产和研究中使用。

SPD3303D 型直流稳压电源具有串联、并联、独立模式功能。串、并联功能能够将两路电源合并成一路电源使用，扩充了单路电源的输出功率范围，使其在一些应用场所应用很方便。三路独立电源均可单独控制输出开关，也可同时打开或关闭。

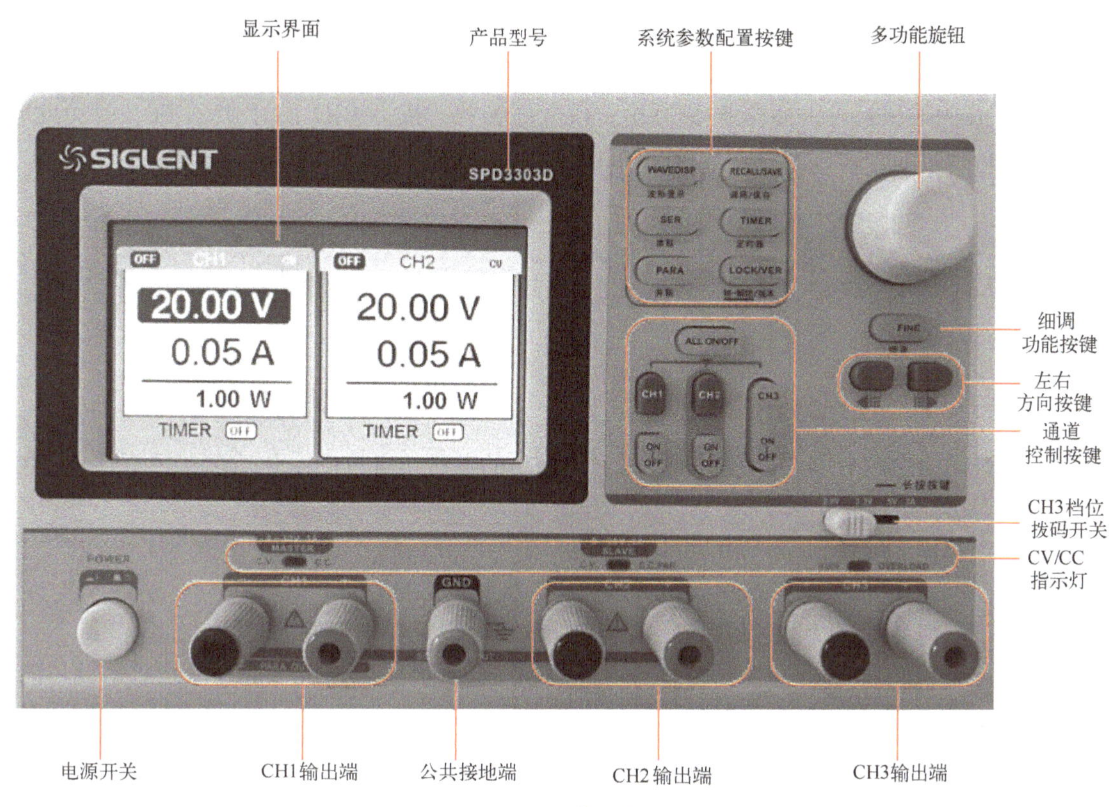

图 5-7　SPD3303D 型直流稳压电源的面板

2. 使用方法和功能

1）将仪器后面板上的电源拨码开关调到 220 V 的档位，接上电源线，按下前面板左下角的电源开关。

2）独立使用模式：确认串并联键关闭。按键 CH1、CH2 用来切换相应的设置通道。假如选择 CH1，先按下“CH1”键，然后通过左右方向按键选择需要设置的参数类型（电压或电流），再按下“FINE”键选择需要修改的位数，最后旋转多功能旋钮就可以改变相应位数的参数。

3）按下“ON/OFF”键，会点亮该键，打开输出。

4）CH2 的设置方法和 CH1 相同。

5）在 CH1 和 CH2 的输出中，可以通过屏幕上的 CC/CV 标识，或者通道输出端子上方的输出指示灯判断此时的输出模式。黄色为 CV 恒压模式，红色为 CC 恒流模式。

6）CH3 的设置和 CH1、2 不同，只能使用拨码开关选择所需要的档位，可选择的电压档位有 2.5 V、3.3 V、5 V。

7）除了独立输出以外，CH1 和 CH2 还可以串并联输出。

① 在串联模式下，输出电压为单通道的两倍，CH1 和 CH2 在内部连成一个通道，其中 CH1 为控制通道。按下“SER”键可以开启串联模式，具体体现为按键会点亮，显示屏左上角出现串联标识，在串联模式下，需要连接 CH1 的负接线柱和 CH2 的正接线柱作为输出端口，如图 5-8 所示。设置好相应的参数，按下“ON/OFF”键就可以输出了，此时可以通过万用表查看输出值，电压为设置值的两倍。

② 并联模式：输出电流为单通道的两倍，CH1 和 CH2 在内部进行并联连接，CH1 为控制通道。按下“PARA”键启动并联模式，按键灯点亮，显示屏左上角出现并联标识，将 CH1 的正负端子作为输出端口，如图 5-9 所示，设置好参数，按下 CH1 的“ON/OFF”键，此时可以用万用表查看输出值，电流为设置值的两倍。

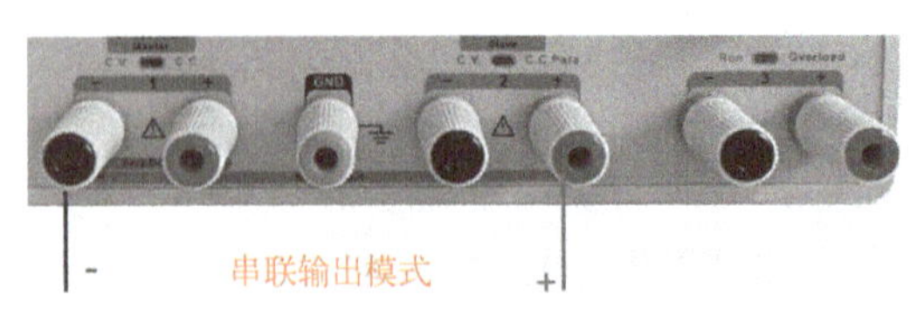

图 5-8 串联输出模式输出端口

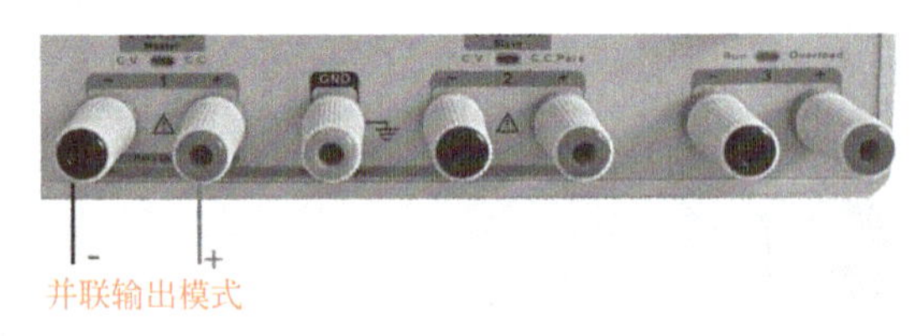

图 5-9 并联输出模式输出端口

8）通过曲线绘图的形式，能实时显示通道输出的电压与电流的变化情况，按下“WAVE-DISP”键开启该功能。

9）短按“RECALL/SAVE”键可以调取内部 5 组系统参数。先短按“RECALL/SAVE”按键，再长按该键，进入保存状态界面，可以保存 5 组设置参数。

10）按下“TIMER”键可以开启定时器功能，可以设定输出想要的时间数值。

11）短按锁键“LOCK/VER”可以进入产品版本显示界面，长按该键可以开启锁键功能，此时前面板上按键全部失效，远程控制命令也会失效，可防止误操作，再次长按该锁键关闭锁键功能。

3. 使用注意事项

出现短路或过载时，应关闭电源开关，待排除故障后，再重新启动电源。使用完毕后，需关闭电源开关，注意不可将输出端短路，以免再开机时不慎损坏仪器。输出电压由“+”“-”供给，地接线柱仅与机壳相连。

5.3 NI myDAQ 设备

NI myDAQ 设备

NI myDAQ 是一种使用 NI LabVIEW 软件的低成本便携式数据采集（DAQ）设备，体积小巧、方便携带，USB 供电，可使用它测量和分析实际信号。NI myDAQ 适用于电子设备和传感器测量。单个设备中还提供了 8 种基于计算机的即插即用型实验室仪器。另外，通过与计算机上的 LabVIEW 配合，它可分析和处理获取的数据，并可随时随地控制简单的进程，还能借助 NI Multisim SPICE 软件进行仿真和比较。

1. 设置 NI myDAQ 设备

在开始使用 NI myDAQ 之前，首先安装好 LabVIEW 软件和 NI myDAQ 硬件驱动软件 NI ELVISmx。NI ELVISmx 使用基于 LabVIEW 的软件控制 NI myDAQ 设备及提供一系列常用的实验室设备功能。

软件安装完成后设置 NI myDAQ 设备，如图 5-10 所示，将螺栓端子连接器连接到 NI myDAQ，插入和移除 20 位螺栓端子连接器时必须与 NI myDAQ 水平对齐，如果插入螺栓端子连接器时与 NI myDAQ 存在角度，可能造成连接器损坏。螺栓端子连接器必须牢固地插入，以确保正确的信号连接。

将 USB 线缆的一端连接到 NI myDAQ，另一端连接到计算机。连接完成后，myDAQ 上的蓝色 LED 将被点亮以指示设备已经被正常供电。

NImyDAQ 的实物外观如图 5-11 所示。

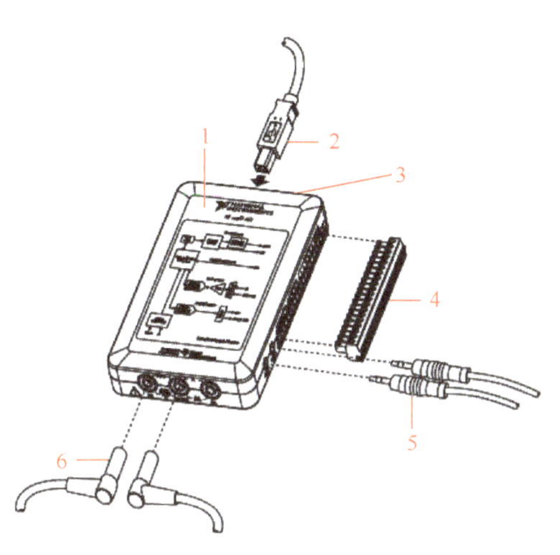

图 5-10　NI myDAQ 连接框图

1—NI myDAQ　2—USB 线缆　3—LED

4—20 位螺栓端子连接器　5—音频线缆　6—DIM 线缆

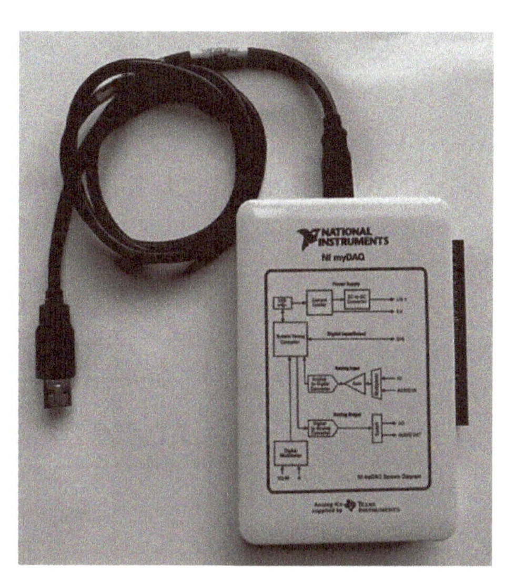

图 5-11　NI myDAQ 的实物外观

2. 接口说明

NI myDAQ 侧面外部接口如图 5-12 所示。

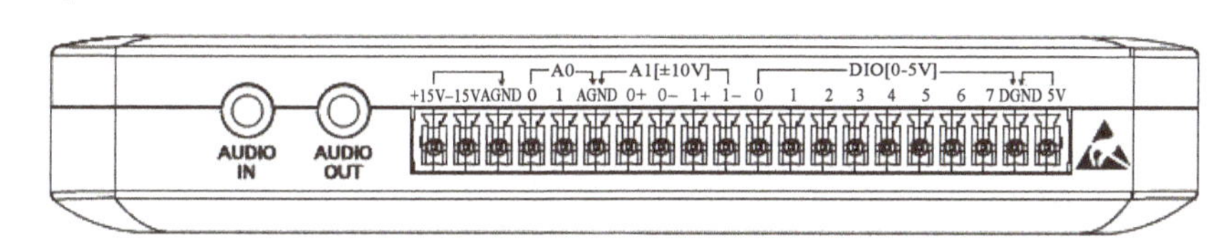

图 5-12　NI myDAQ 侧面外部接口

注：DIO 引脚可作为 PFI 引脚。

各接口对应的信号说明见表 5-2。

表 5-2　接口对应的信号说明

信号名称	参　考	方　向	说　明
AUDIO IN	—	输入	音频输入：立体声连接器的左侧和右侧音频输入
AUDIO OUT	—	输出	音频输出：立体声连接器的左侧和右侧音频输出
+15 V/-15 V	AGND	输出	+15 V/-15 V 电源
AGND	—	—	模拟地：AI、AO、+15 V 和-15 V 的参考接线端
AO 0/AO 1	AGND	输出	模拟输出通道 0 和 1
AI 0+/AI 0- AI 1+/AI 1-	AGND	输入	模拟输入通道 0 和 1
DIO<0…7>	DGND	输入或输出	数字 I/O 信号：通用信号线或计数器信号
DGND	—	—	数字地：DIO 数据线和+5 V 电源的参考地
5 V	DGND	输出	5 V 电源

在与20位螺栓端子连接器接线时，使用NI螺钉旋具。平台包含一个数据采集引擎，可用于测量两个差分模拟输入和模拟输出通道（200 kS/s，16位，±10 V）。还可使用8条数字输入和数字输出线（兼容3.3 V TTL）连接低电压TTL（LVTTL）和5 V TTL数字电路。NI myDAQ通过+5 V、+15 V和−15 V电源输出（功率高达500 mW）为简单的电路和传感器提供充足的电量。

3. 数字万用表接口

NI myDAQ数字万用表接口如图5-13所示。

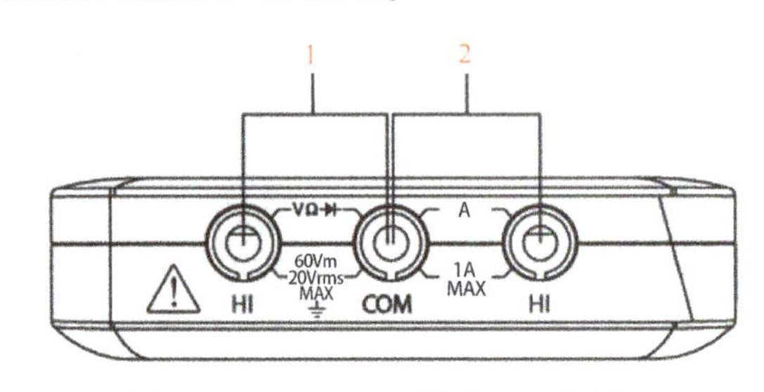

图5-13 NI myDAQ数字万用表接口

1—用于电压/电阻/二极管/连续性的连接器 2—用于电流的连接器

注意数字万用表最大值为60 V DC/20 Vrms。勿将数字万用表探针插入危险电压电路如壁装插座。绝缘的60 V数字万用表可测量交流、直流电压、电流、电阻、二极管电压和连续性。

4. NI myDAQ功能

（1）模拟输入（AI）

NI myDAQ带有两个模拟输入通道。上述通道可被配置为通用高阻抗差分电压输入或音频输入。模拟输入为多路复用，即通过一个ADC对两个通道进行采样。在通用模式下，测量信号范围为±10 V。在音频模式下，两个通道分别表示左右立体声信号输入。每个通道可被测量的模拟输入高达200 kS/s，因此对于波形采集非常有用。模拟输入用于NI ELVISmx示波器、动态信号分析器和伯德图分析仪。

配置输入通道和连接信号时，必须先确定信号源为浮接信号还是接地信号。接地信号源连接建筑物地，所以它已连接至NI myDAQ设备的公共接地端（假设计算机已插入同一电源系统）。具有非隔离输出并插入建筑物供电系统的设备或仪器是接地参考信号源。

注： 多数台式计算机均带有隔离式电源，因此未连至建筑物地。在上述情况下，将模拟输入信号视作NI myDAQ的浮地连接。

连接至同一建筑物供电系统的仪器之间的电势差通常是1～100 mV。如果电源电路连接不当，可导致该电势差显著增大。如果接地信号测量方式不当，电势差可能会导致测量错误。连接差分模拟输入信号至信号源，请勿连接NI myDAQ AGND引脚至接地信号源。

（2）模拟输出（AO）

NI myDAQ带有两个模拟输出通道。上述通道可被配置为通用电压输出或音频输出。两个通道均可用作DAC，因此可进行同步更新。在通用模式下，生成信号范围为±10 V。在音频模式下，两个通道分别表示左右立体声信号输出。每个通道模拟输出可被更新至200 kS/s，因此对于波形生成非常有用。模拟输出用于NI ELVISmx函数发生器、随机波形生成器和伯德图分析仪。

（3）数字输入/输出（DIO）和计数器/定时器

NI myDAQ带有8个DIO数据线。每条数据线为一个可编程函数接口（PFI），表示其可被配置为通用软件定时数字输入或输出，或可用作数字计数器的特殊函数输入或输出。输入端用于计数器、定时器、脉冲宽度测量和正交编码应用，通过配置为计数器的DIO 0、DIO 1和DIO 2信号访问该输入端。

注： 数字I/O数据线为3.3 V LVTTL，且最大耐压为5 V输入。数字输出与5 V CMOS逻辑电平不兼容。

使用计数器/定时器时，DIO 0连接源，DIO 1连接门。辅助输入为DIO 2，输出为DIO 3，频率输出为DIO 4。当计数器/定时器用作正交编码器时，A、Z和B分别对应DIO 0、DIO 1和DIO 2。在某些实例中，软件可能判定输出数据线为PFI，而不是DIO。关于DIO接线端的相应计数器/定时器信号分配见表5-3。

表5-3　NI myDAQ计数器/定时器信号分配

NI myDAQ信号	可编程函数接口（PFI）	计数器/定时器信号	正交编码器信号
DIO 0	PFI 0	CTR 0 SOURCE	A
DIO 1	PFI 1	CTR 0 GATE	Z
DIO 2	PFI 2	CTR 0 AUX	B
DIO 3①	PFI 3	CTR 0 OUT	—
DIO 4	PFI 4	FREQ OUT	—

① 脉冲宽度调制（PWM）通过DIO 3生成脉冲序列测量。

（4）电源

NI myDAQ有3个可供使用的电源。+15 V和-15 V可用于电源模拟组件如运算放大器和线性稳压器，+5 V可用于电源数字组件如逻辑设备。

电源、模拟输出和数字输出的总功率限定为500 mW（常规值）/100 mW（最小值）。如果要计算电源的总体功率消耗，使用每段电压的输出电压乘以该段负载电流并求和。对于数字输出功率消耗，使用负载电流乘以3.3 V。对于模拟输出功率消耗，使用负载电流乘以15 V。使用音频输出从总体功率预算中减去100 mW。

（5）数字万用表

NI myDAQ的数字万用表提供测量电压（直流和交流）、电流（直流和交流）、电阻和二极管电压降的函数。数字万用表测量为软件定时，因此更新速率由计算机负载和USB性能决定。

5.4 NI myDAQ虚拟仪器性能指标

NI myDAQ虚拟仪器是指利用高性能的模块化硬件，结合高效灵活的软件来实现的具有实际使用功能的各种软件仪器。它与物理仪器仪表一样可以完成各种测试及测量任务。

打开NI ELVISmx虚拟仪器软面板启动窗的方法是：通过USB线缆将NI myDAQ连接至计算机后，LED指示灯显示为蓝色表示设备已经准备就绪，计算机将识别NI myDAQ，并自动打开NI ELVISmx Instrument Launcher启动界面，也可以在计算机上单击“开始”菜单→“所有程序”→“National Instruments”→“NI ELVISmx for NI ELVIS & NI myDAQ”→“NI ELVISmx

Instrument Launcher”，手动打开 NI ELVISmx 仪器启动界面，如图 5-14 所示。

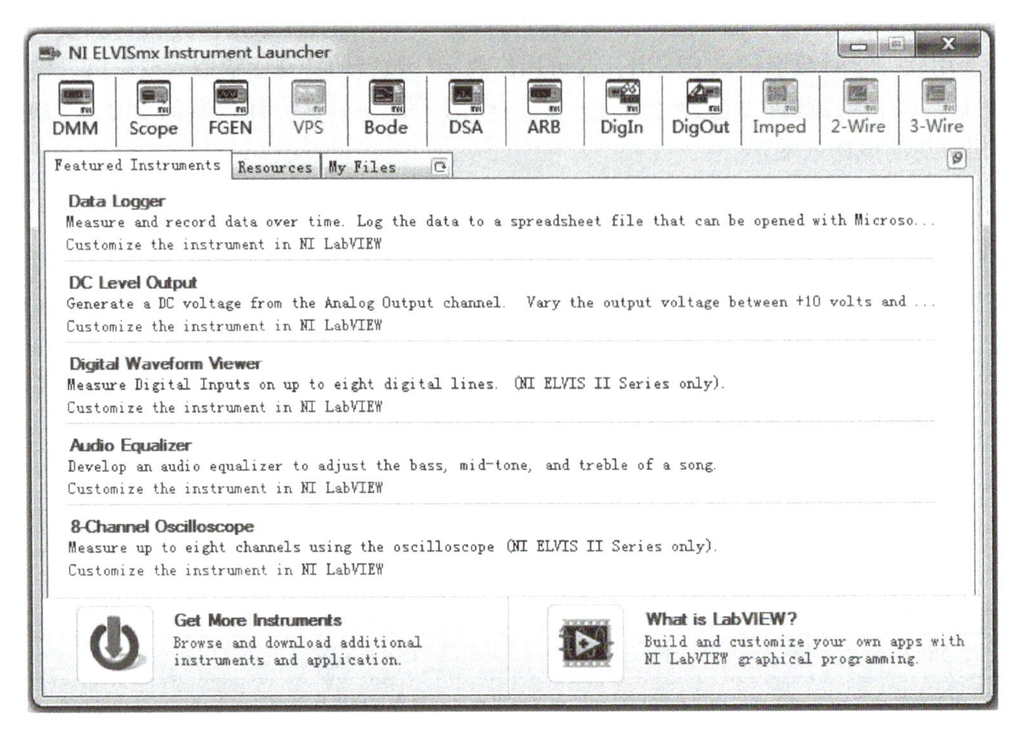

图 5-14 NI ELVISmx 仪器启动界面

NI myDAQ 单个设备中提供了 8 种基于计算机的即插即用型实验室虚拟仪器，分别是数字万用表（DMM）、示波器（Scope）、函数发生器（FGEN）、伯德图分析仪（Bode）、动态信号分析仪（DSA）、任意波形发生器（ARB）、数字读取器（DigIn）和数字写入器（DigOut），如图 5-15 所示。

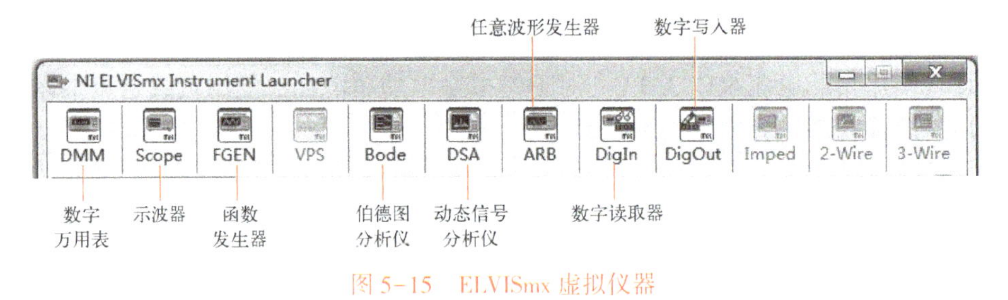

图 5-15 ELVISmx 虚拟仪器

1. 数字万用表（DMM）

数字万用表（DMM）可以进行电压测量（直流和交流）、电流测量（直流和交流）、电阻测量、二极管测试和音频连续性测试，其软面板如图 5-16 所示。面板上包含了数值显示器，显示各种被测量的数值，包括小数点、正负号及溢出状态；测量设置按钮；量程模式选择；量程选择，香蕉插头的测量连线；测量运行控制按钮等。

该仪器的测量参数如下：

- 直流电压：60 V、20 V、2 V 和 200 mV 范围。
- 交流电压：20 V、2 V 和 200 mV 范围。

- 直流电流：1 A、200 mA 和 20 mA 范围。
- 交流电流：1 A、200 mA 和 20 mA 范围。
- 电阻：20 MΩ、2 MΩ、200 kΩ、20 kΩ、2 kΩ 和 200 Ω 范围。
- 二极管：在数字万用表内部提供 2 V 的工作电压。
- 分辨率（显示的有效位）：3. 5。

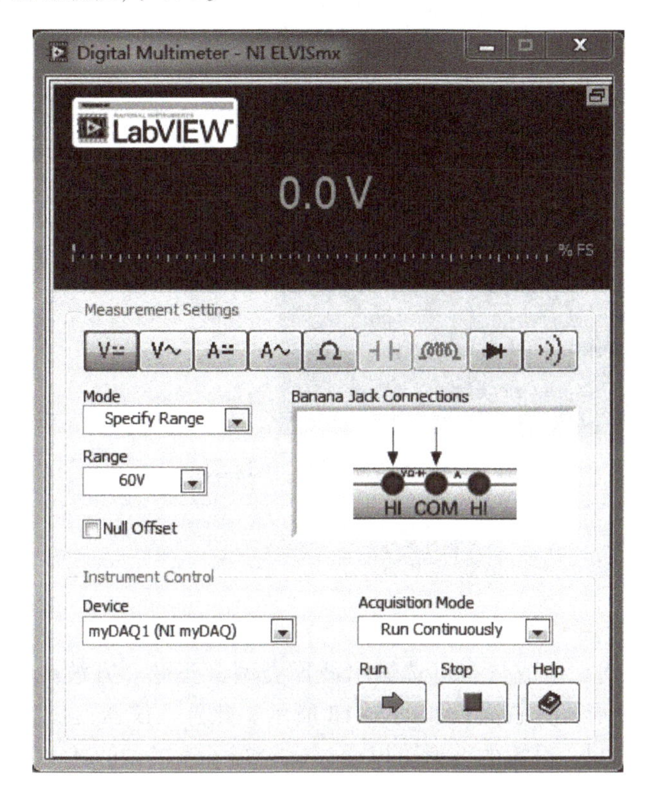

图 5-16　数字万用表软面板

2. 示波器（Scope）

示波器（Scope）显示用于分析的电压数据，该仪器提供了典型实验室中标准桌面示波器的功能，操作方法和实验室传统模拟示波器类似，其软面板如图 5-17 所示。该示波器具有两条通道，且提供换算和位置调整按钮及可调整的时基。自动换算功能允许用户调整基于交流信号的峰-峰电压值的显示换算，以实现信号的最优显示。

基于计算机的示波器显示允许使用鼠标操作，以获得更精确的屏幕测量。仪器的测量参数如下：

- 通道源：通道 AI 0 和 AI 1；左端音频输入和右端音频输入。AI 通道或音频输入通道均可用，但两者不能混合使用。
- 耦合：AI 通道仅支持直流耦合。音频输入通道仅支持交流耦合。
- Scale Volts/Div：AI 通道为-5 V、2 V、1 V、500 mV、200 mV、100 mV、50 mV、20 mV 和 10 mV；音频输入通道为-1 V、500 mV、200 mV、100 mV、50 mV、20 mV 和 10 mV。
- 采样率：AI 和音频输入通道的最大可用采样率在配置单个或全部两个通道时为 200 kS/s。
- 时基时间/Div：AI 和音频输入通道的可用值为 5 μs～200 ms。

- 触发器设置：支持即时和边沿触发类型。使用边沿触发类型时，水平位置可被指定为0~100%。

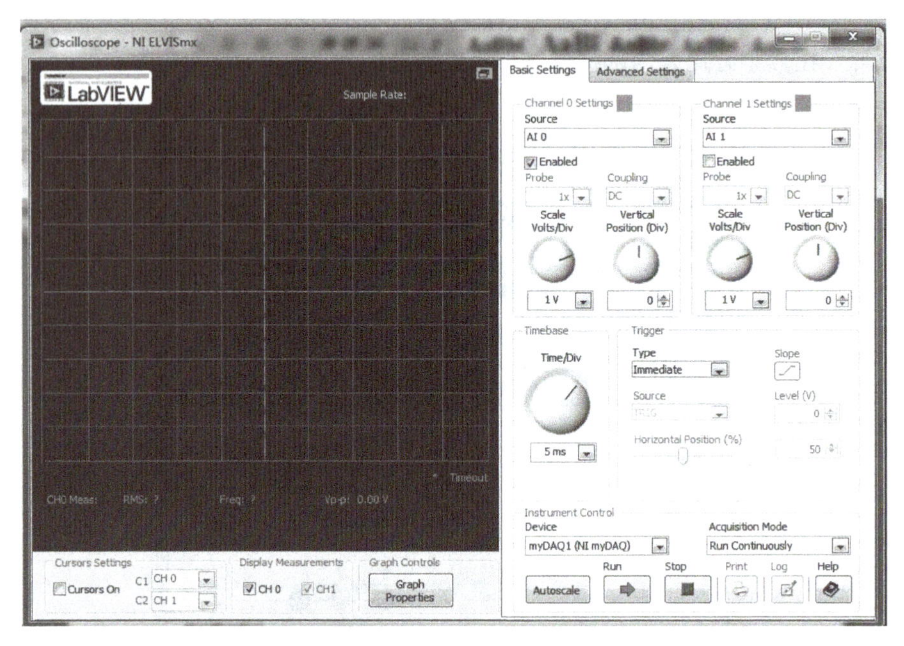

图 5-17　示波器软面板

3. 函数发生器（FGEN）

函数发生器（FGEN）生成具有可选输出波形类型（正弦、方波或三角波）、幅值选择和频率设置选项的标准波形，其软面板如图 5-18 所示。此外，仪器提供直流偏置设置、频率扫描功能及幅值和频率调制。设置的波形可以通过螺栓端子连接器的 AO 0 或 AO 1 接口输出。

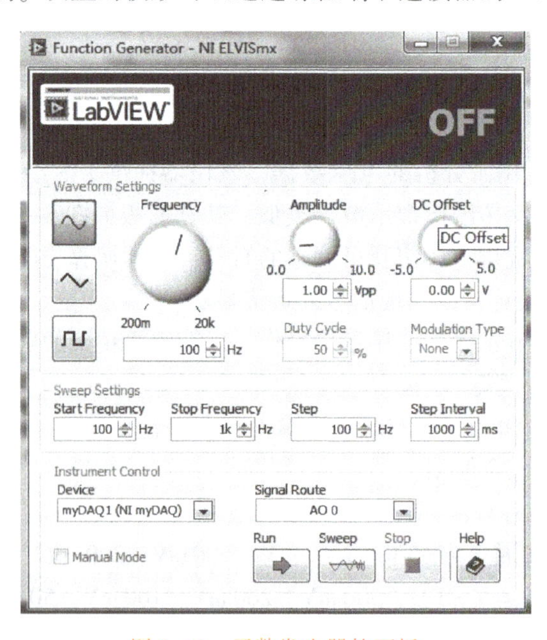

图 5-18　函数发生器软面板

仪器的测量参数如下：

- 输出通道：AO 0 或 AO 1。
- 频率范围：0.2 Hz～20 kHz。

4. 伯德图分析仪（Bode）

伯德图分析仪（Bode）生成用于分析的伯德图曲线，其软面板如图 5-19 所示。与函数发生器的函数扫描功能及设备的模拟输入功能配合，可实现十分全面的功能。用户可设置仪器的频率范围并选择线性和对数显示换算。通过插入 Op-Amp 信号极坐标，可在伯德图分析过程中插入输入信号的测量值。关于所需硬件连接的需求，见 NI ELVISmx Help。如要访问该帮助文件，单击“打开”→“所有程序”→“National Instruments”→“NI ELVISmx for NI ELVIS & NI myDAQ”→“NI ELVISmx Help”。

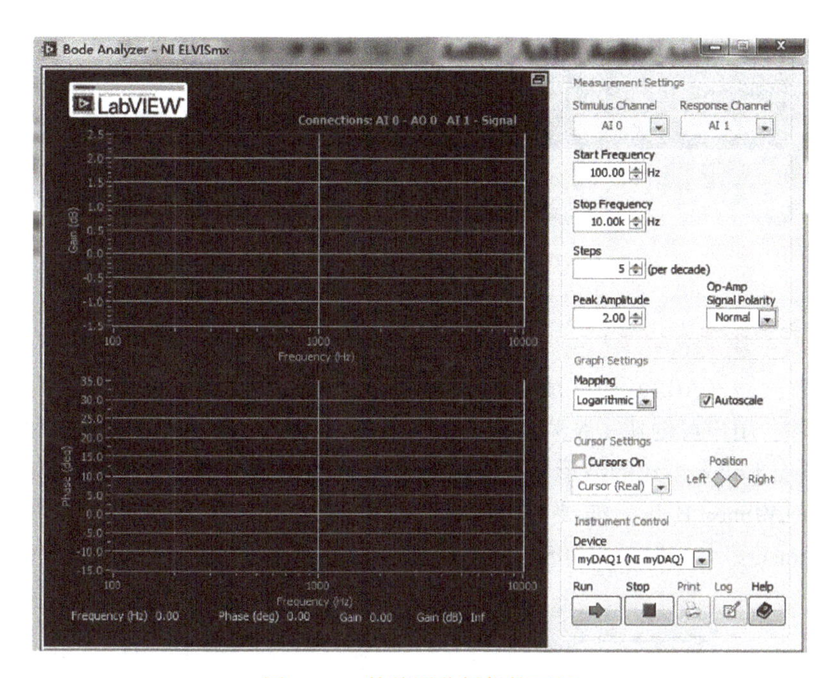

图 5-19　伯德图分析仪软面板

仪器的测量参数如下：

- 激励测量通道：AI 0。
- 响应测量通道：AI 1。
- 激励信号源：AO 0。
- 频率范围：1 Hz～20 kHz。

5. 动态信号分析仪（DSA）

动态信号分析仪（DSA）执行 AI 或音频输入波形测量的频率域转换，其软面板如图 5-20 所示。它可连续测量或执行信号扫描。用户可对信号使用多个窗和过滤选项。

仪器的测量参数如下：

- 通道源：AI 0 和 AI 1；左端音频输入和右端音频输入。
- 电压范围：AI 通道为±10 V，±2 V；音频输入通道为±2 V。

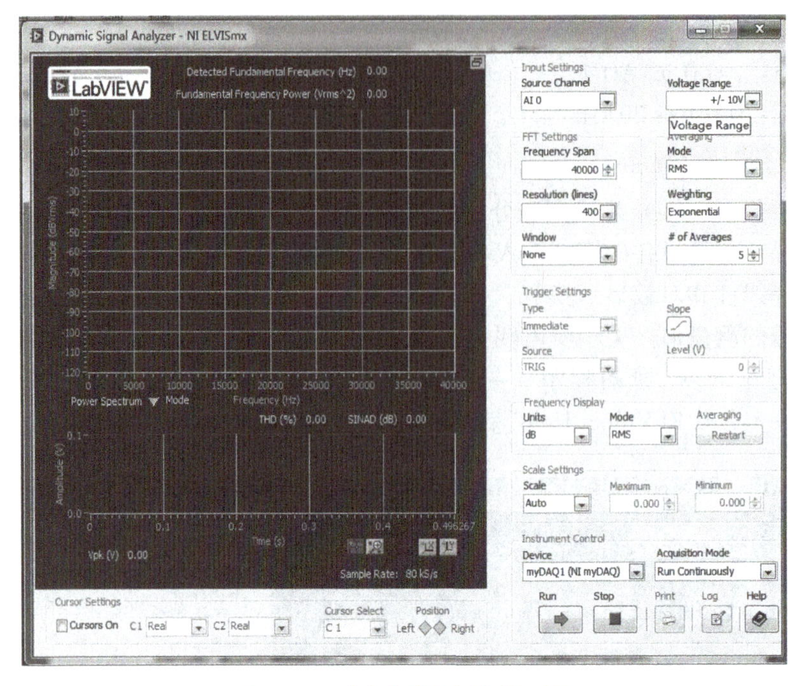

图 5-20 动态信号分析仪软面板

6. 任意波形发生器（ARB）

任意波形发生器（ARB）可生成自定义信号波形并显示，其软面板如图 5-21 所示。通过波形编辑器软件，用户可创建一系列类型的信号。波形编辑器软件包含在 NI ELVISmx 软件中。加载 NI Waveform Editor 创建的波形至任意波形发生器便可生成波形。关于波形发生器的详细信息，见 NI ELVISmx Help。如要访问该帮助文件，单击“开始”→“所有程序”→“National Instruments”→“NI ELVISmx for NI ELVIS & NI myDAQ”→“NI ELVISmx Help”。

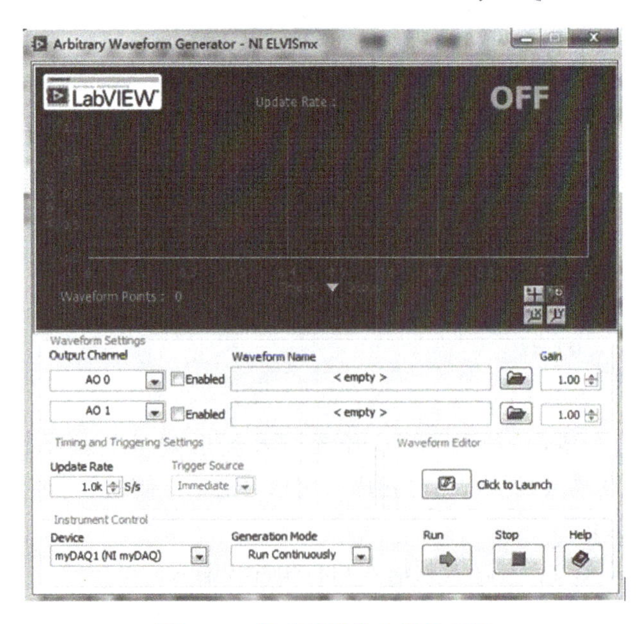

图 5-21 任意波形发生器软面板

由于设备带有两个 AO 和两个音频输出通道，可同步生成两个波形。用户可选择连续运行或运行一次。仪器的测量参数如下：

- 输出通道：AO 0 和 AO 1；左端音频输出和右端音频输出。AO 通道或音频输出通道均可用，但两者不能混合使用。
- 触发器源：仅限即时。该控件总是被禁用。

7. 数字读取器（DigIn）

数字读取器（DigIn）的软面板如图 5-22 所示。数字读取器将 I/O 数据线组合至端口，通过端口读取数据。上面的 8 个 LED 用于显示输入的对应端子的高低电平。可选择 4 位模式（0~3 或 4~7）或 8 位模式（0~7），分别用于读取 0-3 号端子、4-7 号端子和 0-7 号端子。数字读取器输出保持为锁定状态，直至生成另一个模式。

8. 数字写入器（DigOut）

数字写入器（DigOut）的软面板如图 5-23 所示。按用户指定的数字模式更新 NI myDAQ 通道。数字写入器将 I/O 数据线组合至端口，通过端口输出数据。上面的 8 个 LED 用于显示将要输出或者正要输出的逻辑电平的状态。用户可以写入 4 位模式（0~3 或 4~7）或 8 位模式（0~7）。用户也可以手动创建输出模式。

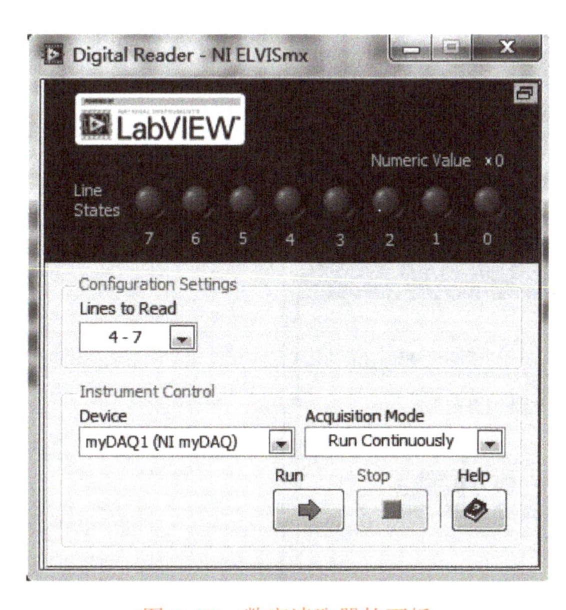

图 5-22　数字读取器软面板

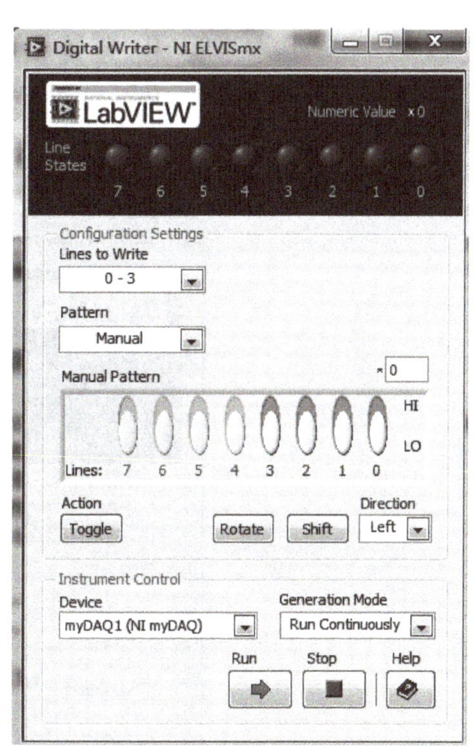

图 5-23　数字写入器软面板

5.5　虚拟仪器的实验

使用 NI myDAQ 提供的函数发生器、示波器、数字万用表和数字 I/O 等仪器进行元器件参数或电路参数测量。

【例 5-1】NI myDAQ 虚拟数字万用表的使用。

例 5-1 虚拟万用表的使用

1. 实验内容

1）测量电阻值，记录测量数据，与标称值进行比较。

2）检测 LED 质量好坏，记录参数。

3）在面包板上搭建 LED 基本电路，如图 5-24 所示。分别测量 LED 两端的电压及流过 LED 的电流，并记录数据。

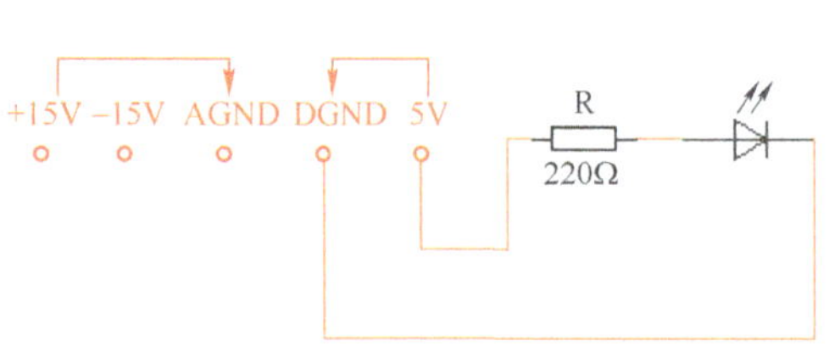

图 5-24　NI myDAQ 接口连线

2. 测量要点

（1）电阻值测量

1）测试表笔接入。将数字万用表的红表笔一端插入 NI myDAQ 上的 HI-V 接口，黑表笔一端插入 NI myDAQ 上的 COM 接口。

2）数字万用表电阻功能设置。在计算机上单击“开始”菜单→“所有程序”→“National instruments”→“NI ELVISmx for NI ELVIS & NI myDAQ”→“NI ELVISmx Instrument Launcher”，启动仪器软面板，然后打开数字万用表，如图 5-25 所示。

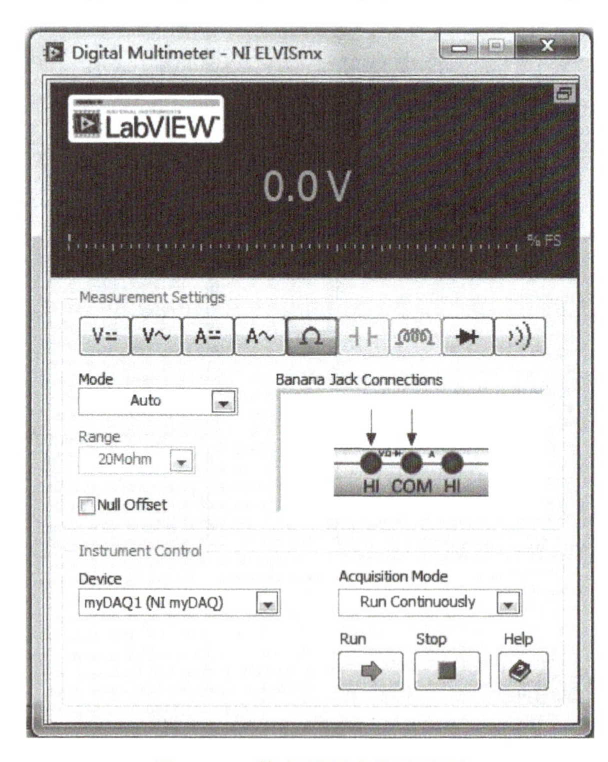

图 5-25　数字万用表设置界面

在“Measurement Settings”栏单击“电阻”按钮；“Mode”（模式）选择为“Auto”（自动），也可以选择“Specify Range”，那么要在下面的“Range”（量程）中选择对应量程；“Acquisition Mode”（采集模式）为“Run Continuously”（连续采集）；“Device”（测量设备）为“myDAQ1”。完成这些配置后，单击“Run”按钮开始测量。

3）测量操作。用万用表的红黑表笔接触被测电阻的两端，读取并记录测量值，最后单击“Stop”按钮停止测量。注意避免带电测量电阻，如果被测电阻在某个电路中，则需先断开被测电阻的电源及连接导线后再进行测量。测量过程中，测试表笔应与被测电阻接触良好，以减少接触电阻的影响；手不得触及表笔的金属部分，以防止人体电阻与被测电阻并联，引起不必要的测量误差。

（2）电压测量

1）测试表笔接入。将数字万用表的红表笔一端插入 NI myDAQ 上的 HI-V 接口，黑表笔一端插入 NI myDAQ 上的 COM 接口。

2）数字万用表电压功能设置。在“Measurement Settings”栏，如果测量直流电压，则单击“直流电压”按钮，如果测量交流电压，单击“交流电压”按钮；“Mode”选择为“Auto”，如果选择“Specify Range”，则在下面的“Range”中选择对应量程；“Acquisition Mode”为“Run Continuously”；“Device”为“myDAQ1”。完成这些配置后，单击“Run”按钮开始测量。

3）测量操作。将万用表表笔并联在被测电路的两端，红表笔所接触点的电压与极性将显示在屏幕上。读取并记录数据，最后单击“Stop”按钮停止测量。

（3）电流测量

1）测试表笔接入。将数字万用表的红表笔一端插入 NI myDAQ 上的 HI-A 接口，黑表笔一端插入 NI myDAQ 上的 COM 接口。

2）数字万用表电流功能设置。在“Measurement Settings”栏，如果测量直流电流，则单击“直流电流”按钮；如果测量交流电流，单击“交流电流”按钮；其他选项配置同前面一样，最后单击“Run”按钮开始测量。

3）测量操作。将万用表表笔串联接入被测电路中，则所测电路的电流值与极性将显示在屏幕上。读取并记录数据，最后单击“Stop”按钮停止测量。

（4）检测二极管

将数字万用表的红表笔一端插入 NI myDAQ 上的 HI-V 接口，黑表笔一端插入 NI myDAQ 上的 COM 接口。单击“二极管”按钮，并将表笔连接至待测二极管。对于普通二极管，如果正常，则显示正向电压值为 0.5~0.8 V（硅管）或者 0.2~0.3 V（锗管）。对于 LED，其正向导通电压较大，通常在 1.7~3.5 V 之间，用红表笔接 LED 的正极，黑表笔接负极，LED 能发出微弱的光。如果 LED 的正、负极接反，则不发光，据此也可判定 LED 的正负极及好坏。

（5）检测电路的通断

将黑表笔插入 COM 接口，红表笔插入 HI-V 接口，单击“通断”按钮，让表笔接触被测电路两端，若蜂鸣器发出嘟嘟声，则说明电路是导通的，反之则不导通。

（6）面包板的结构

可以将小功率的常规电子元器件直接插入面包板，利用单芯线完成连线，搭建出简易的电路。图 5-26 所示为 800 孔面包板，板底部有金属条，一般将每 5 个孔用一条金属条连接。元件插入孔中能够与金属条接触，从而达到导电目的，板中央一般有一条凹槽，这主要是针对集成电路芯片实验而设计的。

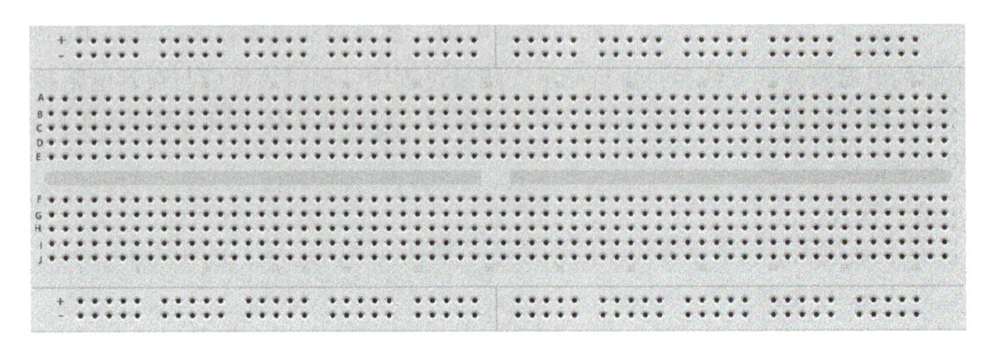

图 5-26　800 孔面包板

面包板上方第一行标有“+”的横排和第二行标有“-”的横排：每排 10 组，每组 5 个孔，每组横向 5 个插孔连通。这 10 组有的内部横向全部连通，有的不是全部连通（前面 3 组相通，中间 4 组相通，后面 3 组相通）。通常这两排安排引入电源正极和电源负极。面包板下方第一行与第二行结构同上。如需用到整个面包板，通常将“+”与“+”用导线连接起来，“-”与“-”用导线连接起来。

中间连接孔被凹槽分为上下两部分，用来插接元器件和跳线。从上向下，左侧标有“A、B、C、D、E”竖向 5 个孔为一列，在垂直方向连通，同样标有“F、G、H、I、J”竖向 5 个孔为一列，在垂直方向连通，列和列之间以及凹槽上下部分是不连通的。

插入元器件时，要确保元器件引脚和面包板底部的金属条接触良好。

【例 5-2】NI myDAQ 虚拟函数发生器与示波器的使用。

1. 实验内容

设置函数发生器（FGEN）输出正弦波信号，电压 Vpp = 1 V，频率为 1 kHz，利用示波器（Scope）测量该信号的电压参数和时间参数。

2. 测量要点

（1）硬件连线

将信号的输出通道（对应 AO 0 和 AGND 两个端子）连至模拟输入通道 AI 0（AI 0+和 AI 0- 两个端子）上，连线如图 5-27 所示。

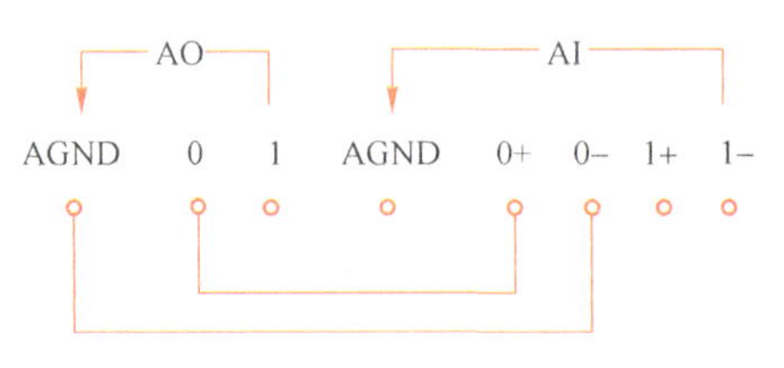

图 5-27　NI myDAQ 接口连线

（2）函数信号发生器面板与参数设置

打开软面板中的 FGEN，面板按钮如图 5-28 所示。

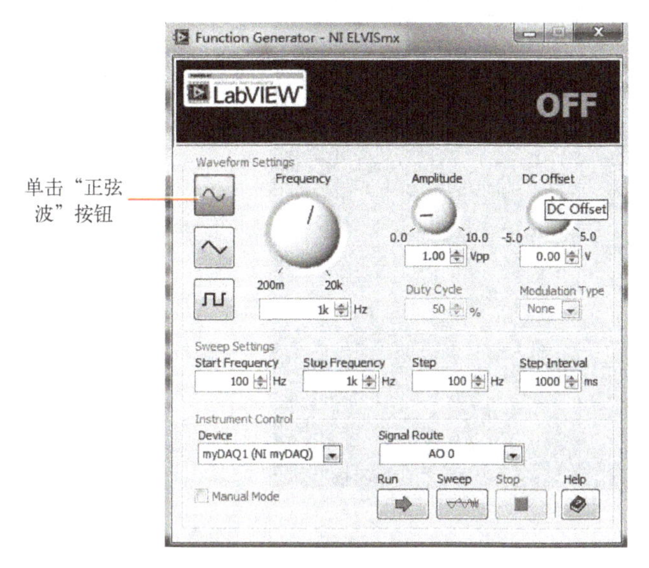

图 5-28　函数信号发生器软面板

1）Waveform Settings：设置基本波形，单击“正弦波”按钮。

2）Frequency：设置频率。使用键盘输入频率的数值或者使用旋钮将频率设置为 1000 Hz。

3）Amplitude：设置幅度。使用键盘输入幅度的数值或者使用旋钮将幅度设置为 1.00，表示信号峰-峰值 Vpp。

4）DC Offset：设置直流偏移电压。使用键盘输入偏移的数值或者使用旋钮设置为 0。

5）Duty Cycle：设置矩形波的占空比，默认为 50%。

6）Modulation Type：调制类型，默认为 None（未设）。

7）Sweep Settings：扫描设置，采用默认值，即 Start Frequency（起始频率）设置为 100，Stop Frequency（终止频率）设置为 1 k，Step（步长）设置为 100，Step Interval（步长间隔）设置为 1000。

8）Instrument Control：仪器控制，Device（设备）默认为 myDAQ1（NI myDAQ）。

9）Signal Route：选择信号输出通道。这里选择 AO 0。

10）完成已选波形的参数设置之后，最后单击“Run”按钮，函数发生器从 AO 0 接口送出 1000 Hz、1 V 的正弦信号。

（3）示波器面板及参数设置

打开软面板中的 Scope，面板按钮如图 5-29 所示。

1）通道设置：Channel 0 Settings（0 通道设置）是在 Source（源）下选择 AI 0；Channel 1 Settings（1 通道设置）是在 Source（源）下选择 AI 1。勾选“Enabled”复选框，从而使波形在屏幕上为可显示状态。

2）Probe：探测器倍数，默认为 1x；

3）Coupling：耦合方式，默认为 DC（直流耦合）。

4）Scale Volts/Div：电压刻度/格，大小可通过其旋钮或者下方的数值输入框设置。

5）Vertical Position（Div）：垂直方向位置，默认为 0。

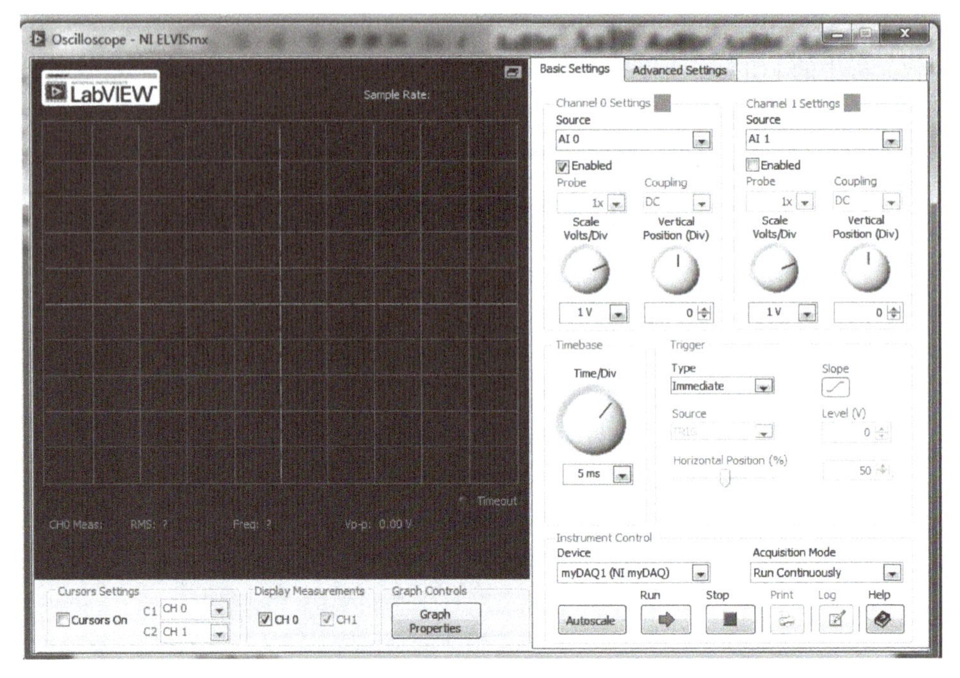

图 5-29　示波器软面板

6）Timebase：时间基准，Time/Div（时间/格）值大小可通过其旋钮或者下方的数值输入框设置。

7）Trigger：触发，Type（类型）默认为 Immediate（立即）。

8）Instrument Control：仪器控制，Device（设备）默认为 myDAQ1（NI myDAQ）。

9）单击“Run”按钮，调节 Scale Volts/Div 和 Time/Div 大小，在虚拟示波器上观察到正弦信号，可以从屏幕上读取 Means（平均值）、RMS（有效值）、Freq（频率）、Vpp（峰-峰值）。

【例 5-3】 NI myDAQ 虚拟仪器综合实验。

1. 实验内容

在面包板上搭建电路（见图 5-30），测量运算电路放大倍数并显示输出波形。

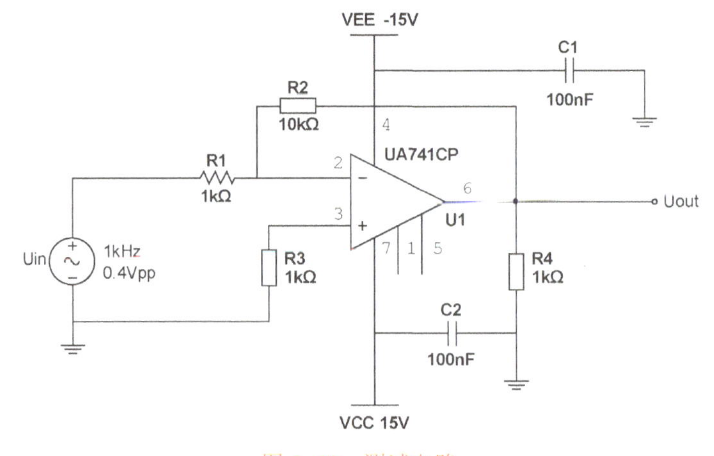

图 5-30　测试电路

2. 实验要点

1）DAQ 的+15 V/-15 V 电源输出为集成运放芯片提供正负电源，注意电源千万不要接反。

2）将函数发生器设置为 1 kHz、0.40 Vpp 的正弦波，AO 0 通道输出，如图 5-31 所示。将该信号加到电路的输入端 Uin。

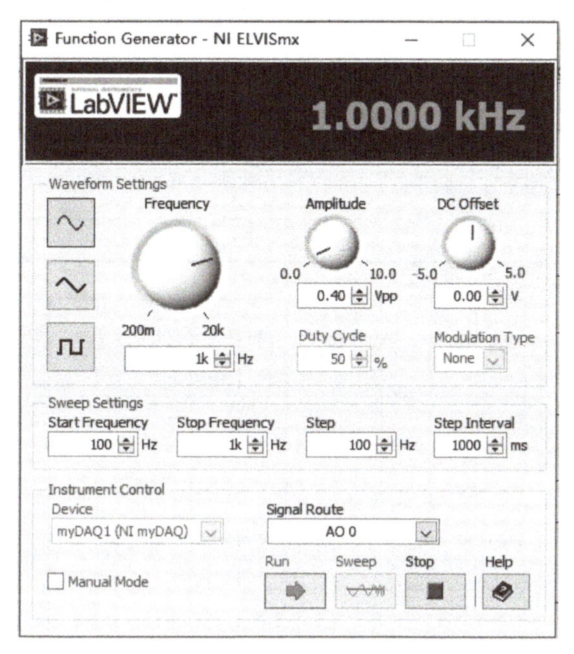

图 5-31　函数发生器设置

3）用示波器同时观测电路输入信号 Uin 和输出信号 Uout 波形。

4）检查电路的接线，最后单击函数发生器和示波器上的“Run”按钮，调节示波器面板上的 Scale Volts/Div 和 Time/Div 旋钮，使波形以合适的宽度和高度显示。在示波器上观察输入、输出波形，如图 5-32 所示，输出与输入信号呈反相比例的关系。

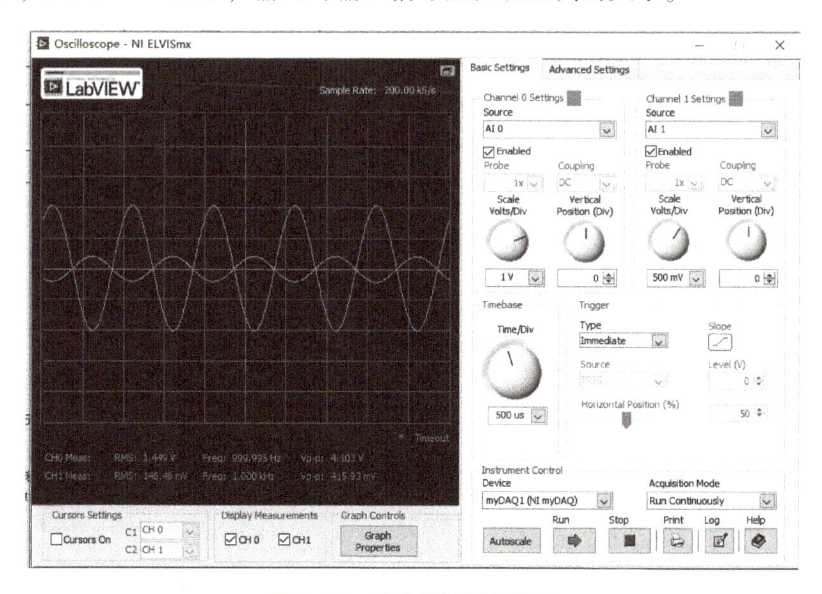

图 5-32　示波器设置与显示

5）在表 5-4 中记录输出信号 Uout 和电路的相关参数，并在图 5-33 中绘制波形。

6）关闭函数发生器和示波器。

表 5-4 输出信号参数记录

<table>
<tr><td rowspan="2">电压测量</td><td>偏转因数</td><td>波峰与波谷在垂直方向所占格数</td><td>Vpp（峰-峰值）</td><td>Uout（有效值）</td></tr>
<tr><td></td><td></td><td></td><td></td></tr>
<tr><td rowspan="2">频率测量</td><td>时基因数</td><td>一个周期在水平方向所占格数</td><td>周期</td><td>频率</td></tr>
<tr><td></td><td></td><td></td><td></td></tr>
<tr><td rowspan="2">放大倍数</td><td colspan="2">理论值</td><td colspan="2">测量值</td></tr>
<tr><td colspan="2"></td><td colspan="2"></td></tr>
</table>

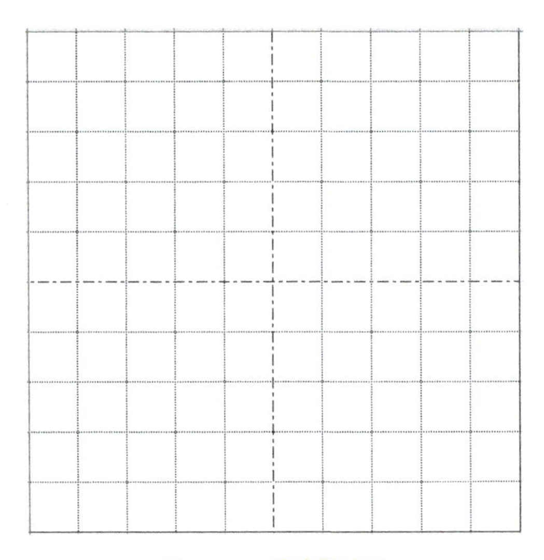

图 5-33 示波器波形

思考与练习

1. 常用的电子测量仪器有哪些？各有什么作用？
2. 阐述数字万用表的使用方法和注意事项。
3. 简述虚拟万用表（DMM）判别发光二极管极性及性能好坏的过程。
4. 阐述直流稳压电源的使用方法和注意事项。
5. 列出虚拟示波器（Scope）面板上各按钮的名称和功能。

应用篇

虚拟仪器技术包括硬件、软件、系统设计等要素，本篇围绕这些要素，以项目的形式展开，共有 5 章。第 6 章介绍利用 LabVIEW 软件和 NI myDAQ 硬件进行模拟信号和数字信号采集的方法。第 7 章讲解如何利用虚拟仪器软件和硬件实现对外界实际对象的测量与控制。第 8 章介绍 LabVIEW 程序结构的综合应用案例，详细介绍虚拟仪器程序设计过程。第 9 章介绍 LabVIEW 串口通信原理及串口调试助手的设计和调试过程。第 10 章介绍如何用 LabVIEW 控制单片机，以 MCS-51 单片机和 Arduino 开发板为硬件载体，系统地讲解软硬件设计原理和实现过程。

读者经过前述基础篇的学习，有了一定理论知识背景和 LabVIEW 编程基础，可以顺利完成本篇的综合项目。

学习是个循序渐进的过程，通过本篇项目的练习和实践，可以不断加深概念的理解和技能的提升，并逐步提高将虚拟仪器技术应用到实际工程中的能力。

第6章　NI myDAQ 数据采集

虚拟仪器测试系统的硬件构成有传感器、信号调理模块、数据采集设备和计算机等。其中数据采集设备主要完成信号的采集和生成。在前面介绍了数据采集的相关理论知识和LabVIEW 开发工具使用的基础上，本章主要介绍数据采集的实施过程，选用的数据采集设备是 NI myDAQ。

6.1　数据采集实现方法

在 LabVIEW 的数据采集程序设计过程中，有两个基本概念：任务和通道。一个数据采集过程被称为一个“任务”。“任务”包含一个或多个具有定时、触发等属性的“虚拟通道”。可将所有配置信息设置并保存在一个“任务”中，并用于某个应用程序。“虚拟通道”实际上是一些属性的集合，包括名称、物理通道、输入连接、测量或产生的信号类型等。“物理通道”是指用于测量或产生信号的硬件设备的接线端或引脚，数据采集设备上的物理通道应该有唯一的名称。

在 LabVIEW 环境下，数据采集过程包括 5 个基本环节：创建任务、配置任务、开始任务、读取/写入数据、清除任务。实现数据采集过程有两种方法，分别是利用 DAQ 助手和 DAQmx VI。

6.1.1　DAQ 助手

DAQ 助手是用于配置通道、任务和换算的图形化界面。采用 DAQ 助手实现模拟信号数据采集的步骤是：

1）完成硬件连线，即将被测信号连至采集卡的模拟输入通道上。

2）在程序框图中调用 DAQ 助手，如图 6-1 所示，可以创建 DAQmx 任务。

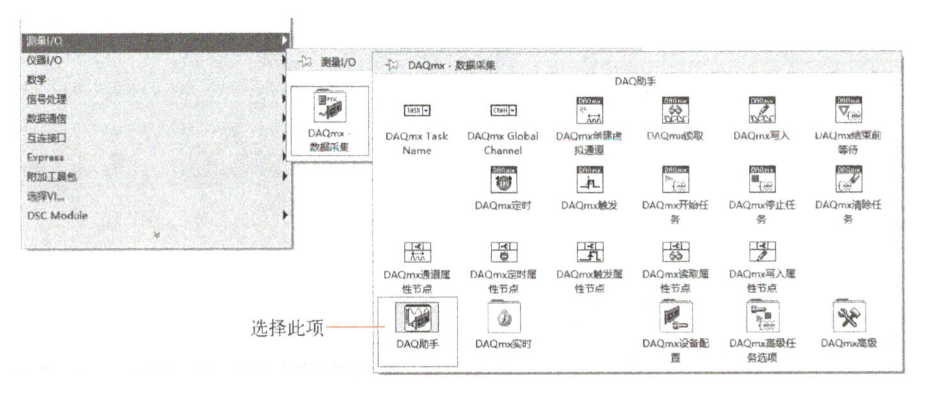

图 6-1　调用 DAQ 助手

3）在弹出的“新建”窗口中选择任务的测量类型：“采集信号”→“模拟输入”→“电压”，如图 6-2 所示。

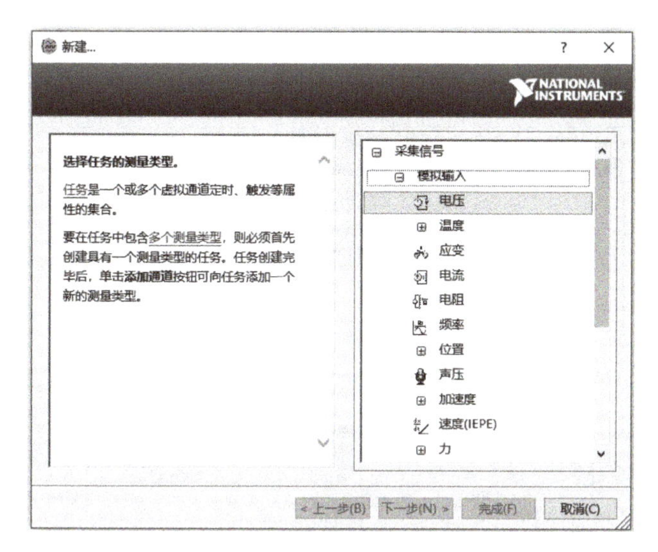

图 6-2　选择任务的测量类型

4）选择信号输入的物理通道“ai0”，如图 6-3 所示。

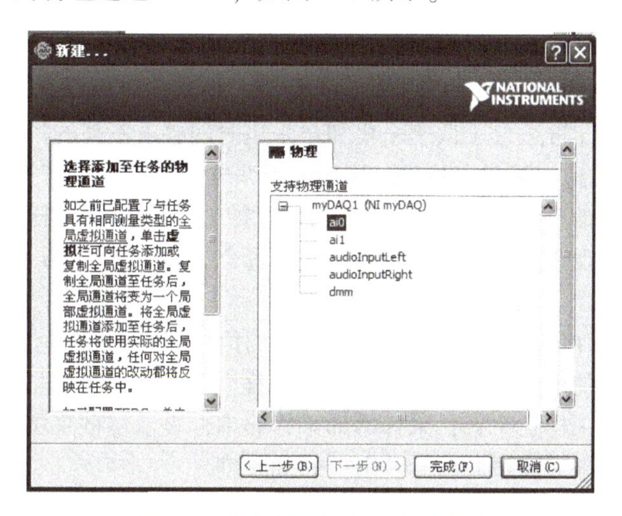

图 6-3　选择信号输入的物理通道

5）设置采样模拟信号的一些参数，如图 6-4 所示。

① 信号输入范围：设置模拟输入信号的范围，即分别在“最大值”和“最小值”中输入相应值。为了提高 A/D 的分辨率，可以根据输入信号的实际大小设置模拟信号的最大值和最小值。

② 接线端配置：有“差分”“RSE”“NRSE”3 种方式，一般采用“差分”方式。

③ 采集模式：有以下几种方式。

- 1 采样（按要求）：通常称为单点软触发采集。通过软件触发采集，每次只采集被测信号的一个数据点。这里按要求的含义是根据驱动程序读取采样的函数运行时刻决定采集的时刻，如一般的 A/D 转换芯片都需要一个启动信号（Start），Start 管脚接收到一个脉

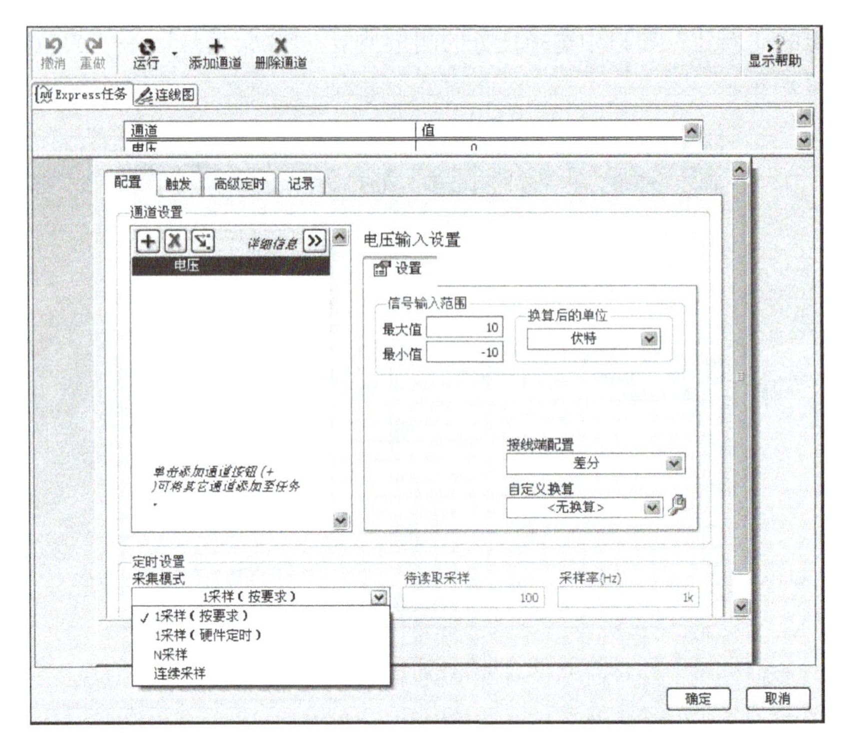

图 6-4　设置采样参数

冲后，启动 A/D 转换过程。1 采样（按要求）模式使用简单，不需要开辟专门的线程和内存缓冲区，非常适合于低速采集和对采集时间要求不高的场合。

- 1 采样（硬件定时）：通常称作硬件定时单点采样，每次只采集被测信号的一个数据点。这里硬件定时指的是采用板卡内部的专门时钟来自动控制采样。与 1 采样（按要求）相比，它可以实现更加稳定精确地定时，适合自动化领域方面的应用，如高速 PID 控制。
- N 采样：也称为有限采样，表示每次采集被测信号的 N 个样本点。如果要采集一段有限长的随时间变化的信号，就可以选择“N 采样”，且要设置样本数和采样率。样本数决定了一次采集的采样点个数；采样率即采样频率，表示每秒采集多少个样本点。两个参数决定了一次有限采集被测信号波形的时间长度。
- 连续采样：当要连续不断地监测信号的变化时，应选用“连续采样”模式，这种模式下也需要设置样本数和“采样率”。

这里采样模式选择“1 采样（按要求）”。

6）单击“确定”按钮，完成配置。

7）在 DAQ 助手上出现了数据端口。通过添加波形图、运行程序，观察采集的信号波形。

6.1.2　DAQmx VI

DAQmx VI 位于 LabVIEW 的“函数”选板→“测量 I/O”→“DAQmx 数据采集”子选板中。每个具体的 DAQmx VI 都是一个多态 VI。所谓多态 VI，是指具有相同连接器形式的多个 VI 的集合，其中每个 VI 都称为该多态 VI 的一个实例，在使用时，根据实际需求选择其中的一个实例。多态 VI 的输入端子和输出端子均可以接收或输出不同类型的数据。不同的 DAQmx

VI 之间通常采用任务和错误簇进行连接。

对应数据采集的创建任务、配置任务、开始任务、读取/写入数据、清除任务这 5 个基本环节，常用的 DAQmx VI 有：

1）DAQmx 创建虚拟通道：建立虚拟通道和任务。

2）DAQmx 定时：设置采样时钟的源、频率，采集或生成的采样数量等。

3）DAQmx 开始任务：开始数据采集或产生即将输出的数据。

4）DAQmx 读取/DAQmx 写入：从指定的虚拟通道或任务读取数据/向指定的虚拟通道或任务写入数据。

5）DAQmx 停止任务/DAQmx 清除任务：停止数据采集或者停止产生数据的输出/停止任务并清除（释放）资源。

6.2 测量模拟输入

模拟输入是采集外部的模拟信号再经过 ADC 芯片转化成计算机可以识别的数字信号。

6.2.1 利用 DAQ 助手单次采集电压

【例 6-1】利用 DAQ 助手采集一个 3 V 的直流电压，完成模拟量输入通道、任务通道、任务配置并显示。

实验步骤：

1）这里被测直流电压由 NI myDAQ 提供，方法是打开虚拟仪器软面板，选择 “DC Level Output”，如图 6-5 所示。

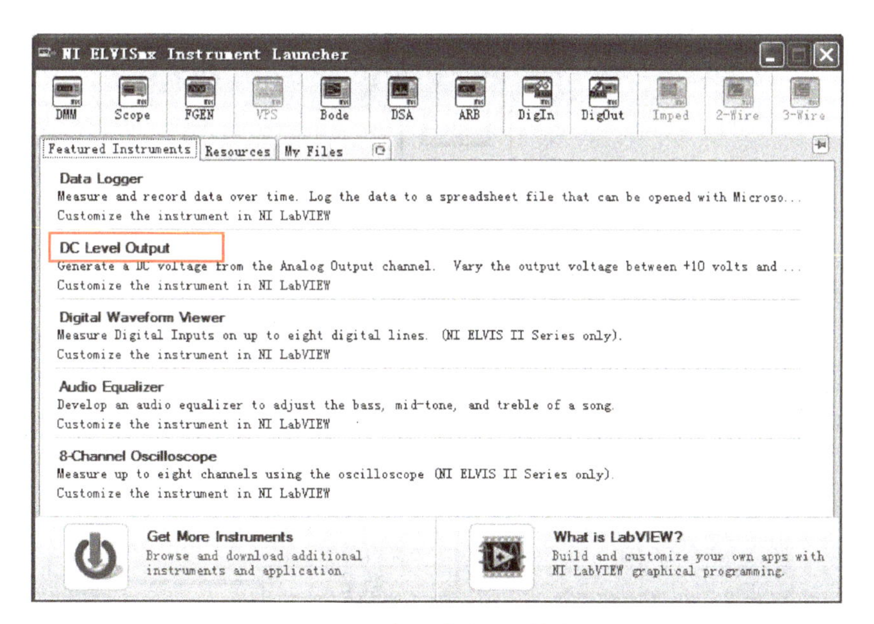

图 6-5　打开直流电压输出

2）设置直流输出电压为 3 V，从 AO 0 通道输出，如图 6-6 所示。

3）硬件连线，将被测直流电压的输出端 AO 0 和 AGND 分别与模拟输入通道 AI 0+和 AI 0-相连，如图 6-7 所示。

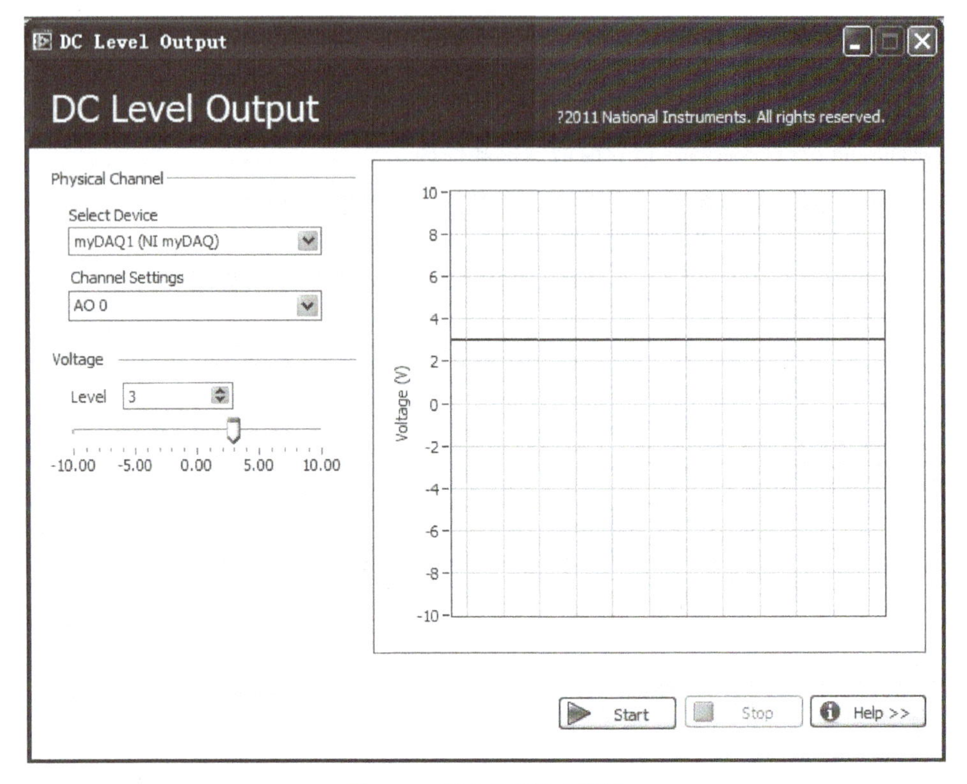

图 6-6 直流电压输出设置

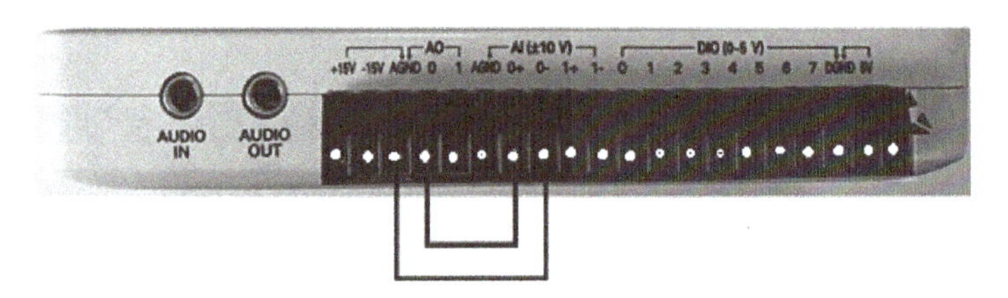

图 6-7 硬件连线示意图

4）在前面板添加数值或图形控件，用于显示被测电压值。

5）设置 DAQ 助手参数，完成程序设计。

6）单击直流电压输出面板上的“Start”按钮，运行 VI 程序，测量结果如图 6-8 所示。

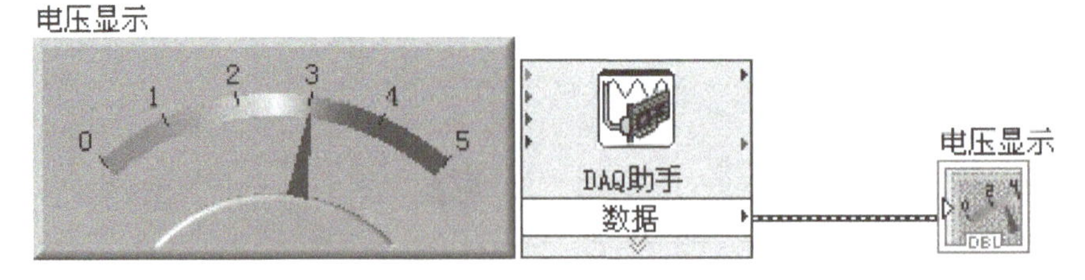

图 6-8 前面板电压指示

6.2.2 利用 DAQmx VI 单次采集电压

【例 6-2】应用 DAQmx VI 采集一个 3 V 的直流电压并显示。

步骤：

1）新建一个 VI，在前面板上添加“仪表”控件，设置仪表控件的刻度范围。

2）切换到程序框图，添加“DAQmx 创建虚拟通道”函数（“函数”选板→“测量 I/O”→“DAQmx 数据采集”）。

① 在多态 VI 选择器中选择“模拟输入”→“电压”。

② 在物理通道输入接线端，鼠标右击，从快捷菜单中选择“创建”→“输入控件”，这时为前面板创建好了一个物理通道控件，如图 6-9 所示。

3）添加“DAQmx 开始任务”功能函数（“函数”选板→“测量 I/O”→“DAQmx 数据采集”）。

4）添加 while 循环。

5）在循环内添加“DAQmx 读取”功能函数（“函数”选板→“测量 I/O”→“DAQmx 数据采集”），该 VI 的功能是从指定的任务或通道读取数据。它允许采集不同的类型，主要有模拟、数字或计数器、模拟通道数、采集数和数组等。

选择“模拟”→“单通道”→“单采样”→“DBL”。该选项是从一条通道返回一个双精度浮点型的模拟采样。

6）在循环内添加“等待下一个整数倍毫秒”功能函数（“函数”选板→“编程”→“定时”）。在毫秒倍数接线端，选择“创建”→“常量”，并设置常量值为 10。

7）添加“DAQmx 清除任务”功能函数。在清除之前，VI 将停止该任务，并在必要情况下释放任务占用的资源。

8）添加“简易错误处理器”功能函数（“函数”选板→“编程”→“对话框与应用”），程序出错时，该 VI 显示出错信息和出错位置。

9）同例 6-1 一样完成硬件连线，将被测模拟直流电压接入 AI 0 通道。

10）选择物理通道后，DAQ 的 DC Level Output 输出 3 V 直流电压，运行 VI，观察仪表控件显示，保存 VI。

前面板和程序框图如图 6-9 所示。

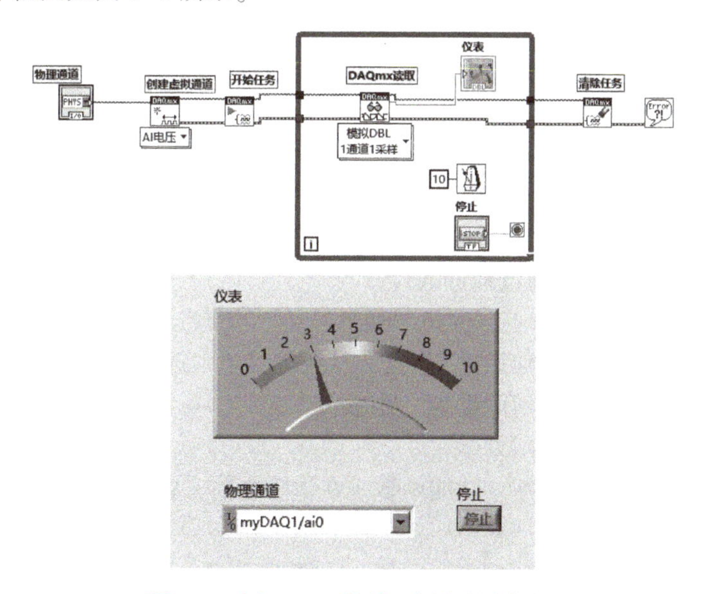

图 6-9　例 6-2 VI 的前面板和程序框图

6.2.3 电压数据连续采集和显示

【例 6-3】电压数据连续采集和显示。

连续数据采集或者说实时数据采集，是在不中断数据采集过程的情况下不断向计算机返回采集数据。开始数据采集后，DAQ 不断地采集数据并将数据存在指定的缓冲区，然后 LabVIEW 每隔一段时间将一批数据送入计算机进行处理。如果缓冲区放满了，DAQ 就会重新从内存起始地址写入新数据，覆盖原来数据。这个过程一直持续，直到采集到了指定数目的数据，或者 LabVIEW 中止了采集过程，或者程序出错。这种工作方式对于需要把数据存入磁盘或者观察实时数据很有用。

步骤：

1）新建一个 VI，在前面板上添加“波形图表”控件和“停止”按钮。

2）切换到程序框图，添加“DAQmx 创建虚拟通道”函数（“函数”选板→“测量 I/O”→“DAQmx 数据采集”）。

① 在多态 VI 选择器中选择“模拟输入”→“电压”。

② 在物理通道输入接线端，选择“创建”→“输入控件”。

3）添加“DAQmx 定时”函数。

① 在多态 VI 选择器中选择采样时钟。

② 在速率输入端，右击，从快捷菜单中选择“创建”→“输入控件”。

③ 在采样模式接线端，右击，从快捷菜单中选择“创建”→“常量”，并设置为连续采样。

4）添加“DAQmx 开始任务”函数（“函数”选板→“测量 I/O”→“DAQmx 数据采集”）。

5）添加 while 循环。

6）在循环内添加“DAQmx 读取”功能函数，该 VI 用于读取由多态 VI 选择器指定类型的测量数据。

① 选择“模拟”→“单通道”→“多采样”→“波形”。

② 在每通道采样数输入接线端，右击，从快捷菜单中选择“创建”→“常量”，设置常量为 100。

7）在循环内添加“等待 ms”功能函数。在毫秒倍数接线端，选择“创建”→“常量”，并设置常量值为 10。

8）在 while 循环内添加“DAQmx 读取属性节点”（“函数”选板→“测量 I/O”→“DAQmx 数据采集”），配置通道读取的属性。

① 设置 DAQmx 读取属性节点，选择“属性”→“状态”→“每通道可用采样”。

② 在每通道可用采样输出接线端，右击，从快捷菜单中选择“创建”→“显示控件”。

9）在循环内添加“按名称解除捆绑”函数（“编程”→“簇”）。

10）在循环内添加“或”函数。

11）添加“DAQmx 清除任务”功能函数。在清除之前，VI 将停止该任务，并在必要情况下释放任务占用的资源。

12）添加“简易错误处理器”功能函数（“函数”选板→“编程”→“对话框与应用”），程序出错时，该 VI 显示出错信息和出错位置。按图 6-10 完成程序。

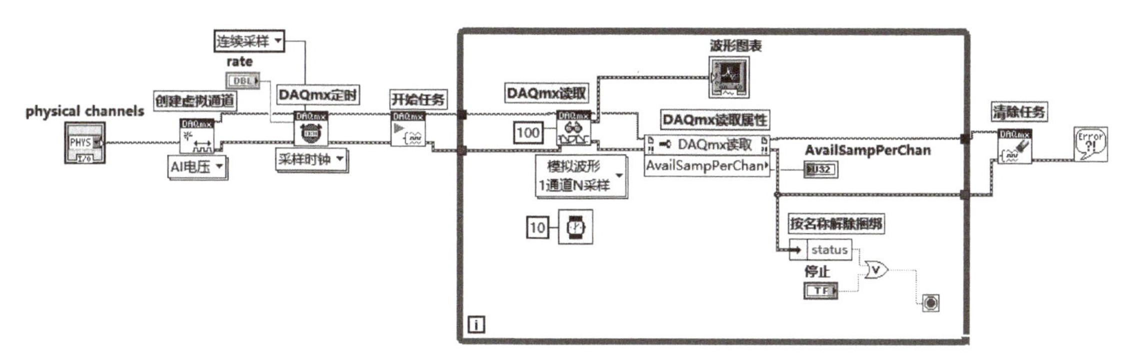

图 6-10　例 6-3 程序框图

13）选择物理通道，采集 DAQ 输出的 5 V 直流电压，将速率设为 100 000，运行 VI。观察每通道可用采样显示，如果采集的速度大于读取的速度，缓冲区会逐步填满并溢出。采样率为 100 000 Hz，仿真过程持续 1 ms 时，缓冲区可能会溢出，程序停止并报错。将采样率减小为 1000 Hz，运行，观察每通道可用采样显示控件的变化。

14）保存文件。

运行结果如图 6-11 所示。

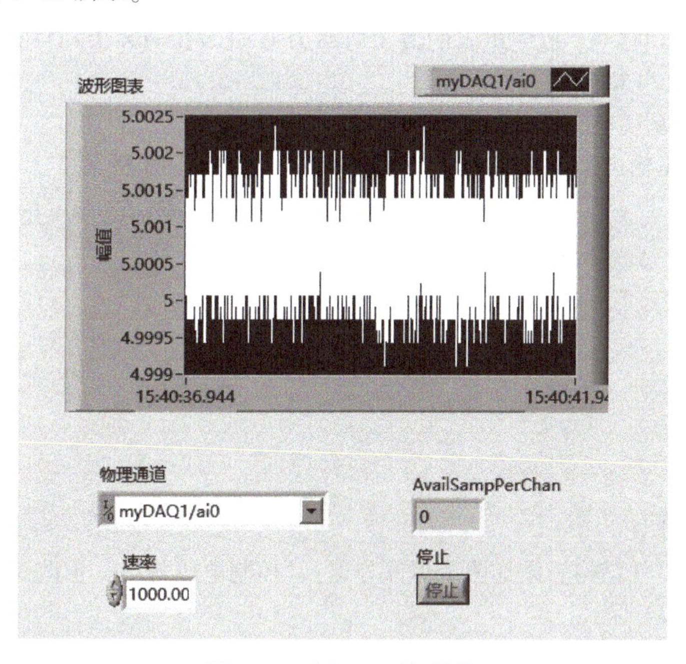

图 6-11　例 6-3 运行结果

6.3　产生模拟输出

很多情况下需要用数据采集卡输出模拟信号，这些模拟信号包括稳定的直流信号和随时间连续变化的信号。模拟输出是由计算机给采集卡数字信号，再经过 DAC 将数字信号转换为模拟信号向外输出。

模拟输出的性能指标主要有：范围、分辨率、精度、建立时间。

- 范围：表示 DAC 输出的电压范围。

- 分辨率：反映输出模拟量对数字量变化的敏感度，常用数字量的位数 n 表示。一个 n 位线性 DAC 能分辨的最小电压是 DAC 输出范围的 $1/2^n$，这个电压值为 1 LSB。
- 精度：理论值与实际测量值的差距。DAC 位数越多，精度越高。DAC 范围越大，精度越低。
- 建立时间：是指从输入数字量开始突变，直到输入电压进入稳态值相差±0.5 LSB 范围内的时间，反映 DAC 从一个稳态值到两个稳态值的所需时间。超高速的 DAC 建立时间小于 1 μs，低速的 DAC 建立时间大于 100 μs。建立时间短的 DAC，可以产生更高的输出信号频率。

【例 6-4】利用 DAQ 助手输出一个可控的直流电压，来驱动 LED 灯的亮与灭。

例 6-4

步骤：

（1）硬件连线

在面包板搭建电路，如图 6-12 所示，DAQ 输出的电压 U 从 AO 0 端口送出。

LED 正向导通电压较大，通常在 1.7~3.5 V 之间；同时发光的亮度随通过的正向电流增大而增强，工作电流通常为 2~25 mA，典型工作电流约为 10 mA，高亮度 50 mA 即可。通过前面板旋钮控制采集卡电压输出，电压范围是 0~10 V，如果电流按 20 mA 计算，限流电阻为 (10-1.7) V/20 mA = 415 Ω。此时电阻的最大功率为 $P=U^2/R=(8.3^2/415)$ W = 0.166 W，选用金属膜电阻功率为 1/4 W 是安全的。

（2）设计前面板

前面板放置电压输出调节旋钮，量程为 0~10 V，如图 6-13 所示。

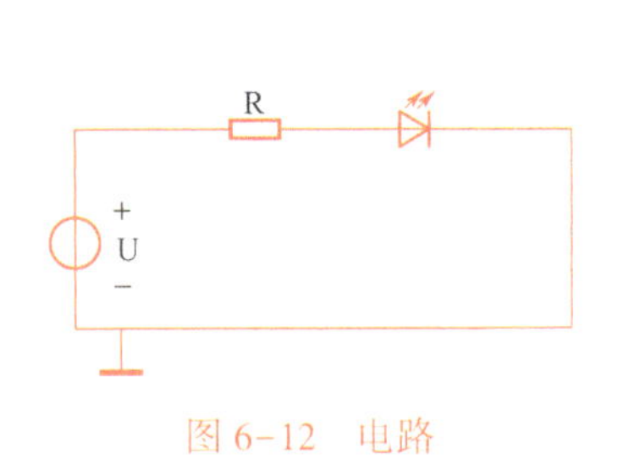

图 6-12　电路

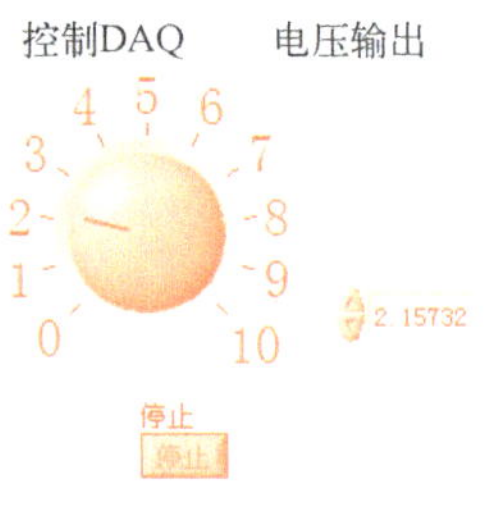

图 6-13　前面板

（3）设计程序框图

在循环内添加事件结构。添加两个事件分支：“控制电压输出”值改变分支和“停止”值改变分支，如图 6-14 所示。

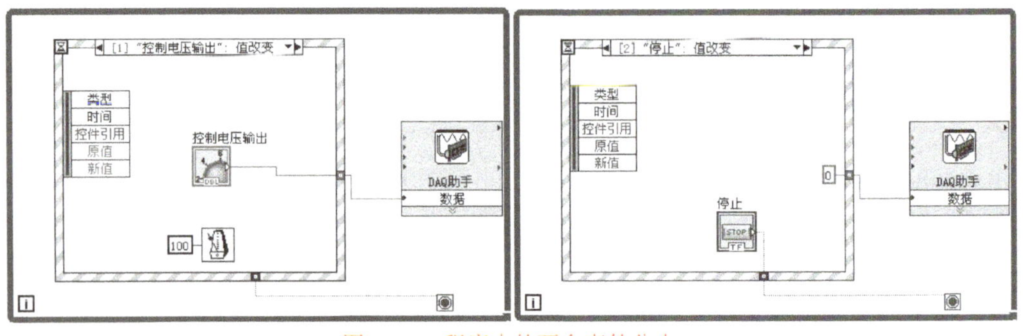

图 6-14　程序中的两个事件分支

配置 DAQ 助手，这里选择“1 采样（按要求）”，如图 6-15 和图 6-16 所示。

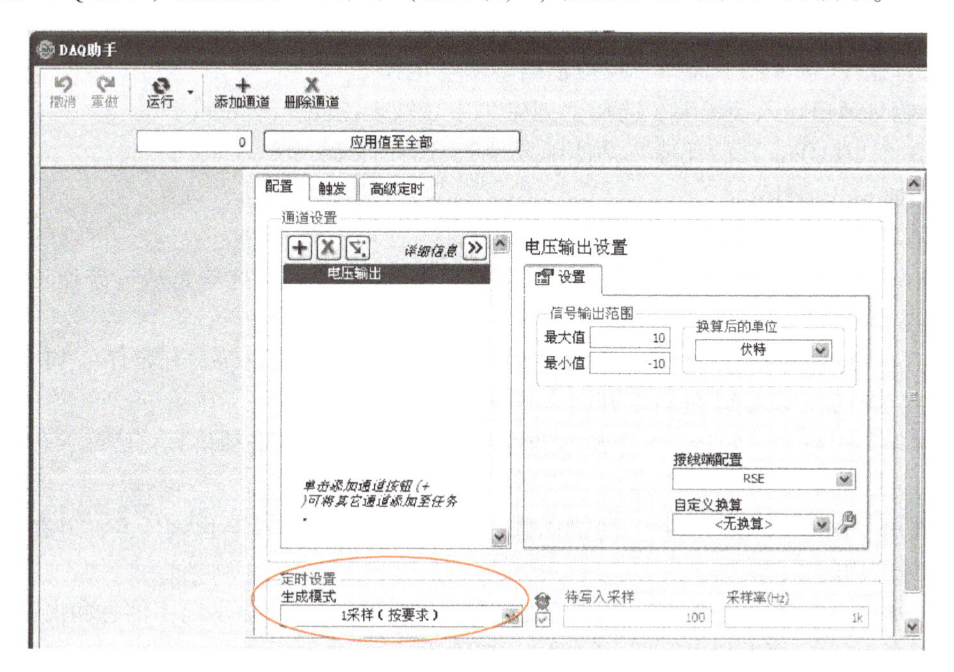

图 6-15　生成模式选择

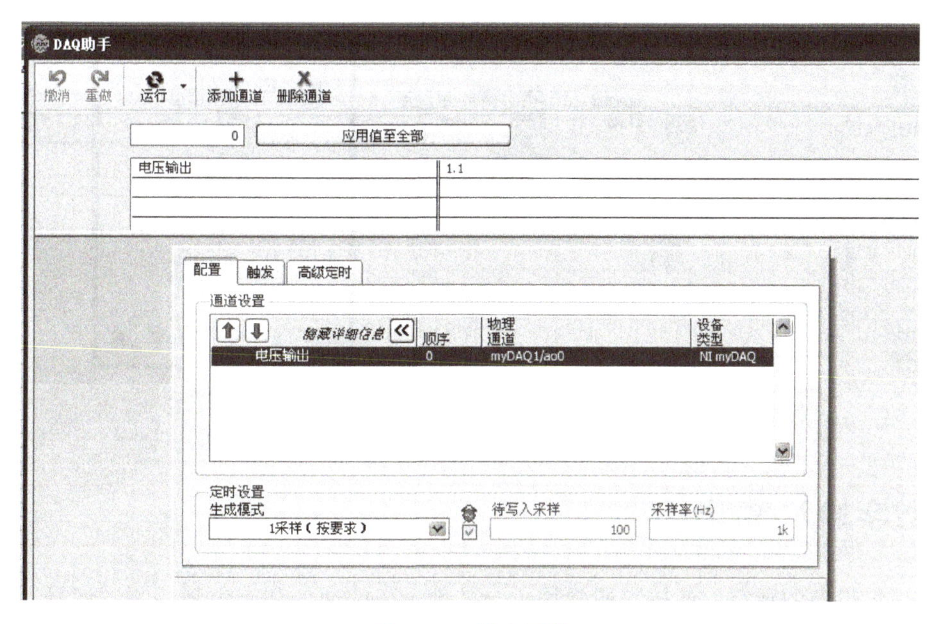

图 6-16　输出通道

（4）运行调试

调节前面板电压控制旋钮使输出电压从 0~10 逐渐增大，当电压慢慢增大至 1.7 V 时灯亮，随着电压增大，亮度逐渐增大，当按下“停止”按钮时，程序停止，灯熄灭。

【例 6-5】采用 DAQmx VI 在模拟输出通道上生成可变直流电压，电压从 AO 0 输出。

步骤：

1）新建一个 VI，在前面板上添加“水平指针滑动杆”控件，设置仪表控件的刻度范围。

2）切换到程序框图，添加“DAQmx 创建虚拟通道”函数（“函数”选板→“测量I/O”→“DAQmx 数据采集”）。

① 在多态 VI 选择器中选择“模拟输出”→“电压”。

② 在物理通道输入接线端，选择“创建”→“输入控件”。

3）添加“DAQmx 开始任务”功能函数。

4）添加 while 循环。

5）在循环内添加“DAQmx 写入”功能函数。

① 选择“模拟”→“单通道”→“单采样”→“DBL”。该选项是从一条通道写入一个双精度浮点型的数据。

② 在自动开始接线端，创建一个常量 F。因为该 VI 将通过 DAQmx 开始任务 VI 启动运行，所以必须将 DAQmx 写入 VI 的自动开始常量设为 FALSE。

6）在循环内添加“等待下一个整数倍毫秒”功能函数。在毫秒倍数接线端，创建常量值为 10。

7）添加“DAQmx 清除任务”功能函数。在清除之前，VI 将停止该任务，并在必要情况下释放任务占用的资源。

8）添加“简易错误处理器”功能函数，程序出错时，该 VI 显示出错信息和出错位置。

9）保存 VI，前面板和程序框图如图 6-17 所示。

10）选择物理通道后，运行 VI，拖动速度滑动条，用万用表检测通道 AO 0 的输出电压。

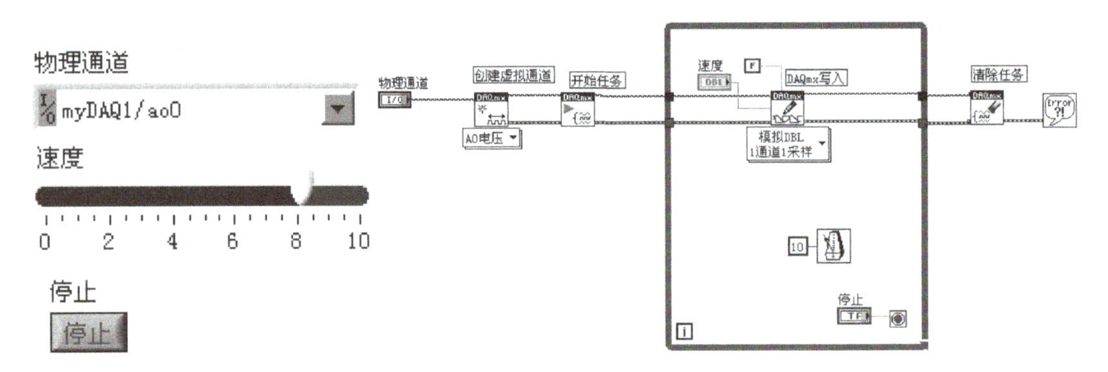

图 6-17 例 6-5 VI 前面板和程序框图

6.4 数字输入/输出

数据采集设备的数字 I/O 接口通常用于与外部设备的通信和产生某些测试信号，如在控制过程中与受控控件传递状态信息、测试系统报警灯等。数字 I/O 接口处理的是二进制的开关信息，ON 通常为 5 V 的高电平，程序中的值为 TRUE，OFF 通常为 0 V 的低电平，程序中为 FALSE。数字 I/O 可以传递真假或 1/0。数字输出常用来表示是否超过临界值，或可以为电路供电。数字输入用来触发信号的采集任务。

6.4.1 读取数字数据

【例 6-6】使用 DAQ 设备读取数字数据。

步骤：

1）在前面板上添加“指示灯”控件，标签为“数据”。

2）切换到程序框图，添加“DAQmx 创建虚拟通道”函数。

① 在多态 VI 选择器中选择“数字输入”。

② 在线输入接线端，选择“创建”→“输入控件”，并重新命名控件为数字线。

3）添加“DAQmx 开始任务”功能函数。

4）添加 while 循环。

5）在循环内添加“DAQmx 读取”功能函数。

① 选择“数字”→“单通道”→“单采样”→“布尔（1 线）”。

② 将数据输出接线端与指示灯显示控件相连。

6）在循环内添加“等待下一个整数倍毫秒”功能函数。在毫秒倍数接线端，创建常量值为 10。

7）添加“DAQmx 清除任务”功能函数。在清除之前，VI 将停止该任务，并在必要情况下释放任务占用的资源。

8）添加“简易错误处理”功能函数，程序出错时，该 VI 显示出错信息和出错位置。

9）保存 VI，前面板和程序框图如图 6-18 所示。

10）运行与调试。选择数字线 myDAQ1/port0/line0 后，运行 VI，指示灯不亮（数据采集卡的输入端默认为低电平）。将 DIO 0 和 5 V 相连，运行程序，可以观察到指示灯亮。

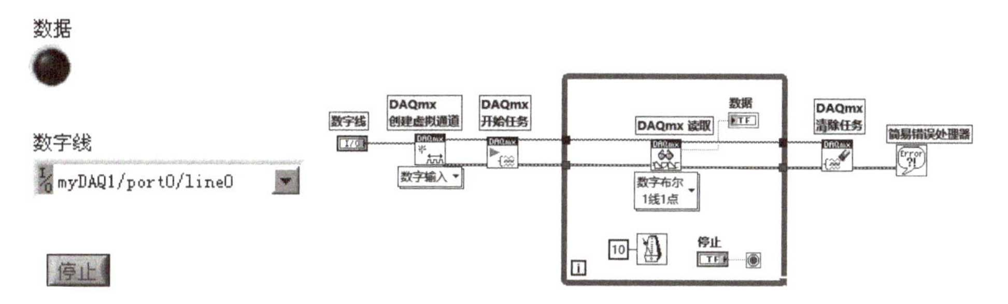

图 6-18　例 6-6 VI 前面板和程序框图

6.4.2　写入数字数据

【例 6-7】使用 DAQ 设备写入数字数据。

步骤：

1）新建一个 VI。

2）程序框图内添加“DAQmx 创建虚拟通道”函数。

① 在多态 VI 选择器中选择“数字输出”。

② 在线输入接线端，选择“创建”→“输入控件（线）”。

3）添加“DAQmx 开始任务”功能函数。

4）添加 while 循环。

5）在循环内添加“DAQmx 写入”功能函数。

① 选择“数字”→“单通道”→“单采样”→“1D 布尔（N 线）”。

② 在数据输入接线端，创建输入控件（默认创建了一个开关数组）。

6）在循环内添加“等待下一个整数倍毫秒”功能函数。在毫秒倍数接线端，创建常量值为 10。

7）添加“DAQmx 清除任务”功能函数。在清除之前，VI 将停止该任务，并在必要情况下释放任务占用的资源。

8）添加“简易错误处理”功能函数，程序出错时，该 VI 显示出错信息和出错位置。

9）保存 VI，前面板和程序框图如图 6-19 所示。

10）运行与调试。在前面板中，设置数据数组内为 5 个开关。在“线”选择控件中，选择“浏览”，按 shift 键，选择 port0/lin0-line4，则数组元素 0（开关 0）对应在 line0 输出，数组元素 1（开关 1）对应在 line1 输出。在前面板上给开关数组元素赋不同值，可以使 port0/line0：4 输出相应的数字逻辑状态，可以用万用表检测 line0：4 上的输出电平。

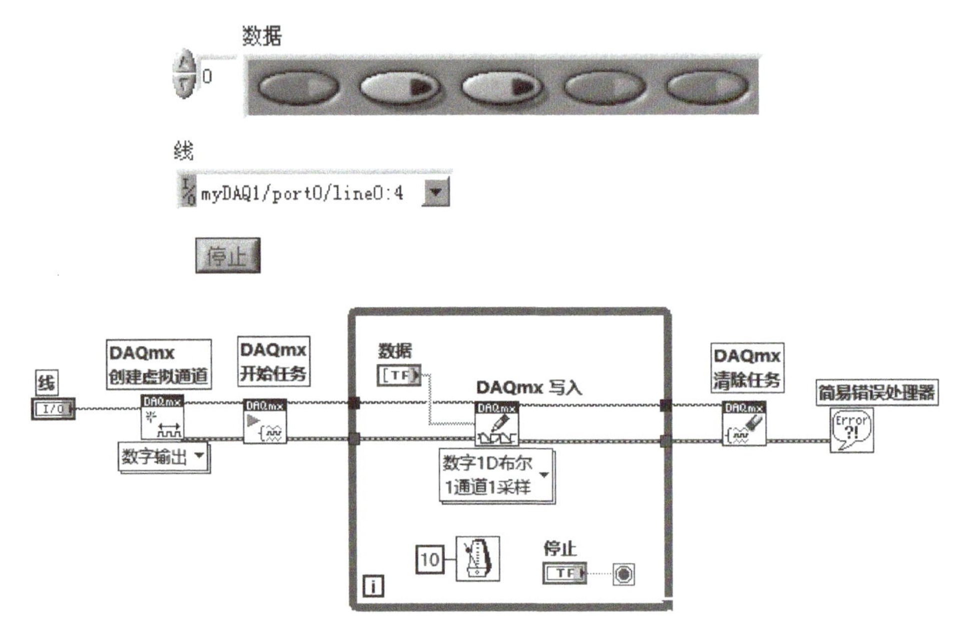

图 6-19　例 6-7 VI 前面板和程序框图

思考与练习

1. 在 LabVIEW 中使用 NI-DAQmx VI 进行数据采集任务的步骤有哪些？
2. 利用 DAQ 助手实现单通道模拟电压的数据采集。
3. 利用 DAQmx VI 采集一段正弦波，改变采样率和样本数，观察所采集到的波形的变化。
4. 利用 DAQmx VI 实现一个开关输入量的状态指示。
5. 利用 DAQmx VI 设置一位数字线的状态。

第 7 章 基于 NI myDAQ 和 LabVIEW 的测量与控制

本章以 3 个案例来介绍如何联合使用 NI myDAQ 硬件和 LabVIEW 软件来进行实物的测量和控制。通过任务的训练，进一步深刻理解虚拟仪器的概念；掌握数字测控对象的检测与控制方法；掌握从传感器到信号调理、数据采集到最后结果分析的虚拟仪器测量的基本流程。

7.1 十进制加法计数控制

任务描述：实现数码管十进制加法计数显示。程序运行开始后，数码管进行加一计数，按下“停止”按钮停止计数。完成程序调试，并将信号通过 DAQ 输出控制数码管显示。

7.1.1 软件设计

1. 前面板设计

在前面板放置一个簇框架，在框架内按顺序放置指示灯，修改各个指示灯的标签分别为 a、b、c、d、e、f、g、dp。放置一个“停止”按钮，前面板如图 7-1 所示。

2. 程序框图设计

采用循环分支结构，添加 10 个条件分支，并设置默认分支。为“数码管显示”簇创建一个簇常量，从而获得显示簇中各元素的标签。调用“按名称捆绑”函数，将刚创建的簇常量连到“按名称捆绑”函数的“输入簇”输入端，函数自动辨识出输入簇中有标签的元素（a~g，dp），将控制字段亮灭的布尔常数连至“按名称捆绑”函数的输入端口上，替换生成的新簇。函数的“输出簇”与“数码管显示”簇相连。利用循环计数端子和“商与余数”函数产生 0~9 这 10 个数码。循环内时间延迟函数控制计数时间间隔，程序框图如图 7-2 所示。调试程序，直到前面板数码管显示正常。

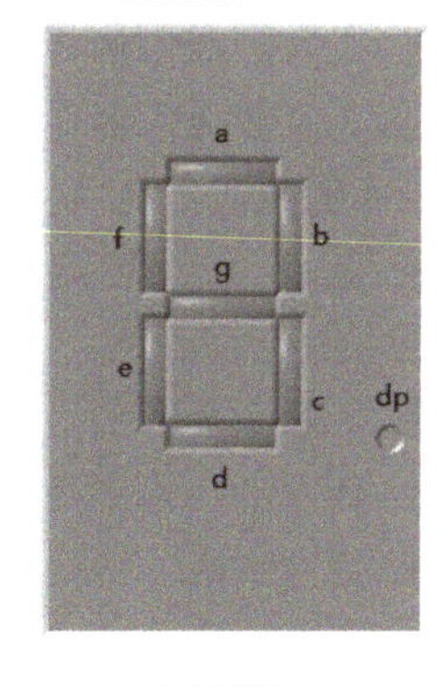

图 7-1 前面板

7.1.2 硬件设计

1. 数码管显示器检测

（1）七段数码管结构

七段数码管靠点亮内部的 LED 来发光。一个数码管内部由 8 个

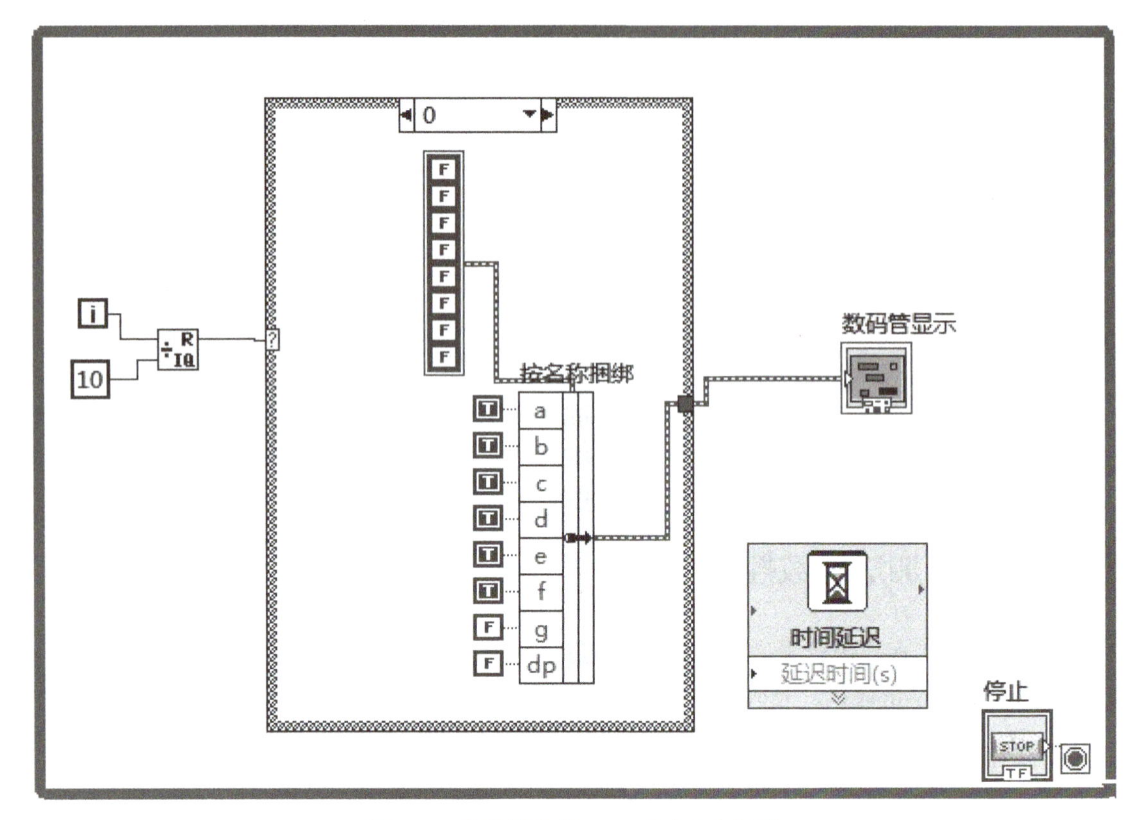

图 7-2 数码管控制"0"分支程序框图

小的 LED 构成，分别对应 a、b、c、d、e、f、g 7 个字段和小数点 dp。一般来说，厂商将单个数码管都统一封装成 10 个引脚，其中 3 和 8 引脚是连接在一起的，实物图和引脚图如图 7-3 所示。它们的内部接法如图 7-4 所示，8 个 LED 的阳极连到一起作为公共端 COM 的数码管称为共阳极数码管；8 个 LED 的阴极连到一起作为公共端 COM 的数码管称为共阴极数码管。

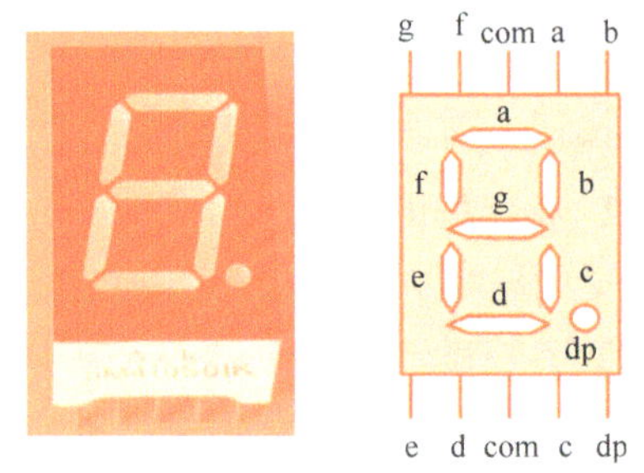

图 7-3 数码管显示器实物图和引脚图

除了单个数码管，还常有二位一体、四位一体的数码管，当为多位一体时，它们内部的公共端是独立的，而负责显示数字的字段是并联在一起的，独立的公共端可以控制多位一体中哪个数码管被点亮。

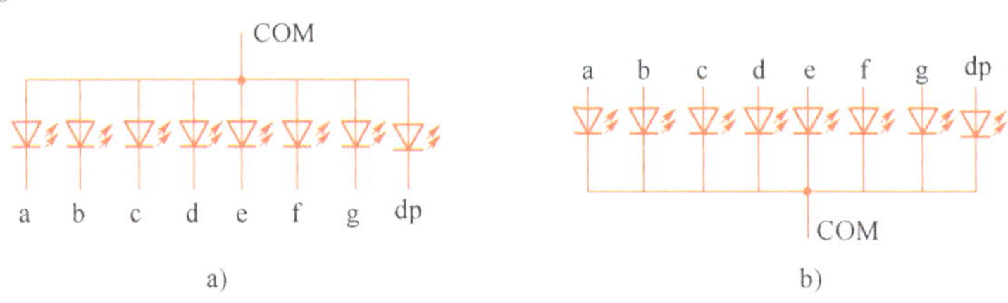

图 7-4 数码管显示器的内部接法

a) 共阳接法 b) 共阴接法

（2）万用表检测数码管的引脚排列

打开虚拟万用表 DMM，选择二极管档位进行检测。首先将黑表笔固定放在公共端 3 或 8 引脚，红表笔依次接触其他引脚，如果都发光，则黑表笔接触的公共端就是 LED 的阴极，数码管类型是共阴极。反之，红表笔接触公共端引脚不动，黑表笔接触其他引脚依次发光，则判断是共阳极。在检测过程中，通过数码管上的亮灯位置确定各字段（a、b、c、d、e、f、g、dp）对应的引脚位置。

2. 搭建电路

根据数码管的类型选择相应电路的接法，如图 7-5 所示，各字段串接限流电阻 R，使每字段工作电流为 10 mA 左右，将 COM 端连至 DAQ 上的 5 V（或 DGND）引脚，a~g、dp 分别连至 DAQ 的 DIO 0~DIO 7 通道。

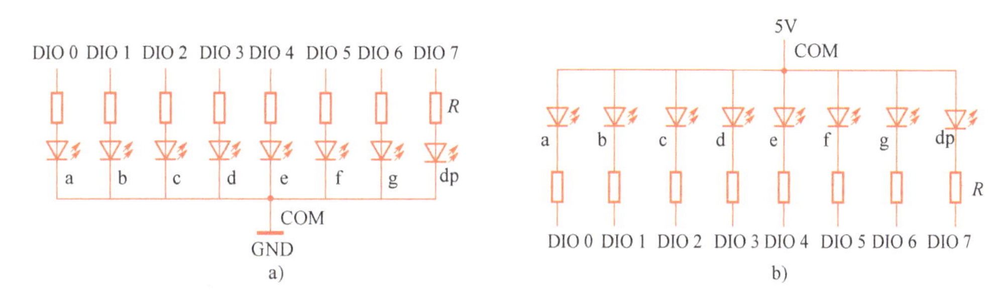

图 7-5　接线方式

a）共阴极数码管接线方式　b）共阳极数码管接线方式

3. DAQ 生成数字信号控制面包板上的数码管显示

1）在程序框图中，完成数据采集部分的设计。调用“簇至数组转换”函数实现簇到数组数据类型的转换，并调用 DAQ 助手，弹出新建测量任务窗口。

2）选择任务的测量类型。选择“生成信号”→“数字输出”→“线输出”，如图 7-6 所示。

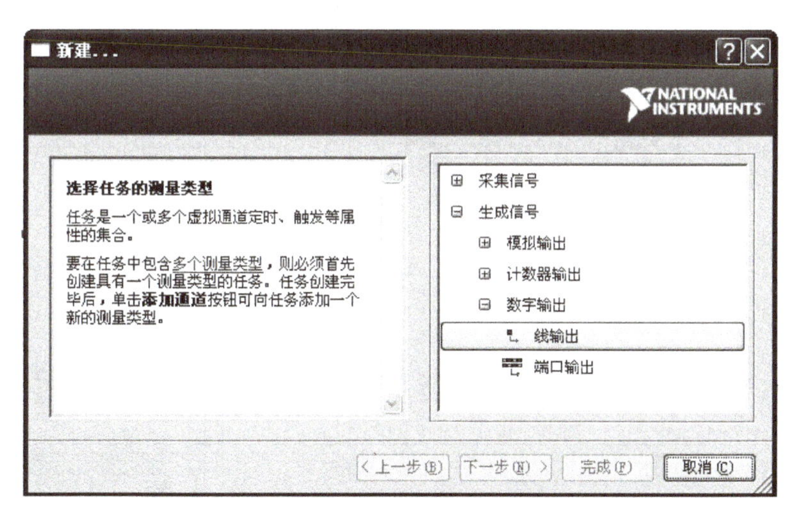

图 7-6　选择任务的测量类型

3）选择物理通道：port0/line0~port0/line7，单击“完成”按钮，如图 7-7 所示。

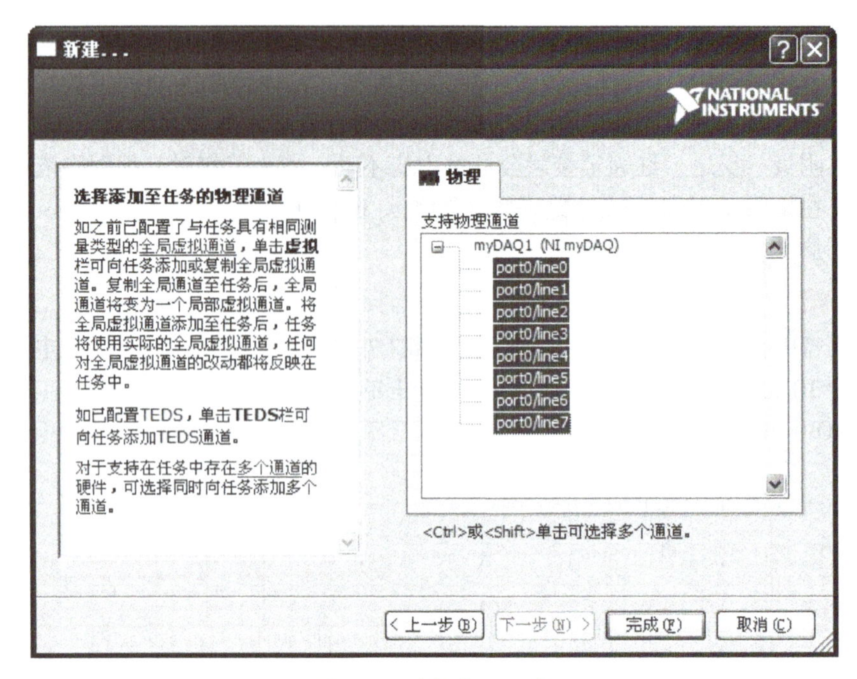

图 7-7　选择物理通道

4）任务配置完毕，单击“确定”按钮，如图 7-8 所示。

图 7-8　数字线输出设置

5）运行程序，观察数码管显示是否正确，程序框图如图 7-9 所示。

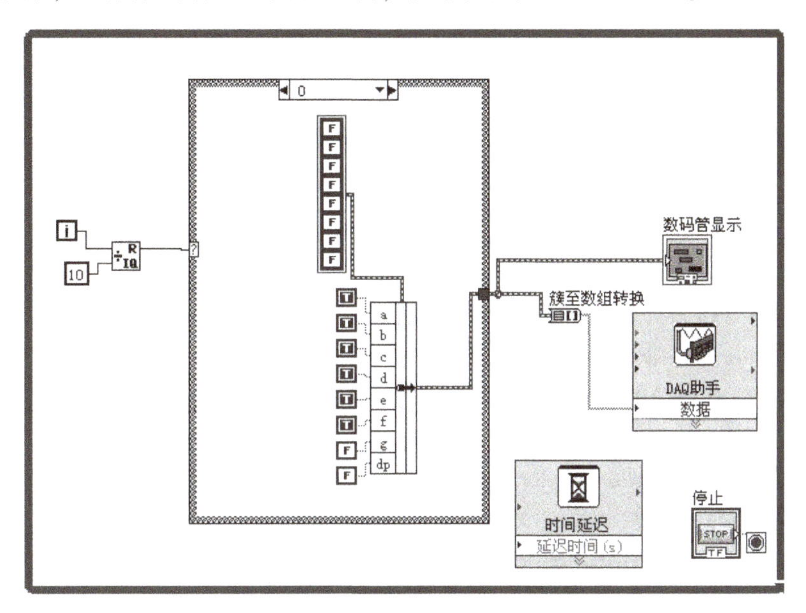

图 7-9　VI 程序框图

7.2 基于热敏电阻与 NI myDAQ 的温度检测

任务描述：选用温度传感器感知室内温度，通过采集卡采集温度信号，以数字和曲线方式实时显示温度测量值。用户可以设置温度上限和下限输入，当温度越限时，系统报警。系统可以对采集的温度数据进行分析，显示最高温度、最低温度和平均温度。

7.2.1 半导体热敏电阻

温度传感器的种类有很多，考虑实际温度测量场景、测量范围、精度、价格等因素，实验选用热敏电阻作为温度传感器。半导体热敏电阻灵敏度高，其电阻值随温度变化成指数变化，在-55～315℃范围内，具有较好的稳定性。半导体热敏电阻，按照温度系数不同主要分为正温度系数（PTC）热敏电阻和负温度系数（NTC）热敏电阻。正温度系数热敏电阻的电阻值随着温度上升而升高，负温度系数热敏电阻的电阻值随着温度上升而下降。热敏电阻由于体积小，能测量其他温度计无法测量的空隙、腔体及生物体内血管的温度。

图 7-10 所示为不同封装形式的 NTC 10K 热敏电阻。

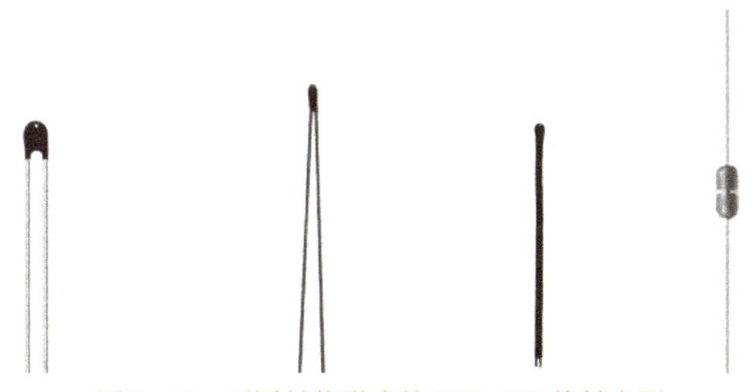

图 7-10　不同封装形式的 NTC 10K 热敏电阻

7.2.2 元器件选用

这里选取型号为 NTC-MF52-10K 的热敏电阻，其材料系数 $B=3950$，精度为 1%，测量范围为-40~125℃。

NTC 热敏电阻的电阻值与温度之间的关系近似符合指数规律，表示为

$$R_t=R_0 e^{B\left(\frac{1}{T}-\frac{1}{T_0}\right)}$$

式中，T_0为额定温度，单位为 K，已知额定温度为 25℃，即 $T_0=298.15\ \mathrm{K}$；T 为当前温度，单位为 K；R_0为在额定温度 T_0时的 NTC 热敏电阻值，查阅型号 NTC-MF52-10K 的温度-电阻特性表，在额定温度 25℃时，电阻值为 10 kΩ，即 $T_0=298.15\ \mathrm{K}$ 时，$R_0=10\ \mathrm{k\Omega}$；B 为 NTC 热敏电阻的材料系数，B 值并非是恒定的，其变化大小因材料构成而异，通常由实验获得，一般为 2000~6000。这里选用的 NTC-MF52-10K 的 B 值为 3950；R_t为当前温度 T 时的 NTC 热敏电阻值，单位为 Ω。

这里被测量就是当前温度 T。

由上式得当前温度 T 为

$$T=1\left/\left[\frac{\ln(R_t/R_0)}{B}+\frac{1}{T_0}\right]\right.$$

根据热力学温度（K）与摄氏温度（℃）之间关系：$T=t+273.15$，$T_0=t_0+273.15$，另外将已知条件 $t_0=25℃$，$R_0=10\ \mathrm{k\Omega}$，$B=3950$ 代入公式，得到摄氏温度值 t 与电阻值 R_t 的关系为

$$t=1\left/\left[\frac{\ln(R_t/10)}{3950}+\frac{1}{298.15}\right]\right.-273.15$$

这里 R_t 的单位是 kΩ。

7.2.3 设计流程

如图 7-11 所示，搭建热敏电阻测温电路，温度改变时，热敏电阻值发生变化，引起两端电压发生变化。通过数据采集卡采集热敏电阻两端的电压，由程序求出热敏电阻的当前电阻值，再根据温度与电阻值的关系得到当前温度，最后在前面板显示。

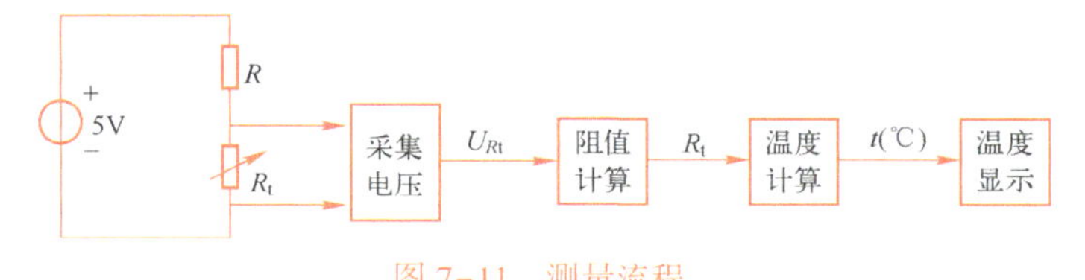

图 7-11 测量流程

电路中与热敏电阻串联的电阻 R，其电阻值的大小会影响测量精度，不能随便选取，一般有

$$R=\frac{R_M(R_L+R_H)-2R_LR_H}{R_L+R_H-2R_M}$$

式中，R_M、R_L、R_H分别为热敏电阻在其测量温度范围内的电阻中间值、电阻最小值、电阻最大值。根据 NTC-MF52-10K 的热敏电阻值与温度特性对应表，假设选取最高温度 50℃时，$R_H=3.574\ \mathrm{k\Omega}$，最低温度 0℃时 $R_L=32.94\ \mathrm{k\Omega}$，中间温度 25℃时，$R_M=10\ \mathrm{k\Omega}$，代入 R 的公式，计算得到 $R=7.85\ \mathrm{k\Omega}$。这里 R 选取 7.5 kΩ 或 8.2 kΩ，尽可能降低测量误差。

7.2.4 设计步骤

1. 搭建测量系统

打开 NI myDAQ 虚拟仪器软面板，选择 DC Level Output，选择从 AO 0 或 AO 1 通道输出 5 V 直流电压，为电路提供电源。

热敏电阻的两端电压输出分别连至 DAQ 的 AI 0+、AI 0-或 AI 1+、AI 1-端口。

2. 单点温度采集模块的设计

根据热敏电阻测温原理和流程编写测量程序，前面板可以放置温度计控件显示测量值。程序设计要点：

1）调用 DAQ 助手采集热敏电阻两端电压 U_{Rt}。

2）根据电路中的分压关系编写程序，得到当前阻值 R_t，这里 R 选用 8.2 kΩ。

$$\frac{U_{Rt}}{5}=\frac{R_t}{R_t+R}$$

$$R_t=\frac{RU_{Rt}}{5-U_{Rt}}$$

3）根据热敏电阻值 R_t 与摄氏温度值 t 的关系式，编写程序得到当前温度 t。

4）将测得的温度送到温度计显示。

5）保存文件。

6）将程序制作成一个“当前温度”子 VI。

7）运行程序，观察温度值大小，用手握住热敏电阻，观察电压与温度值的变化情况。

3. 连续测量与报警模块的设计

如果当前温度高于上限值，发出中暑警告提示；如果当前温度低于下限值，则发出冻伤警告提示，同时进行指示灯报警。程序框图如图 7-12 所示。

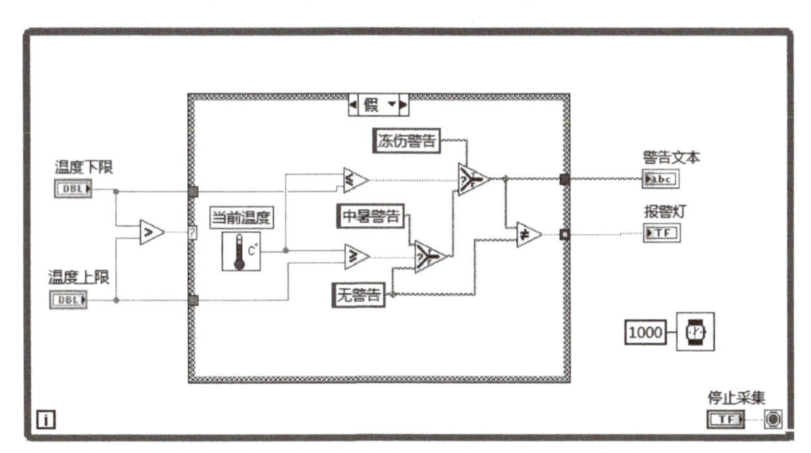

图 7-12 越限报警部分的程序框图

4. 温度分析模块的设计

使用波形图表控件实时显示温度的变化曲线。while 循环的“自动索引”功能将循环内测量到的温度数据累计成一个数组并输出，调用“数组最大值与最小值”函数和“均值”函数，计算温度的最大值、最小值和均值，程序框图如图 7-13 所示。

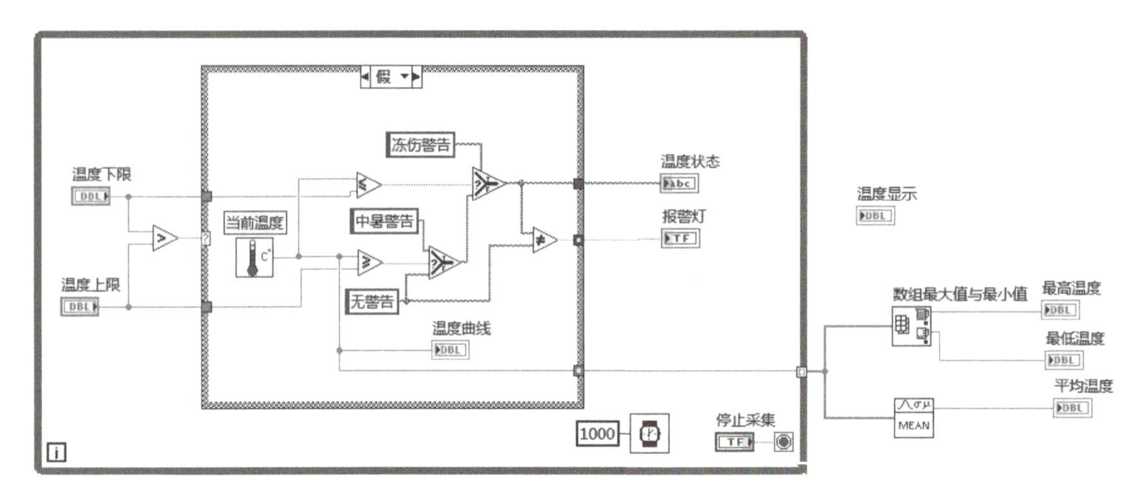

图 7-13　温度分析模块程序框图

如图 7-14 所示，运行程序后，当按下“停止采集”按钮时，温度采集过程完成，此时显示本次测量中温度的最大值、最小值和平均值。

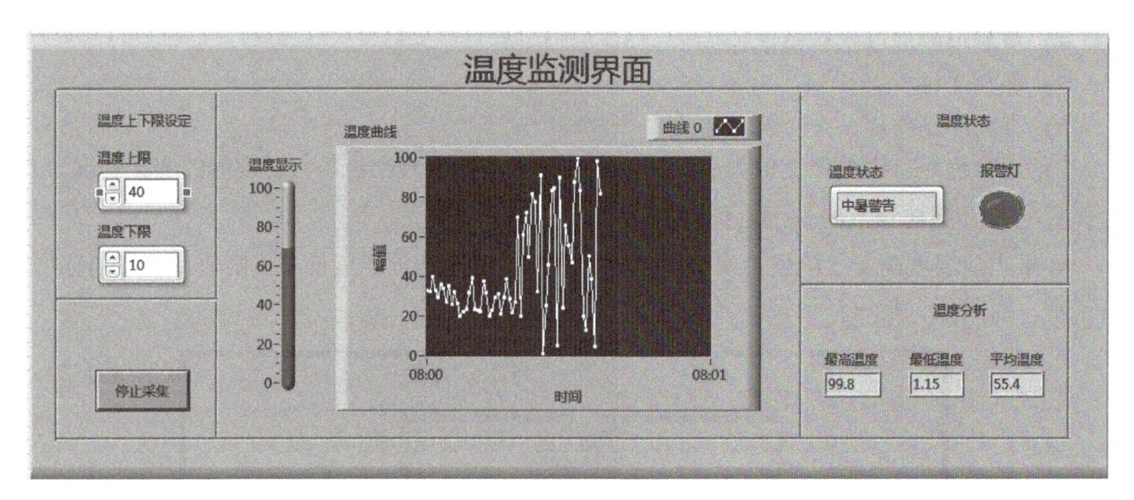

图 7-14　参考前面板

7.3 呼吸灯

任务描述：编写程序，实现呼吸灯的效果，即灯光由暗到亮，再由亮到暗逐渐变化。

7.3.1 PWM 信号

1. PWM 定义与原理

脉冲宽度调制（Pulse Width Modulation，PWM）简称脉宽调制，是通过数字均值来获得模拟结果的技术。

数字控制被用来创建一个方波，信号在开和关之间切换。这种“开关模式”通过改变

“开”时间段和“关”时间段的比值来模拟开（5 V）和关（0 V）之间的电压。“开时间”的长度就是脉冲宽度。想要得到不同的模拟值，可以更改或者调节脉冲宽度。如果重复这种开关模式速度足够快，其结果就是一个 0~5 V 之间的稳定电压，用以控制 LED 的亮度或控制电动机的转速。

2. 与 PWM 信号有关的参数及其含义

- 周期：信号从高电平到低电平再回到高电平所需的时间，标准单位是 s。
- 脉宽：一个周期中高电平的时间，标准单位是 s。
- 频率：1 s 内信号从高电平到低电平再回到高电平的次数，即 1 s PWM 含有多少个周期，标准单位为 Hz。
- 占空比：一个脉冲周期内，脉宽时间占总周期时间的比例。用 0 ~ 100% 的百分数来表示。

图 7-15 所示的信号周期为 T，高电平时间为 T_1，即脉宽为 T_1，低电平时间为 T_2。假设周期 $T=1$ s，那么频率为 1 Hz。如果高电平时间为 0.5 s，低电平时间为 0.5 s，则这是一个占空比为 50%的脉冲信号。

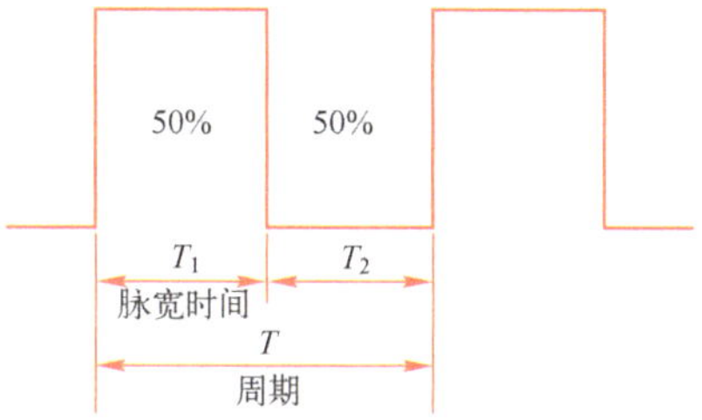

图 7-15 PWM 信号波形与参数

3. PWM 应用

PWM 技术通常以微处理器为载体实现。利用微处理器的数字输出对模拟电路进行控制，进而实现测量、通信、功率控制与变换等应用。

如单片机的 I/O 口输出的是数字信号，I/O 口只能输出高电平和低电平。假设高电平为 5 V，低电平则为 0 V，如果要输出不同的模拟电压，就要用到 PWM，通过改变 I/O 口输出方波的占空比获得使用数字信号模拟的模拟电压信号。电压是以一种连接（1）或断开（0）的重复脉冲序列被加到模拟负载（如 LED 灯、直流电动机等）上，连接即直流供电输出，断开即直流供电断开。通过对连接和断开时间的控制，从理论上来讲，可以输出任意不大于最大电压值（即 0~5 V）的模拟电压。如图 7-16 所示，占空比为 50%，在一定频率下，可以得到模拟的 2.5 V 输出电压，75%的占空比得到的电压就是 3.75 V。

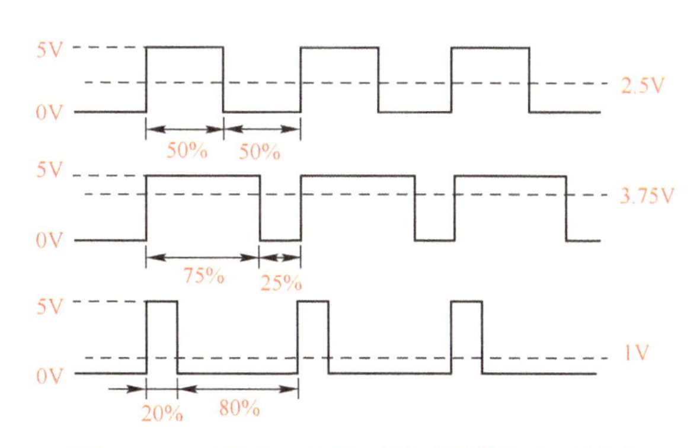

图 7-16 不同占空比得到的不同模拟电压输出

（1）PWM 应用场景 1：输出呼吸灯

呼吸灯效果主要利用人眼视觉暂留生理效应来实现。一般人眼对于 25 Hz 以上的刷新频率没有闪烁感。低于该频率时，看起来就会有闪烁感受，不同的人对闪烁感知的阈值略有不同，当频率提高到 50 Hz 以上时，完全没有闪烁感。

平时见到的 LED 灯，如果频率为 1 Hz，高电平 0.5 s，低电平 0.5 s，如此反复，给人的感受是明显的闪烁；但如果频率变为 100 Hz，5 ms 打开，5 ms 关闭，这时候灯光的亮灭速度赶不上开关速度，LED 灯还没完全亮就又熄灭了，人眼由于视觉暂留作用感觉不到灯在闪，但会感觉到灯的亮度低。这时，如果再提高占空比，会感受到 LED 灯变亮。因此，在频率一定时，可以用不同占空比自动改变 LED 灯的亮度，使其达到一个呼吸灯的效果。

（2）PWM 应用场景 2：对直流电动机转速的控制

占空比调整可以实现对直流电动机转速的调节。对于直流电动机，电动机控制端引脚是高电平时，电动机可以转动，但是是一点一点提速的，当高电平突然转向低电平时，由于电动机的电感有防止电流突变的作用，因此电动机不会马上停止，会保持一定的转速，以此往复。所以实质上，调速是将电动机处于一种似停非停、似全速转动又非全速转动的状态，那么一个周期的平均速度就是用占空比调出来的速度。在电动机控制中，电压越大，电动机转速越快，而通过 PWM 输出不同的模拟电压，便可以使电动机达到不同的输出转速。

当然，在电动机控制中，不同的电动机都有其适合的频率，频率太低会导致运动不稳定，如果频率刚好在人耳听觉范围，有时会听到呼啸声。频率太高，电动机可能反应不过来。故正常的电动机频率在 6~16 kHz 之间最好。

（3）PWM 应用场景 3：对舵机的控制

舵机（伺服机）的控制就是通过一个固定的频率，给其不同的占空比，来控制舵机不同的转角。舵机的频率一般为 50 Hz，即一个 20 ms 左右的时基脉冲，而脉冲的高电平部分一般为 0.5~2.5 ms，控制舵机不同的转角。

0.5~2.5 ms 脉宽的 PWM，高电平部分对应控制 180°舵机的 0~180°。以 180°舵机为例，对应的控制关系如图 7-17 所示。

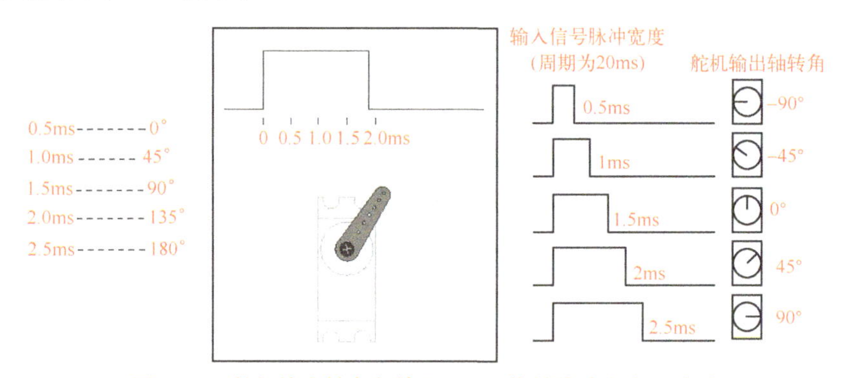

图 7-17　舵机输出转角与输入 PWM 信号脉冲宽度的关系

7.3.2　呼吸灯设计

1）在面包板上搭建 LED 控制电路，注意限流电阻的接入。电路两端分别与 NI myDAQ 的 AO 0、AGND 端子相连，将 NI myDAQ 与计算机连接。

2）设计一个占空比可调的矩形脉冲波形，调用 DAQ 助手将信号输出，如图 7-18 所示，运行程序，观察灯的现象。

这里调用方波波形产生函数，该函数位于“函数”选板→“信号处理”→“波形生成”→“方波波形”。DAQ 助手配置窗口如图 7-19 所示。

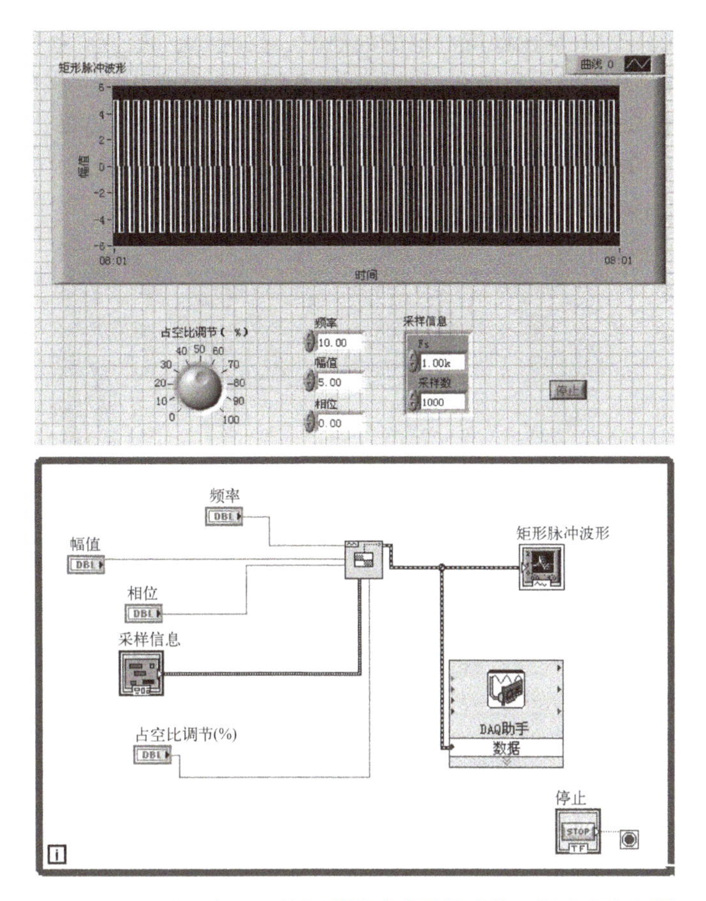

图 7-18　可设置占空比的矩形脉冲波形输出前面板和程序框图

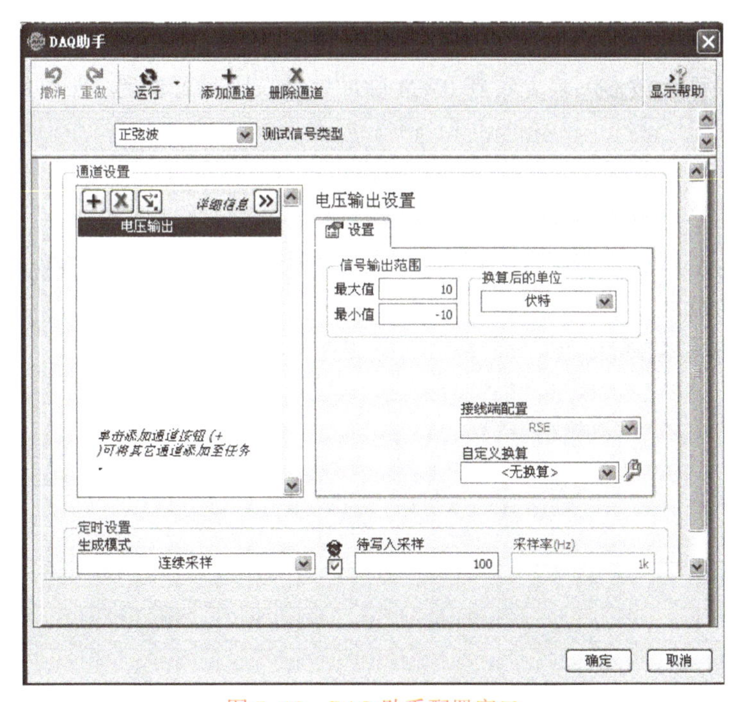

图 7-19　DAQ 助手配置窗口

当设置频率为 10 Hz，占空比保持一定的数值时，灯闪烁，占空比为 100%时，输出最大模拟电压，灯常亮。当信号频率设置 50 Hz 以上，灯不闪，占空比不同，亮度不同。

3）设计占空比自动调节设置程序，生成 PWM 脉冲序列信号，将模拟值输出控制 LED。

如图 7-20 所示，在前面板添加占空比步进设置输入控件，如输入 10，占空比从 0%开始以 10%逐渐递增，到 100%后再以 10%逐渐递减，循环往复。

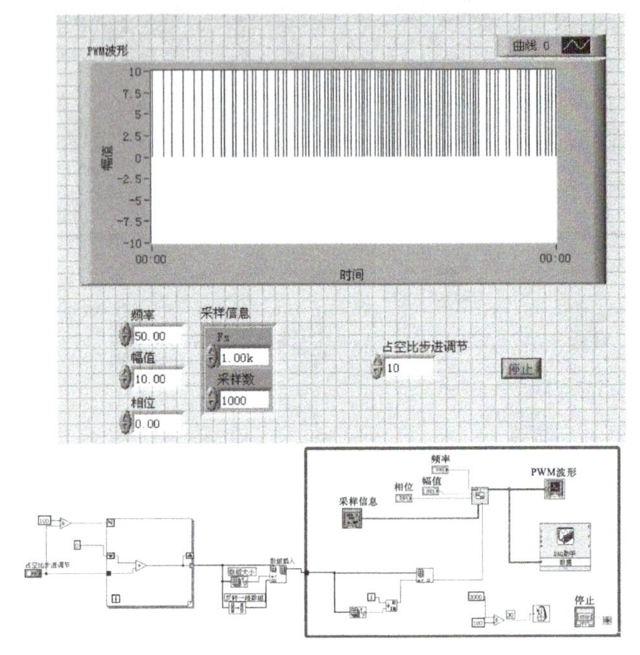

图 7-20　占空比步进可调节的 PWM 输出前面板和程序框图

4）功能测试。前面板输入控件输入对应参数，信号幅值必须大于 LED 灯的导通电压降，否则电压不够，不足以驱动 LED 亮，如当频率为 50 Hz，幅度为 10 V，占空比步进值 10%，运行程序，可以在前面板波形图表上看到 PWM 脉冲信号，同时可看到呼吸灯的效果。

思考与练习

1. 简述检测七段数码管类型和好坏的方法。

2. 利用 NI myDAQ 实现流水灯的控制，即 8 个指示灯依次被点亮、依次被熄灭，指示灯状态变化的频率可以调节。

3. 设计一个虚拟温度计。

第 8 章　LabVIEW 程序结构的组合应用

虚拟仪器是基于通用硬件平台、充分利用软件定义的仪器，因此软件在虚拟仪器测试系统中起着核心的作用。实践出真知，在学习虚拟仪器程序的编写时，需要多动手、多实践。本章通过几个典型案例介绍如何综合利用前面所学的程序结构组合成一个功能强大的应用程序框架，同时巩固数据类型、属性节点、自定义控件等知识点的应用，帮助读者进一步提高对虚拟仪器进行程序设计的能力。

8.1　打地鼠游戏的设计

8.1.1　基本设计要求

1）游戏界面中有 25 只地鼠随机出现，地鼠出现频率可调。

2）按键控制游戏开始和停止。按下“开始游戏”按钮，地鼠开始出现；按下“停止游戏”按钮，地鼠不再出现，并提示游戏中止，给出当前的得分。

3）计分功能。当鼠标击中地鼠时，得分加 1，前面板实时显示当前得分。

4）倒计时功能，设定每一局游戏时间（如 30s），游戏开始后逐秒进行倒计时，当剩余时间为 0 时代表游戏时间已到，游戏结束，弹出对话框提示游戏结束并显示当前的得分。

5）前面板的美化修饰。

8.1.2　软件功能组成与流程

根据功能要求设计前面板和程序框图。

前面板是游戏交互界面，主要包括地鼠的随机出现和消失，剩余时间显示、得分显示和控制按钮。这里创建一个 5 行 5 列二维数组，地鼠控件作为二维数组的元素。

程序框图主要分为程序初始化、地鼠随机产生模块、按钮控制、计分、倒计时等部分，游戏流程图如图 8-1 所示。

8.1.3　软件设计

1. 制作地鼠自定义控件

首先制作自定义的地鼠控件。自定义控件是在基础控件的基础上进行编辑，通过改变基础控件的大小、颜色、形状、图片及各元素的位置实现自定义控件的设计。这里地鼠控件是在布尔控件的基础上进行编辑，布尔开关的打开与关闭代表地鼠出现与消失的两种不同状态。

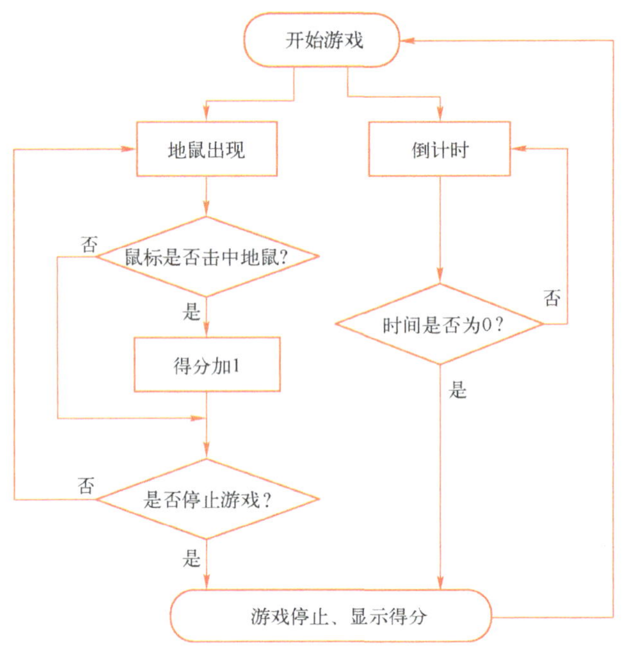

图 8-1 打地鼠游戏流程图

1）新建一个 VI，在前面板放置一个布尔开关，然后放入两张图片，一张为地鼠出现，另一张为地鼠消失，如图 8-2 所示。

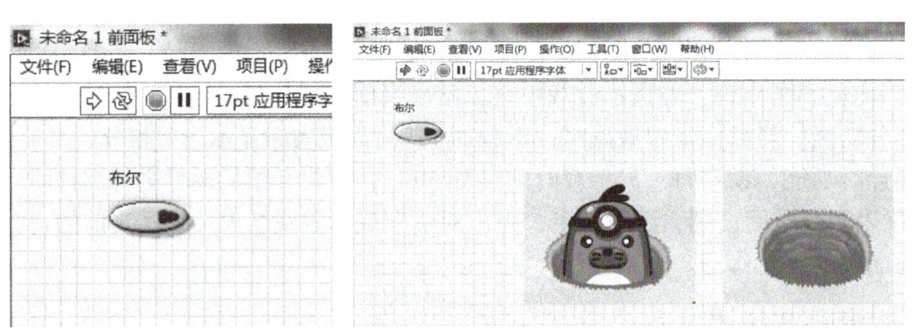

图 8-2 放入基础控件

2）右击布尔开关，从弹出的快捷菜单中选择“制作自定义类型”，如图 8-3 所示。

3）再次右击布尔开关，从弹出的快捷菜单中选择“打开自定义类型”，这时将打开“控件自定义类型”对话框，如图 8-4 所示。

4）该对话框的工具栏中有一个模式选择工具，对话框刚打开时是扳手形，为自定义模式，单击它将其切换成镊子形为编辑模式，如图 8-5 所示。

在镊子形模式下，可以看到控件的各个元素被打散，如图 8-6 所示，此时可以对原控件的元素进行任意编辑，如改变大小、颜色等。

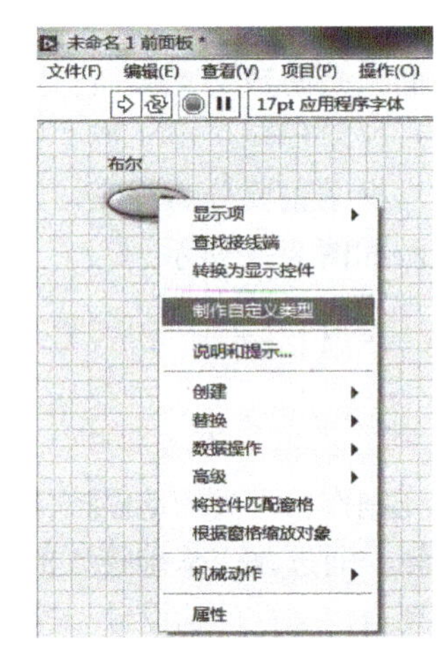

图 8-3 选择“制作自定义类型”

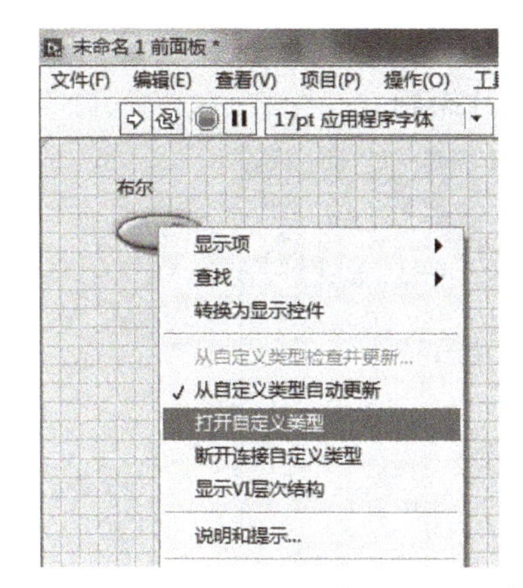

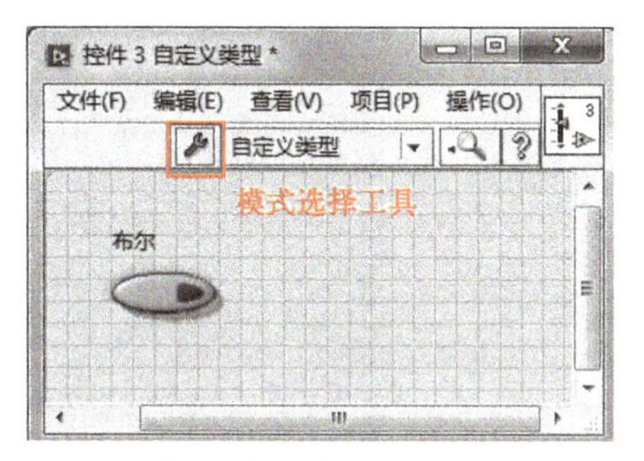

图 8-4　选择“打开自定义类型”和“控件自定义类型”对话框

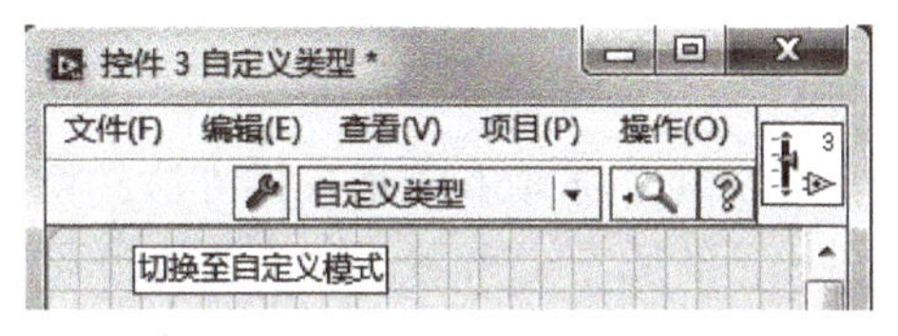

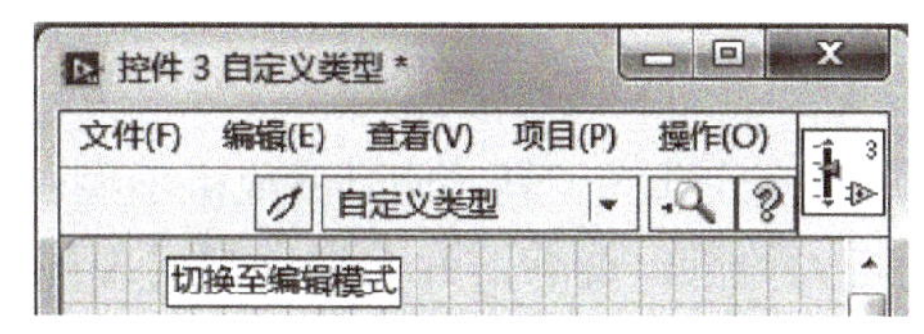

图 8-5　“自定义”与“编辑”模式切换

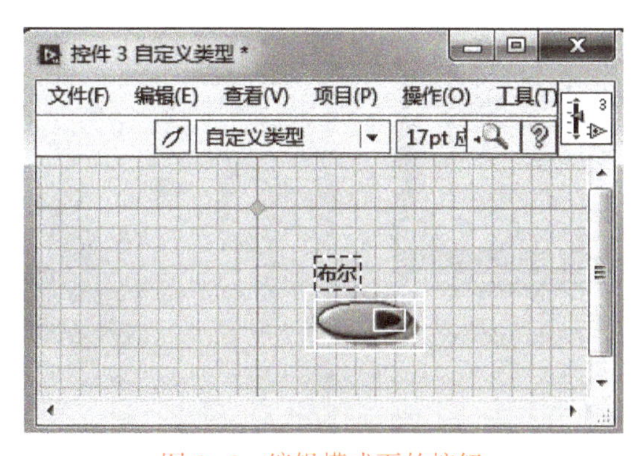

图 8-6　编辑模式下的按钮

5）复制图 8-2 前面板中准备好的地鼠消失图片，右击布尔开关，从快捷菜单中选择“剪贴板导入图片”，如图 8-7 所示。此时布尔开关的关闭状态图片被替换为地鼠消失图片，即开关关闭代表地鼠消失。

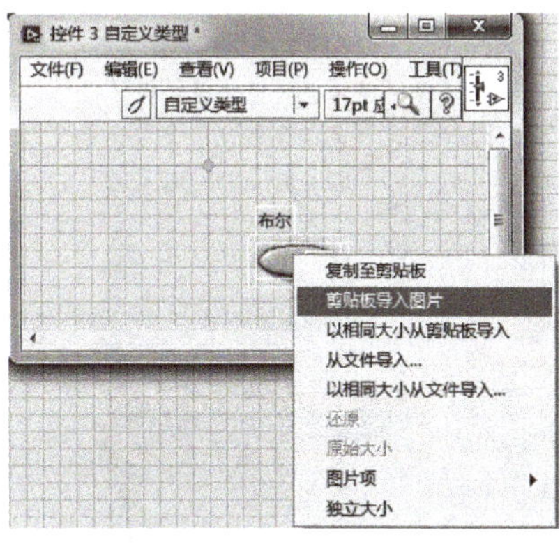

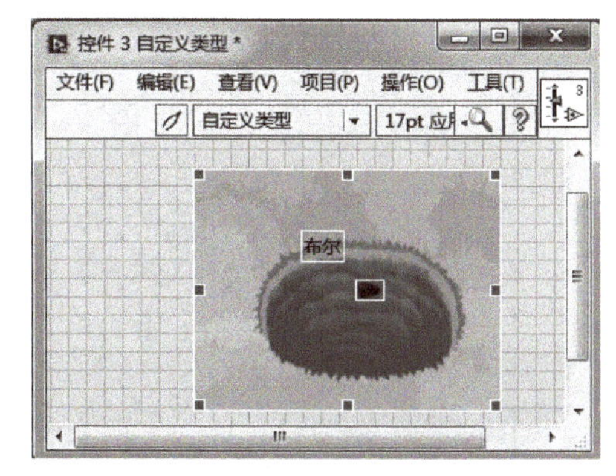

图 8-7　导入地鼠消失图片

6）单击模式选择工具，使它变成扳手型。在扳手模式下，可以单击布尔开关，将开关切换到打开状态，如图 8-8 所示，对打开状态进行图片编辑。

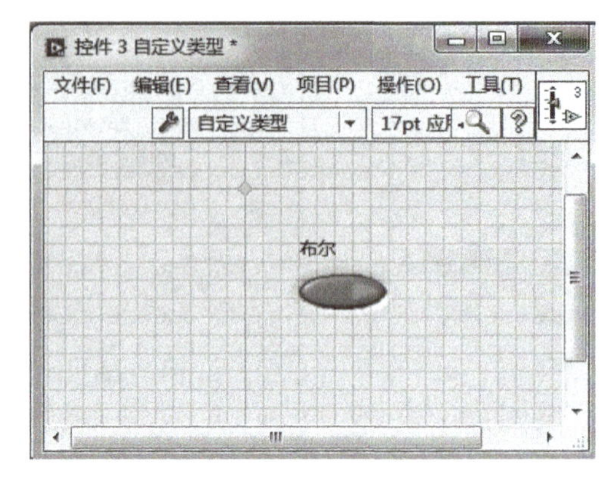

图 8-8　布尔开关切换到打开状态

7）单击模式选择工具，使其变成镊子型，在此模式下，采取和前面一样方法，将此时开关的图片替换为地鼠出现的图片。先复制出现地鼠图片，然后右击布尔开关，从快捷菜单中选择“剪贴板导入图片”，如图 8-9 所示，此时开关打开状态外观图片被替换成了地鼠出现图片。

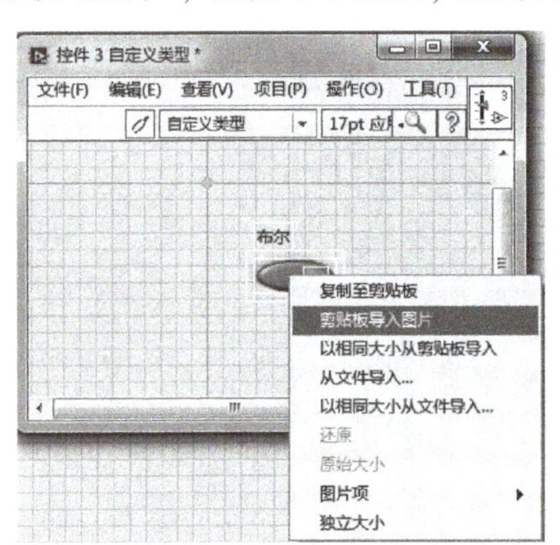

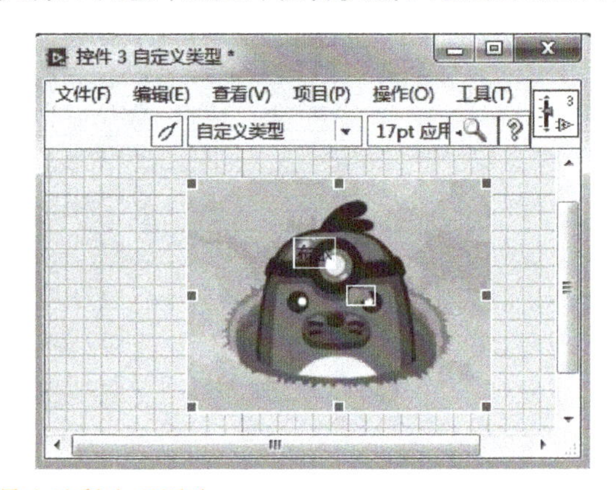

图 8-9　导入地鼠出现图片

从图 8-9 中，可以看到图片上面留有不需要的元素，单击按钮，从下拉列表中选择“移至后面”，如图 8-10 所示，将这些不需要显示的元素移至后面（即置于底层）。

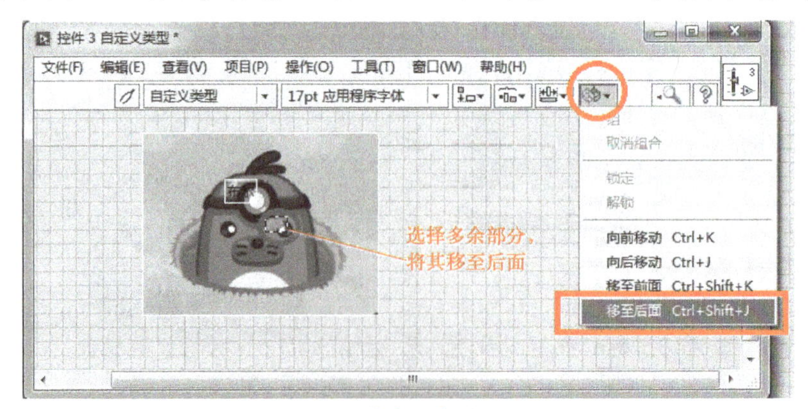

图 8-10　多余元素移至后面

8）处理后的图片如图 8-11 所示。

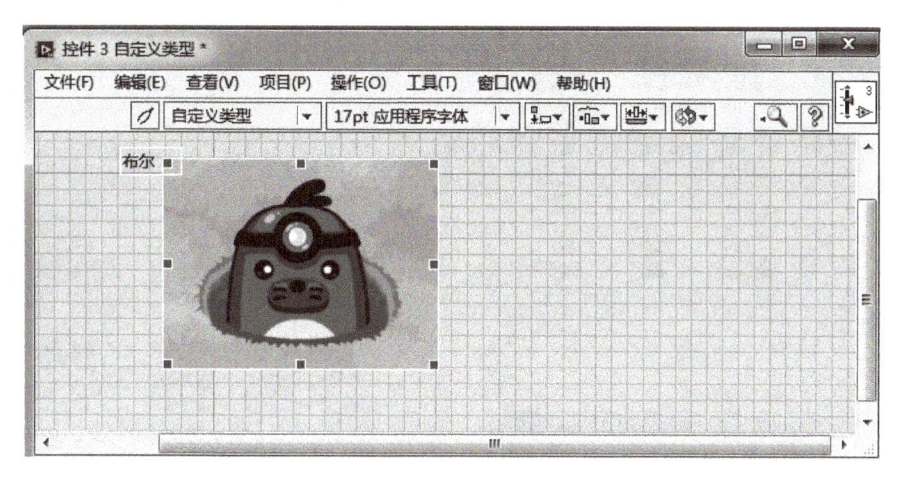

图 8-11　编辑后的布尔开关

9）单击模式选择工具，将其变为扳手型。多次单击该布尔控件，可以看到原来的布尔开关已被制作成地鼠出现和消失的开关控件，至此地鼠自定义控件制作完成。选择“文件”→“保存”，将文件命名为“地鼠 . ctl”，自定义控件的扩展名是“. ctl”。关闭控件自定义类型窗口。此时可以在其他 VI 文件中调用该控件。

2. 创建 5×5 二维地鼠数组

将控件选板中的数组放到前面板中。如图 8-12 所示，右击数组框架的索引框，从快捷菜单中选择“添加维度”，使其变为一个二维数组。

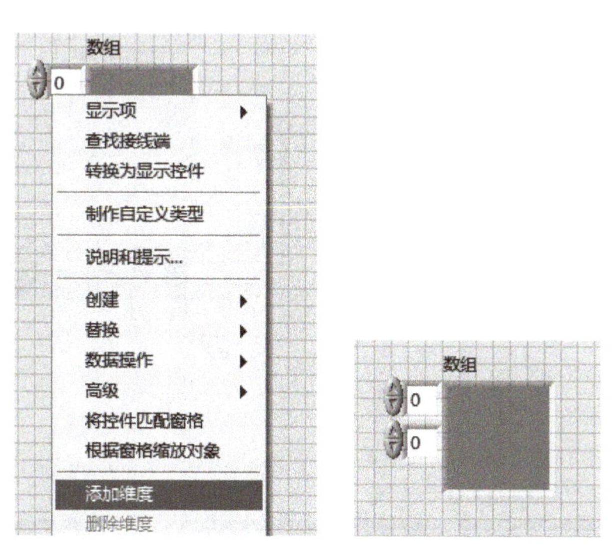

图 8-12　创建二维地鼠数组

如图 8-13 所示，右击前面板，在弹出的控件选板中选择“选择控件”，从弹出的“选择需打开的控件”对话框中选择控件“地鼠 . ctl”。将它放置到二维数组里，拉大二维数组边框，使其大小为 5 行 5 列，这样就创建了一个二维地鼠数组，将数组的标签修改为“地鼠”。

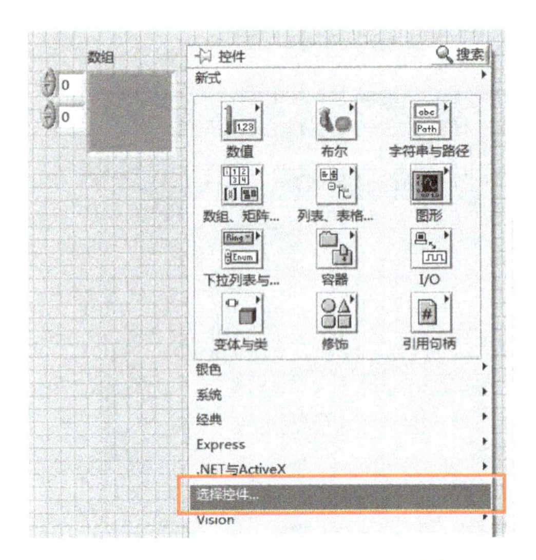

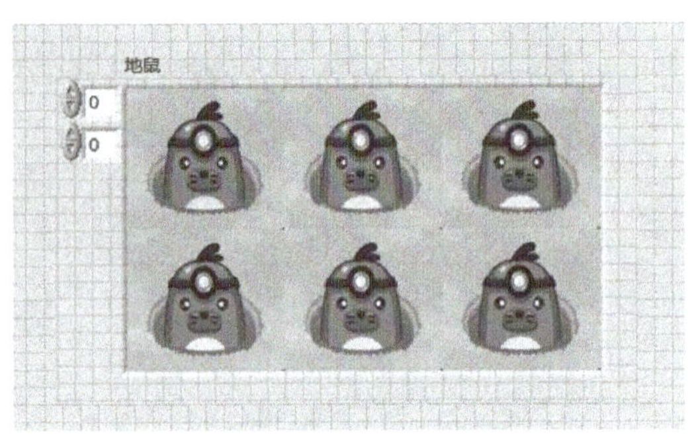

图 8-13　二维地鼠数组

3. 编写地鼠随机出现功能

在前面制作地鼠控件时，开关的关闭（值为 F）代表地鼠没有出现，开关的打开（值为 T）代表地鼠出现。这里调用初始化数组函数对地鼠数组进行初始化，元素全部初始化为 F。

利用随机数产生函数和最近数取整函数处理得到的数作为地鼠随机出现的索引。用替换数组子集函数，将该位置上的地鼠控件值替换为真（地鼠出现）。程序框图如图 8-14 所示。

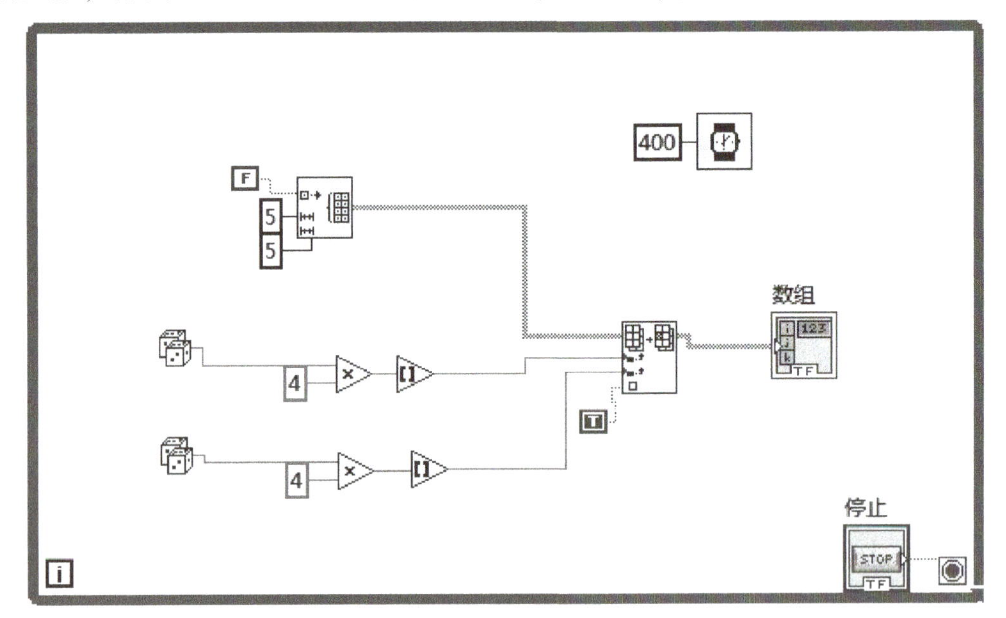

图 8-14　地鼠随机出现程序框图

4. 开始游戏和停止游戏按钮控制

下面介绍开始游戏和停止游戏两个按钮的控制功能。

前面板放置两个布尔开关，作为“开始游戏”“停止游戏”两个控制按钮。放置一个“开始游戏标志”指示灯，前面板参考图 8-15。

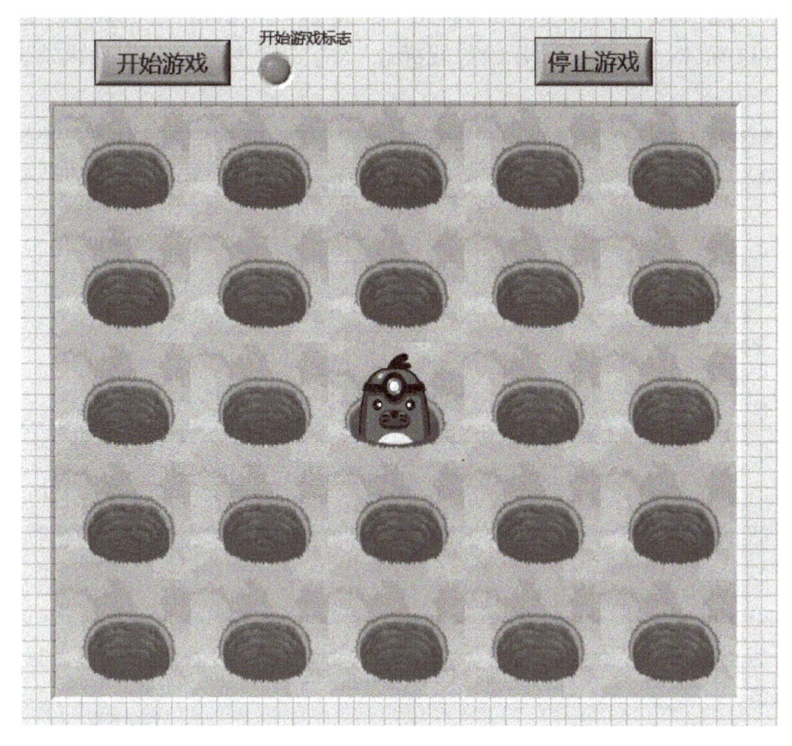

图 8-15　当前前面板

在前面编写的地鼠随机出现程序中，添加条件结构，“开始游戏标志”作为条件结构判断条件，如果开始游戏标志为真，则游戏开始，地鼠以一定的时间间隔随机出现，否则游戏停止，地鼠不再随机出现。程序框图如图 8-16 所示。

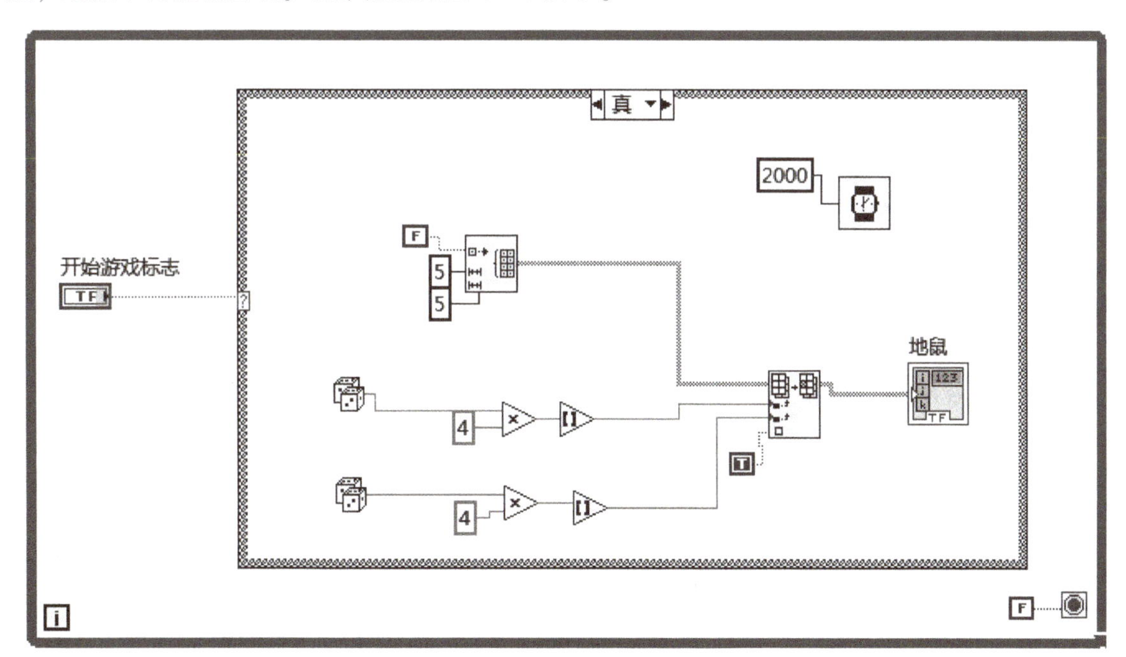

图 8-16　条件控制地鼠随机出现程序框图

在程序框图中另外创建一个循环结构，在循环内放置事件结构，事件结构中添加两个事件分支，分别是“开始游戏：值改变”事件与“停止游戏：值改变”事件。编写事件内容如图 8-17 和图 8-18 所示，创建了“开始游戏标志”的局部变量，在事件内对开始游戏标志进行赋值。

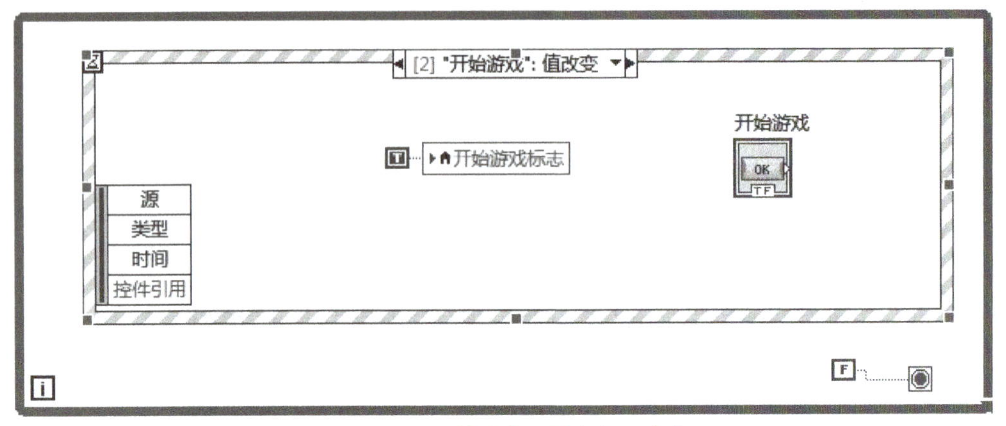

图 8-17 “开始游戏：值改变”事件

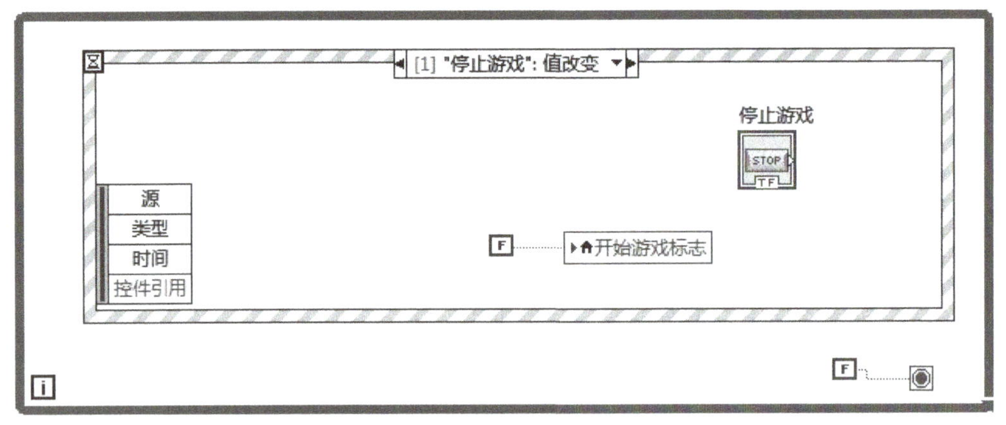

图 8-18 “停止游戏：值改变”事件

5. 计分模块

为前面板添加一个数值显示控件显示得分，命名为“当前得分”，数据类型为 U8。当鼠标击中出现的地鼠时，得分加 1，否则不得分。

在事件结构里添加地鼠控件的“鼠标按下”事件分支，如图 8-19 所示。编写程序事件框图，如图 8-20 所示。

这里创建“地鼠”数组的属性节点，获取鼠标所单击的数组元素的值。创建属性节点方法是：右击地鼠数组，从快捷菜单中选择“创建”→“属性节点”→“数组元素”→“值”，如图 8-21 所示。

为属性节点的输出端创建一个显示控件“数组元素.值”，运行程序，当鼠标所击中的地鼠状态是跳出的，则“数组元素.值”显示“TRUE”，反之为“FALSE”，如图 8-22 所示。

因此“地鼠：鼠标按下”事件中只需判断鼠标按下的地鼠数组元素的值是否等于 TRUE，如果为 TRUE，表示鼠标打中了地鼠，当前得分加 1。这里 TRUE 为变体常量。

图 8-19　添加“地鼠：鼠标按下”事件分支

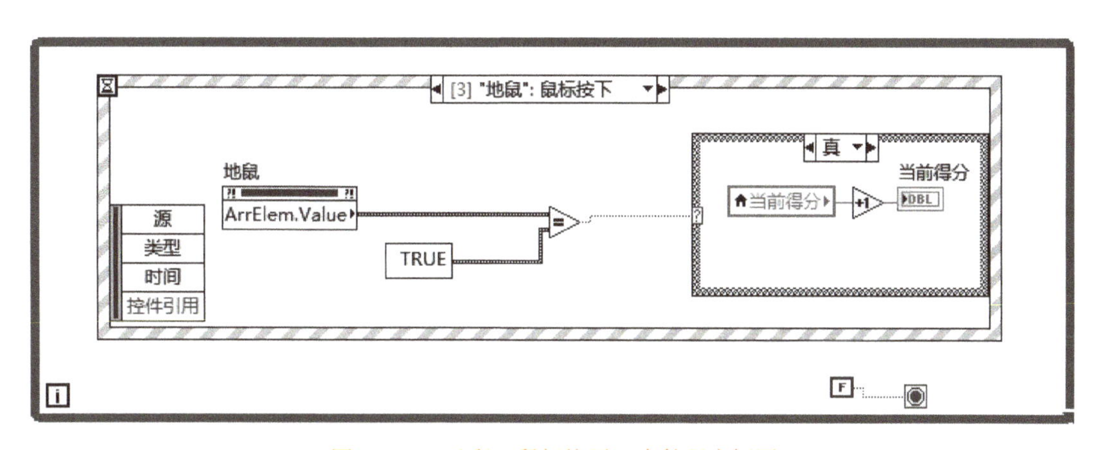

图 8-20　“地鼠：鼠标按下”事件程序框图

计分模块实现后，可以在“停止游戏：值改变”事件内增加当前得分显示功能，程序框图如图 8-23 所示。

6. 倒计时模块

倒计时模块

在前面板添加一个数值显示控件，显示当前游戏剩余时间，数据类型为 U8。游戏开始，剩余时间首先被赋一个初值，然后以 1 s 时间间隔进行倒计时，如果剩余时间为 0，则弹出对话框提示游戏结束，并显示本次游戏得分。这里调用“数值至十进制数字符串转换”函数和“连接字符串”函数。倒计时模块如图 8-24 所示。

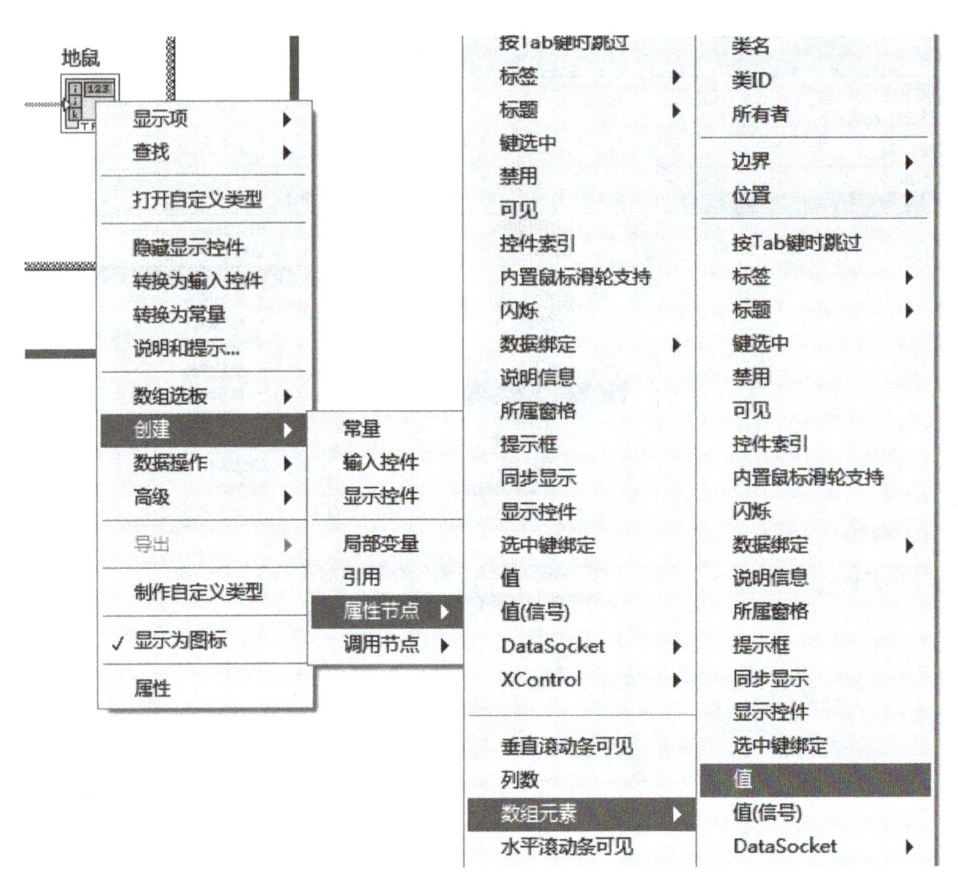

图 8-21 创建“地鼠”数组元素的值属性节点

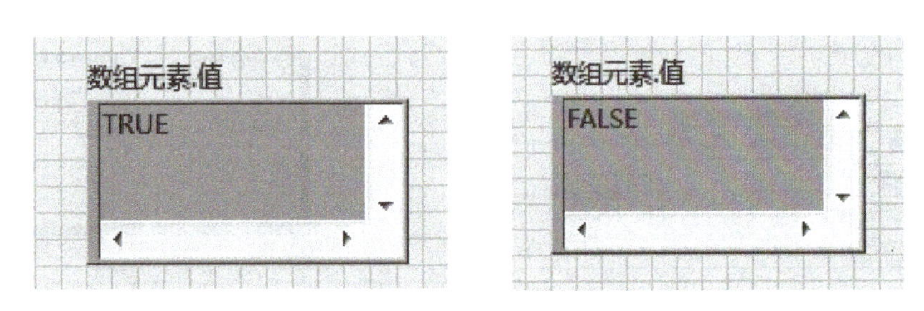

图 8-22 鼠标按下的“数组元素.值”

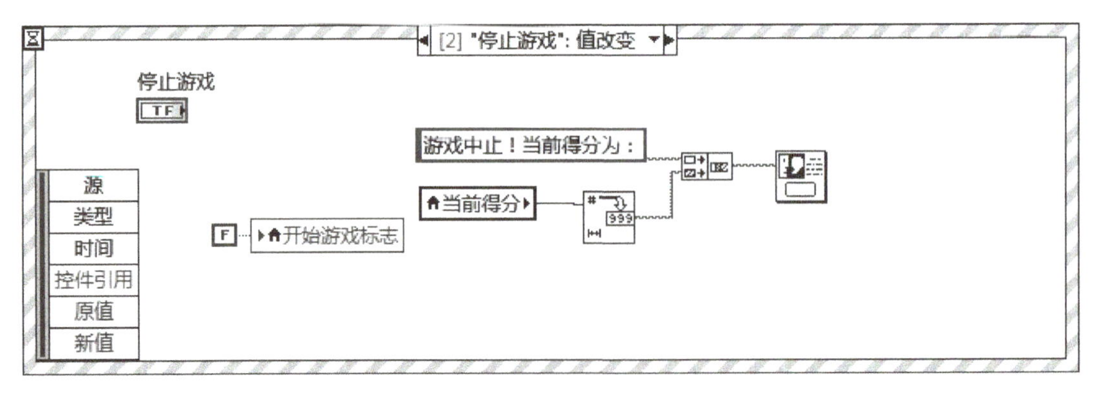

图 8-23 “停止游戏：值改变”事件程序框图

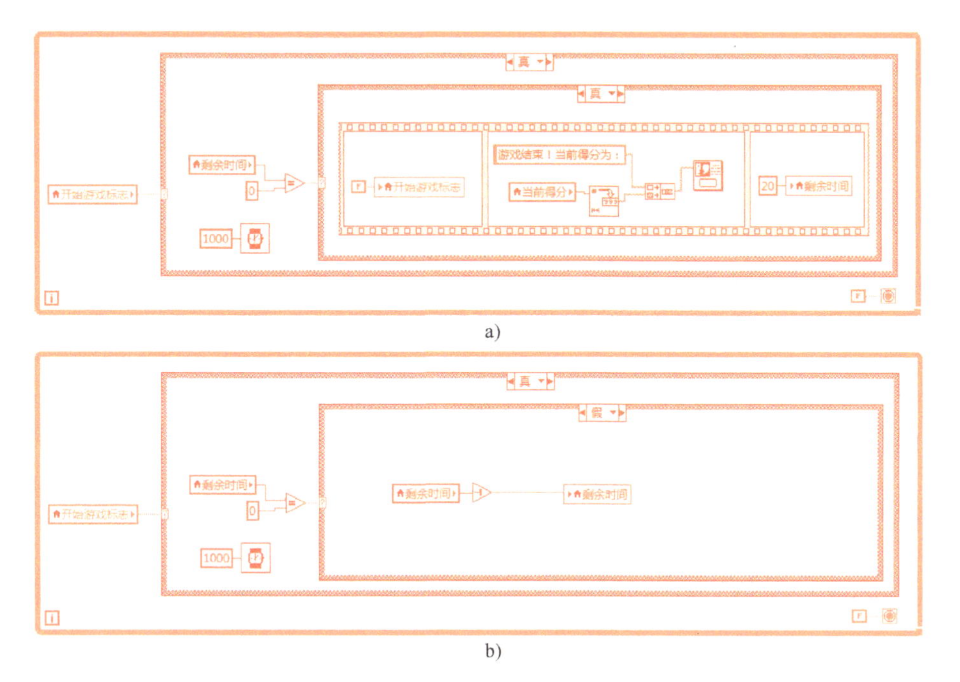

图 8-24　倒计时模块

a）倒计时模块“真”分支　b）倒计时模块“假”分支

7. 参数初始化

程序初始化部分主要是对前面板上的一些控件值进行初始化赋值。添加顺序结构先进行初始化赋值，然后执行事件结构。这里对“当前得分”控件、“剩余时间”控件、“开始游戏标志”控件进行了初始化赋值。

另外，在开始游戏事件中，也需要对一些控件内的值进行初始化，如图 8-25 所示，“开始游戏标志”变为 F，“当前得分”设置为 0，“剩余时间”为给定的初始时间。一旦“开始游戏”按钮按下，就执行地鼠随机出现和倒计时程序。

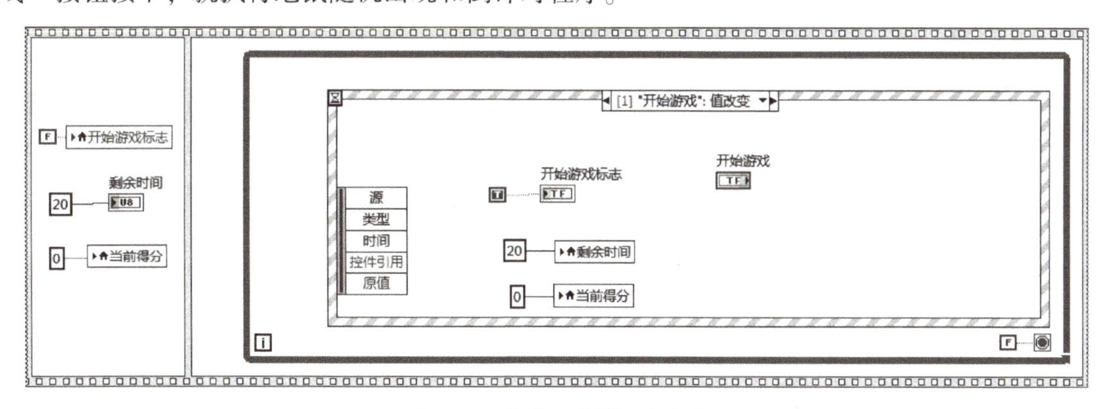

图 8-25　参数初始化程序框图

8. 调试

在设计过程中，设计完一个模块就要进行调试，最后对整个程序的功能进行调试，测试各个功能和显示结果是否符合设计要求，效果图如图 8-26 所示。

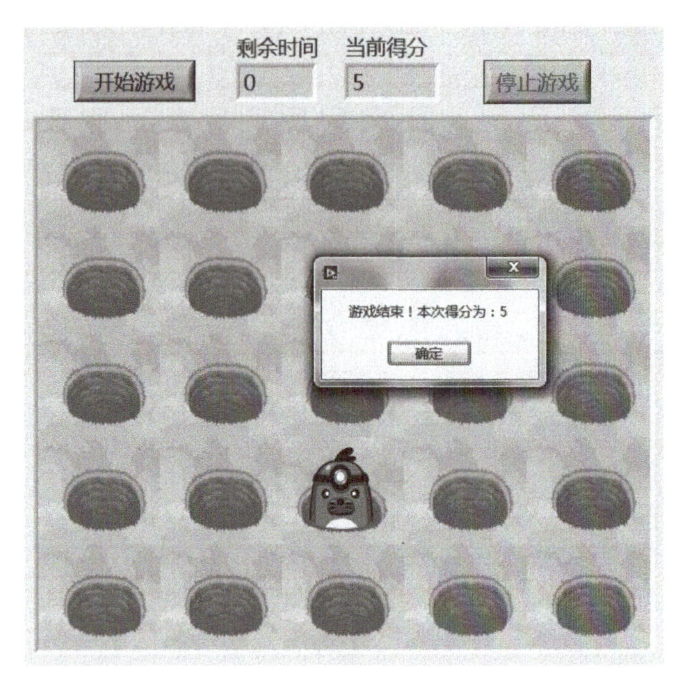

图 8-26 游戏效果图

8.2 虚拟示波器的设计

利用 LabVIEW 设计示波器，具有通用示波器的基本功能，既能显示和测量被测信号，又能调节信号在垂直方向和水平方向的偏转。利用设计的示波器对正弦波、三角波和方波信号进行测量。

8.2.1 前面板设计

1）放置一个按钮来使示波器停止工作，设置位置、大小、颜色，隐藏标签。

2）放置一个组合框对被测信号（正弦波、三角波、方波）进行选择。设置位置、大小、颜色，编辑标签，并设置“正弦波”为默认选项。

3）放置一个旋钮控件调节偏转因数。偏转因数旋钮设计为 5 档：0.01 V/div、0.05 V/div、0.1 V/div、0.5 V/div、1 V/div。

① 设置标签为“偏转因数旋钮”，标题为“V/div”，设置位置、大小、颜色。

② 表示法设置为“U32”（无符号长整型）。

③ 设置旋钮的 5 个文本标签：0.01、0.05、0.1、0.5、1（5 档）。5 个文本标签对应的值为 0、1、2、3、4。

④“属性”→“外观”→“标题”中选中“可见”，单击“启用”，设置指针颜色，选中“锁定在最小值与最大值之间”，其余选项不选。

4）放置一个时基因数转盘，分为 5 档：0.001 s/div、0.01 s/div、0.1 s/div、1 s/div、10 s/div。

① 设置标签为“时基因数转盘”，标题为“s/div”，设置位置、大小、颜色。

② 表示法设置为“U32”（无符号长整型）。

③ 在“属性”→“文本标签”中，设置转盘的 5 个标签：0.001、0.01、0.1、1、10（5 档）。5 个文本标签对应的值为 0、1、2、3、4。

④“属性”→“外观”→“标题”中选中“可见”，单击“启用”，设置指针颜色，选中“锁定在最小值与最大值之间”，其余选项不选。

5）放置波形图表。

① [X 标尺]，取消选中“自动调整 X 标尺”；[Y 标尺]，取消选中“自动调整 Y 标尺”。

② 属性设置：

属性→外观：“启用状态”选择“启用”；“刷新模式”设置为“示波器图表”；“曲线显示”设置为“1”，其余不选。

属性→曲线：设置显示信号的线条类型及颜色。

属性→标尺：先选择“时间（X）轴”，设置最小值为 0，最大值为 80，偏移量为 0，缩放系数为 1，在“网络样式与颜色”里设置主网络颜色，其余选项不选；再选择“幅值（Y 轴）”，设置最小值为-4，最大值为 4，偏移量为 0，缩放系数为 1，在“网络样式与颜色”里设置主网络颜色，其余选项不选。

③ 利用工具模板上的工具，设置波形图表的位置、大小及背景颜色。

虚拟示波器 VI 前面板参考图如图 8-27 所示。

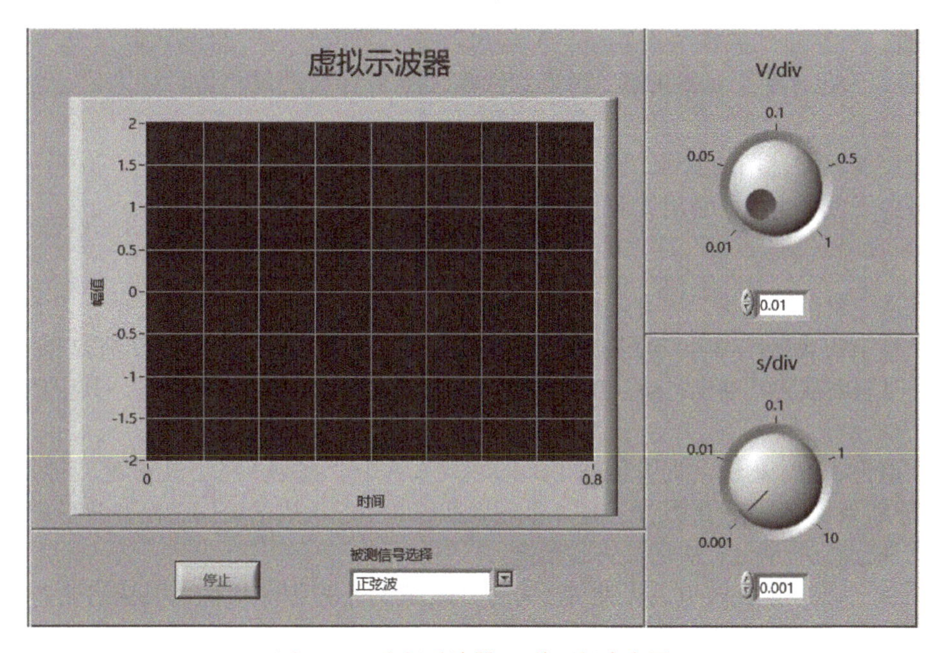

图 8-27　虚拟示波器 VI 前面板参考图

8.2.2　程序设计

1. 设计被测信号选择与显示

1）放入一个条件结构，用于选择被测信号。

2）组合框控件图标与条件选择端子相连，并设置其子框图（正弦波、三角波、方波）。

① 正弦波子框图：利用正弦波 VI 产生幅值为 0.5 V、频率为 5 Hz、相位为 0°、偏移量为 0 V 的正弦波。

② 三角波子框图：利用三角波 VI 产生幅值为 0.1 V、频率为 50 Hz、相位为 180°、偏移量为 0.1 V 的三角波。

③ 方波子框图：利用方波 VI 产生幅值为 0.5 V、频率为 0.5 Hz、相位为 90°、偏移量为 -1 V、占空比为 50%的方波。

3）条件结构各子框图产生的输出信号通过输出通道与“波形图表”相连。

2. 设计偏转因数选择部分

1）放入条件结构，用于选择偏转因数。

2）条件结构的选择端子与偏转因数选择旋钮相连，设置 5 个子框图，值分别为 0、1、2、3、4，对应的偏转因数为 0.01 V/div、0.05 V/div、0.1 V/div、0.5 V/div、1 V/div，其中值为 4 的子框图设置为“默认”。

3）在值为 4 的子框图（偏转因数 1 V/div）放入一个“捆绑 VI”（簇常量），设置其 5 个元素（常数），由上到下的值分别为-4、4、1、0.2、-4，这 5 个元素捆绑在一起构成的簇用于设置波形显示 Y 标尺的最小值、最大值、增量、次增量、起始值。

4）同 3)，其余子框图也放入捆绑 VI，5 个元素大小根据相应的偏转因数自行设计（增量∶次增量=5∶1）（增量就是当前的偏转因数）。

5）程序框图中创建“波形图表”Y 标尺范围的属性节点：右击波形图表，从快捷菜单中选择“属性”→“创建属性节点”→“Y 标尺”→“范围”→“全部元素”。Y 标尺的范围属性节点是一个包含 5 个元素的簇，5 个元素依次为 Y 标尺的最小值、最大值、增量、次增量、起始值。

6）设置 Y 标尺范围的属性节点为“写入方式”。

7）将各子框图生成的输出簇与其相连。

3. 设计时基因数选择部分

1）放入一个条件结构，用于选择时基因数。

2）条件结构的选择端子与时基因数转盘相连，设置 5 个子框图，值分别为 0、1、2、3、4，对应的时基因数为 0.001 s/div、0.01 s/div、0.1 s/div、1 s/div、10 s/div，其中值为 3 的子框图设置为“默认”。

3）在值为 3 的子框图（时基因数 1 s/div）放入一个“捆绑 VI”，设置其 5 个元素，由上到下的值分别为 0、8、1、0.2、0，这 5 个元素捆绑在一起构成的簇用于设置波形显示 X 标尺的最小值、最大值、增量、次增量、起始值。

4）同 3)，其余子框图也放入捆绑 VI，5 个元素大小根据相应的时基因数自行设计（增量∶次增量=5∶1）（增量就是当前的偏转因数）。

5）程序框图中创建“波形图表”X 标尺范围的属性节点（“属性”→“创建属性节点”→“X 标尺”→“范围”→“全部元素”）。X 标尺的范围属性节点是一个包含 5 个元素的簇，5 个元素依次为 X 标尺的最小值、最大值、增量、次增量、起始值。

6）设置 X 标尺范围的属性节点为写入方式（“转换为写入”）。

7）将各子框图生成的输出簇与其相连。

4. 设计工作控制部分

加入 while 循环，包围已设计的框图程序和控件图标。循环结构条件端子与“停止按钮”相连。

8.2.3　信号测试

1）运行虚拟示波器 VI，在组合框中分别选择“正弦波”“三角波”“方波”，调节偏转因数旋钮和时基因数转盘，使显示屏显示清晰的波形。按下“停止按钮”，将所选择的偏转因数、时基因数及波形数据记录在表 8-1 中。

表 8-1　数据记录

被测信号	偏转因数 /(V/div)	时基因数 /(s/div)	直流量/V	幅值/V	周期/s	起始相位/(°)
正弦波						
三角波						
方波						

2）将参数测量值与被测信号的实际值相比较。

8.3　钟表的设计

设计一个具有指针显示的简易钟表。

8.3.1　前面板设计

（1）选控件

打开“控件”选板，选择“新式”→“数值”→“量表”控件。

（2）改量程

量表的量程设置为 0~12。

（3）合并量表的最小刻度和最大刻度

将光标移动到量表的最大刻度值“12”的刻度线上，当光标变成一个两端带箭头的半圆形状时，按住鼠标左键，顺时针拖动刻度，使“12”刻度和“0”刻度重合，如果一次没能成功，可多次尝试，直到 0 和 12 重合。

（4）将刻度“12”显示在正上方

光标放在任意一个刻度上，当光标变成一个两端带箭头的半圆形状时，拖动鼠标，使“12”刻度线位于正上方显示。

上述步骤如图 8-28 所示。

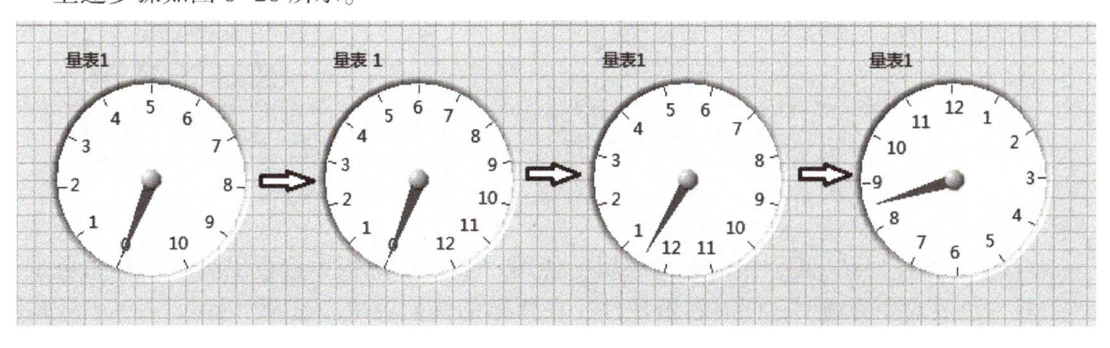

图 8-28　钟表面分步骤设计

（5）修改指针长度

如果想要使“时”“分”“秒”3个指针呈现长度不同，可以通过修改控件实现。方法是右击这个量表控件，在弹出的快捷菜单中选择“制作自定义类型”，再右击这个量表控件，从快捷菜单中选择“打开自定义类型”，这时打开了控件自定义类型编辑窗口，单击工具栏中的扳手🔧，使其变为⊘，在此时自定义编辑模式下修改指针长度。最后将修改后的文件命名并保存，供前面板设计时调用。这里秒指针长度不变，采用默认控件，对时和分的量表指针长度进行修改。

（6）设计时钟簇

1）选择“秒”“分”“时”3个控件到前面板，并将它们放入一个簇中，如图8-29所示。

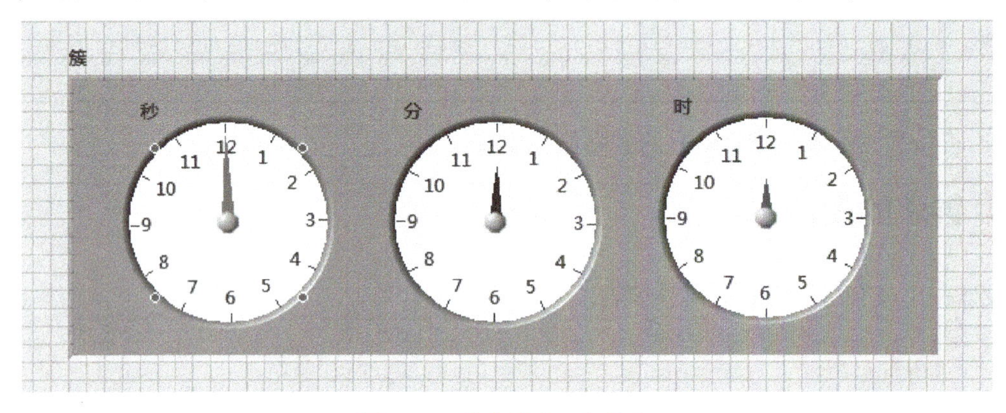

图8-29　簇中放入3个量表

2）选中簇右击，在弹出的快捷菜单中选择“重新排序簇中控件”，如图8-30所示，可以修改“秒”“分”“时”3个控件在簇中的逻辑顺序，设置如图8-31所示。

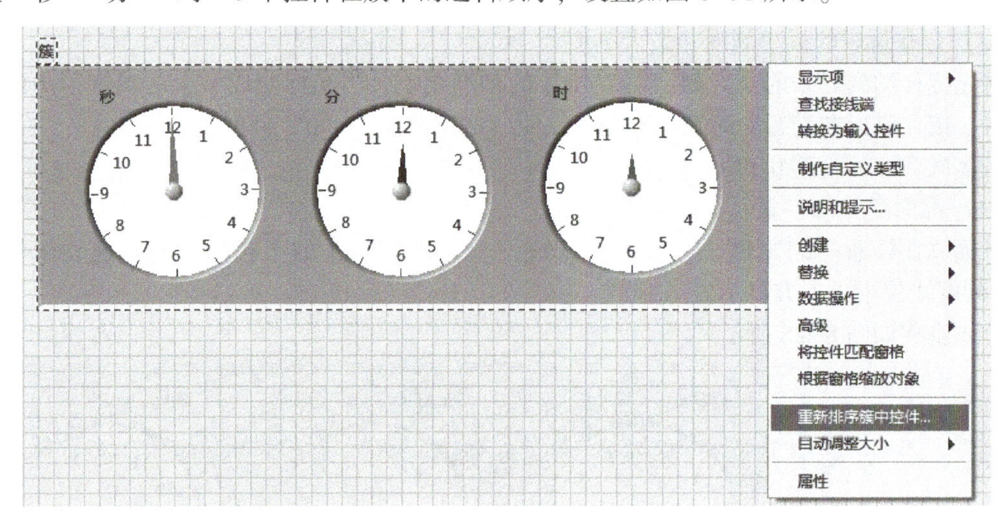

图8-30　设置簇元素逻辑顺序

3）对“时”“分”两个控件进行编辑，使用“工具”选板中颜色工具下的透明色工具“T”，将白色表盘变为透明，同时右击控件，在弹出的快捷菜单中选择“标尺”→“样式”，然后选择空白刻度样式。还可以为指针设置不同的颜色。设置好的“时”“分”两个控件效果如图8-32所示。

图 8-31　秒分时在簇中的逻辑顺序

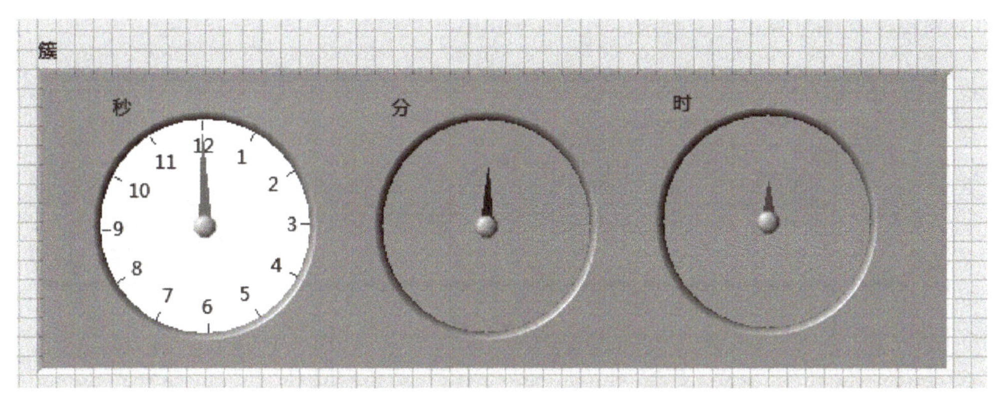

图 8-32　“时”“分”两个控件的效果

4）将它们的标签隐藏，移动 3 个控件，配合使用键盘上的上、下、左、右移动按钮，以及工具栏中的重新排序按钮改变控件前后叠放顺序，使 3 个量表中心重合在一起，最后效果如图 8-33 所示。

图 8-33　设计的钟表效果

8.3.2 程序设计

为了实现更精确的定时，提高时间显示的精度，这里采用“定时循环”结构，它位于“函数”选板→“结构”→“定时循环”子选板中，如图 8-34 所示。定时循环结构根据指定的循环周期顺序执行一个或多个子程序框图或帧。

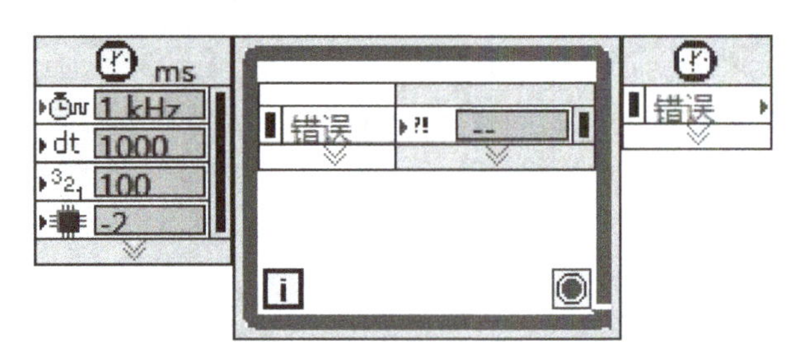

图 8-34 定时循环结构

钟表的程序框图如图 8-35 所示。

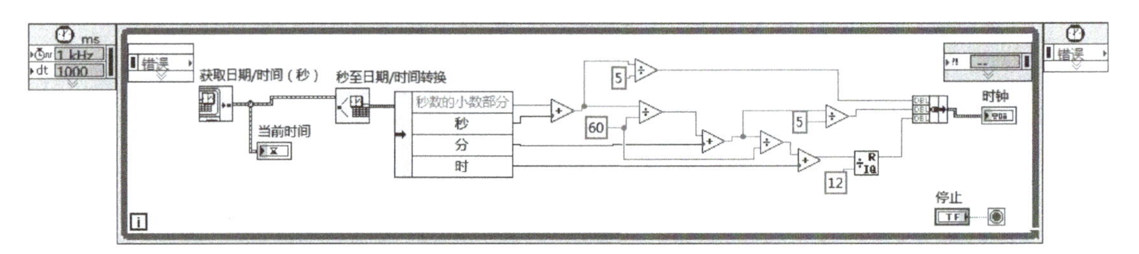

图 8-35 钟表的程序框图

8.3.3 运行效果

钟表运行结果如图 8-36 所示。

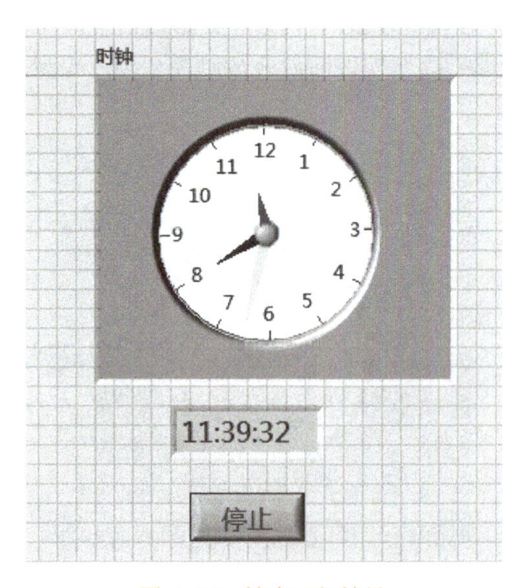

图 8-36 钟表运行结果

思考与练习

1. 简述地鼠随机出现的设计原理。

2. 简述游戏中计分模块的设计原理。

3. 有一个正弦信号，使用垂直偏转因数为 10 mV/div 的示波器进行测量，测量时信号经过 10∶1 的衰减探头加到示波器，测得显示屏上波形的高度为 6 div，试计算该信号的峰值和有效值。

4. 设计一个虚拟的交通灯控制器。

5. 设计一个可定时的小闹钟。

第 9 章　使用 LabVIEW 设计串口调试助手

在实际应用中，经常要实现计算机与微控制器、仪器与仪器之间的相互通信，它们之间通常采用串口通信。本章首先介绍串口通信的基本理论知识，包括概念、物理接口和信息层方面的信息，然后介绍 LabVIEW 执行串行通信的流程，接着介绍串口接收数据的解析方法，最后以串口调试助手的设计为案例，详细介绍了项目设计步骤和调试过程。

9.1 串口通信基础知识

9.1.1 串口通信的概念

串口通信是指外设和计算机之间，通过数据信号线、地线、控制线等，按位（bit）进行传输数据的一种通信方式。虽然比按字节（byte）的并行通信慢，但是串口可以在使用一根线发送数据的同时用另一根线接收数据，它比较简单并且能够实现远距离通信。串口通信最重要的参数是波特率、数据位、停止位和奇偶校验，对于两个需要进行串口通信的端口，这些参数必须匹配，才能实现串口通信。串行通信数据传输示意图如图 9-1 所示。

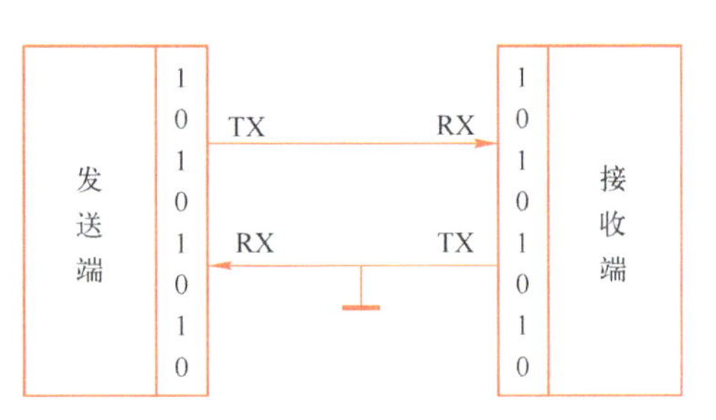

图 9-1　串行通信数据传输示意图

9.1.2 串口通信的物理接口

串口通信的物理接口有很多不同的标准，如 RS-232、RS-485、RS-422 等，标准规定了信号的用途、通信接口以及信号的电平标准。表 9-1 给出了 3 种不同标准的接口信息。其中，RS-232 接口是主流的串行通信接口之一，广泛用于计算机与终端或外设之间的近端连接，计算机上常见的 COM1、COM2 接口就是 RS-232 接口。

表 9-1　RS-232/RS-485/RS-422 标准的接口信息

接口标准	RS-232	RS-485	RS-422
电平	逻辑“1”：-15～-3 V。逻辑“0”：3～15 V。与 TTL 电平不兼容，故需使用电平转换电路方能与 TTL 电路连接	逻辑“1”：两线电压差为 2～6 V。逻辑“0”：两线电压差为-6～-2 V 接口信号电平比 RS-232C 低，因此不容易损坏接口电路芯片，且该电平与 TTL 电平兼容，可方便与 TTL 电路连接	同 RS-485
传输距离	最大 15 m	1000 m	1000 m

（续）

接口标准	RS-232	RS-485	RS-422
传输速率	较低，最高速率为 20 kbit/s	数据最高传输速率为 10 Mbit/s	最大传输速率为 10 Mbit/s
传输方式	全双工，单端传输方式，抗噪声干扰性弱	半双工，差分方式传输，抗干扰性强	全双工，以差动方式发送和接收
与其他设备连接方式	在总线上只允许连接一个收发器	在总线上允许连接多个收发器，这样用户可以利用单一的 RS-485 接口方便地建立设备网络	在相同传输线上允许连接多个接收节点。一个主设备，其余为从设备，从设备之间不能通信，支持点对多的双向通信

串口通信的物理接口有多种形式，不同物理接口遵循的电平标准不同，因而在通信时需要进行电平转换，才能相互识别，如图 9-2 为两个通信设备 A 与 B 之间通过不同物理接口进行连接的示意图。

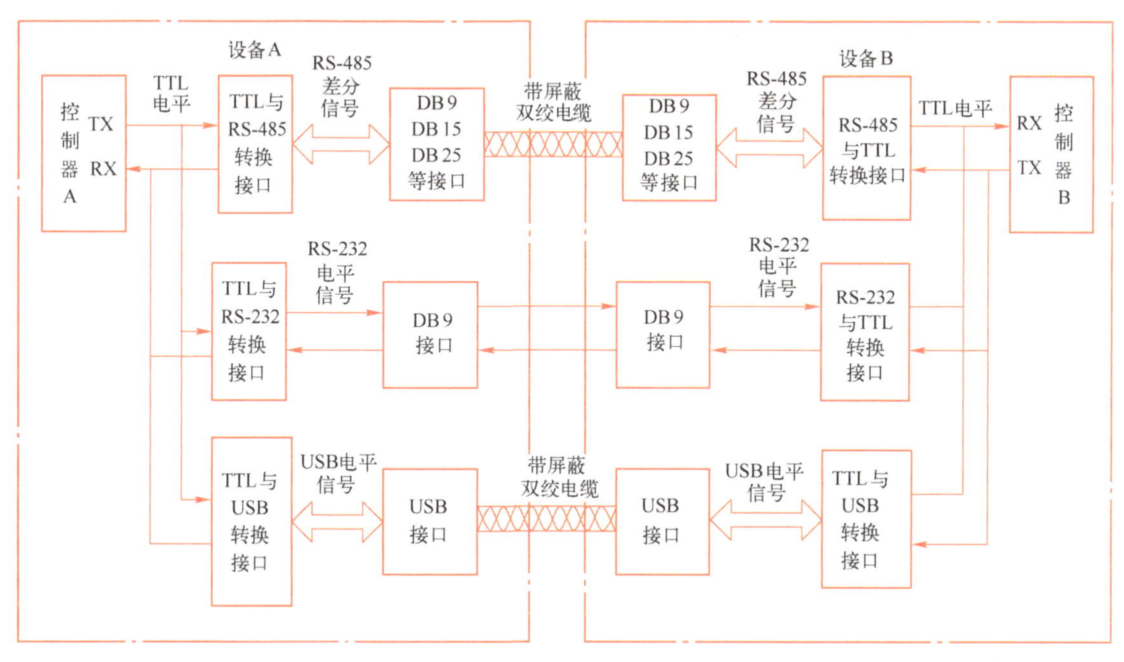

图 9-2　通信载体间物理层连接示意图

以图 9-2 中的“DB9”接口为例，两个通信设备的“DB9”接口之间通过串口信号线建立起连接，串口信号线中使用“RS-232 标准”传输数据信号。由于 RS-232 电平标准的信号不能被控制器直接识别，所以这些信号会经过一个电平转换接口转换成控制器能识别的 TTL 电平信号，才能实现通信。

图 9-3 所示为 DB9 标准串口通信接口引脚示意图和实物图。

常见的电平转换接口有：

1）USB 与 TTL 转换接口。

例如，计算机的 USB 口与不带电平转换芯片的微控制器进行通信时，需要购买 USB 转 TTL 模块，该模块的核心是 PL2303、CP2102 芯片，完成 USB 电平到 TTL 串口电平的转换。

图 9-4 所示为 USB 转 TTL 的串口板，可以用 USB 扩展出一个串口，芯片为 PL2303x。该

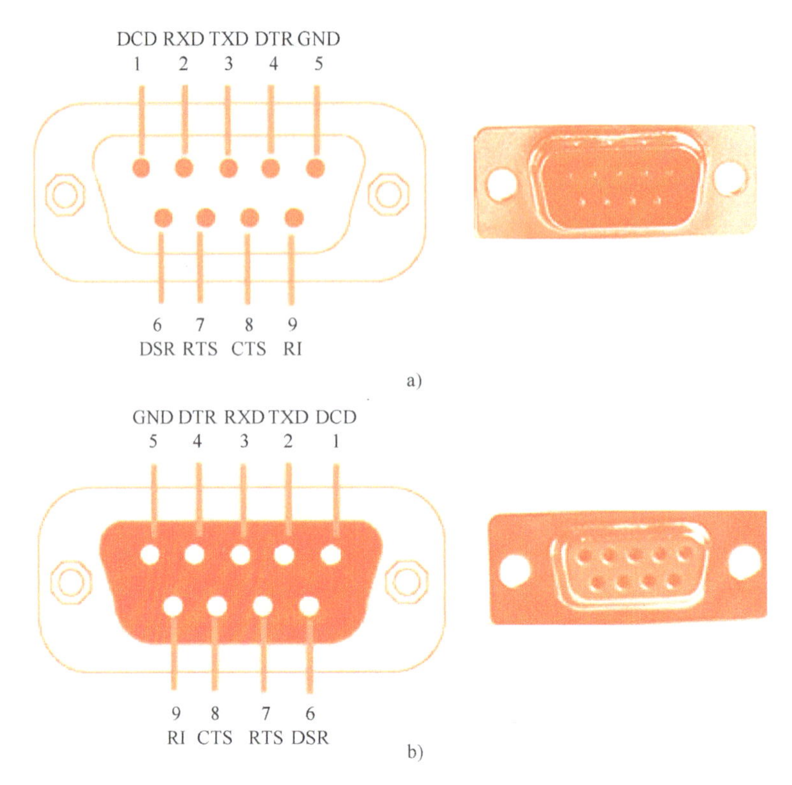

图 9-3　DB9 标准串口通信接口引脚示意图和实物图
a）DB9 公头（针型）　b）DB9 母头（孔型）

模块一端与计算机的 USB 相连，另一端有 RXD、TXD、5 V、GND 共 4 个引脚，分别与单片机的 TXD、RXD、5 V、GND 引脚相连，对于采用 3.3 V 供电的单片机，把 5 V 改为 3.3 V。另一种 USB 转 TTL 串口板如图 9-5 所示，采用 CP2102 芯片实现 USB 到 TTL 的转换，这个小板只多了 3.3 V 电源端，以适应不同的目标电路。使用这些转接口时，计算机端要安装相应的驱动程序。

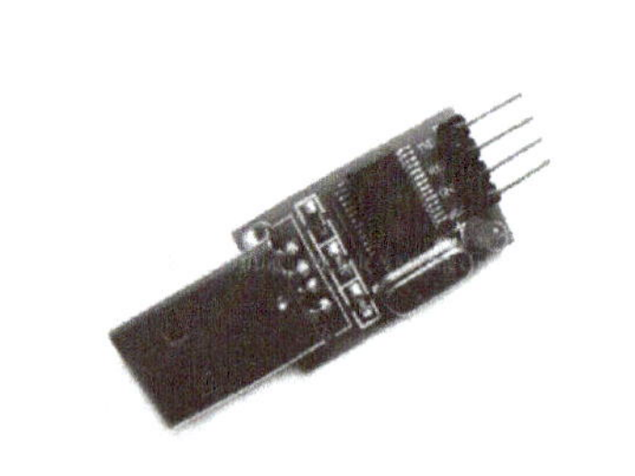

图 9-4　USB 转 TTL 串口（PL2303x）

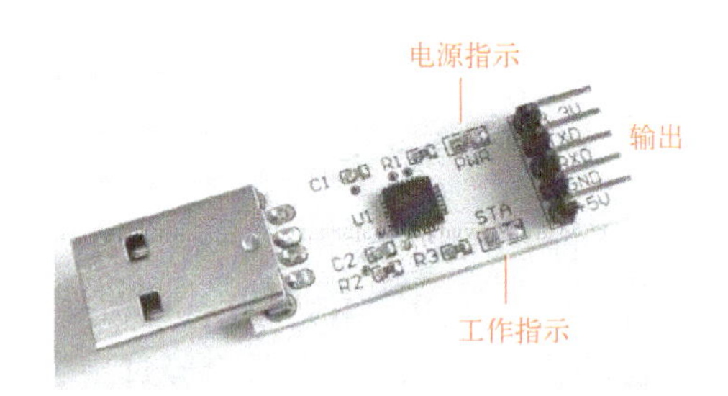

图 9-5　USB 转 TTL 串口（CP2102）

2）TTL 与 RS-232 转换接口。

当计算机的 DB9 接口与不带电平转换芯片的微控制器通信时，需配置 RS-232 转 TTL 模块，如图 9-6 所示。该模块一端是 DB9 与计算机的 DB9 连接，一端是 RXD、TXD、VCC、GND 与单片机相应引脚连接。其核心是一块 MAX232 电平转换芯片。

此外还有 TTL 与其他协议标准的转换接口，如 TTL 转 RS-485 接口、USB 转 RS-232 接口等，如图 9-7 所示。

图 9-6　RS-232 转 TTL 模块

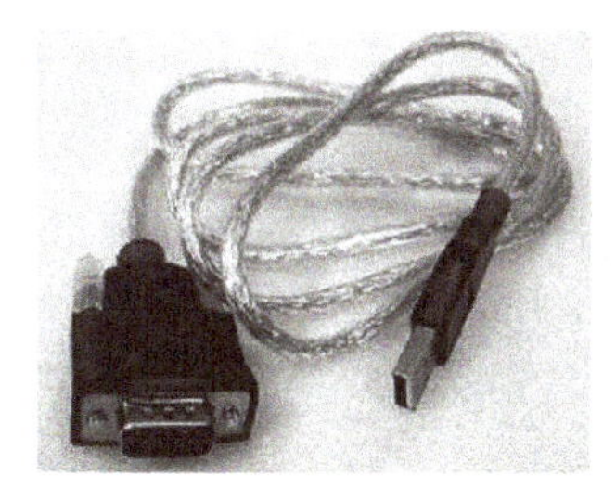

图 9-7　USB 转 RS-232 接口

9.1.3　串口通信的信息层

1. 串行同步通信与串行异步通信

串行通信模式是在一条信号线上，数据逐位进行传输。发送方发送的每一位都具有固定的时间间隔，这就要求接收方也要按相同的时间间隔来接收每一位。不仅如此，接收方还必须能够确定一个信息组的开始和结束。两种常用的基本串行通信方式为同步通信和异步通信。

串行同步通信是指在约定的通信速率下，发送端和接收端的时钟信号频率和相位始终保持一致，从而保证通信双方在发送和接收数据时具有完全一致的定时关系。同步通信把许多字符组成一个信息组（信息帧），每帧的开始用同步字符来指示，一次通信只发送一帧信息。在传输数据的同时还需要传输时钟信号，以便接收方可以用时钟信号来确定每个信息位。同步通信的优点是传送信息的位数几乎不受限制，一次通信传输的数据为几十到几千字节，通信效率较高。同步通信的缺点是要求在通信中始终保持精确的同步时钟，即发送时钟和接收时钟要严格的同步，常用的做法是两个设备使用同一个时钟源。

串行异步通信是以字符为单位进行传输的。字符之间没有固定的时间间隔要求，而每个字符中的各位则以固定的时间传送。异步通信中，收发双方通过在字符格式中设置起始位和停止位的方法取得同步，即在一个有效字符发送之前，发送方先发送一个起始位，然后发送有效字符位，在字符结束时再发送一个停止位，起始位至停止位构成一帧。停止位至下一个起始位之间是不定长的空闲位，并且规定起始位为低电平，停止位和空闲位都是高电平，从而保证了起始位开始处有一个下降沿，由此标志一个字符传输的起始。因此，根据起始位和停止位很容易实现了字符的界定和同步。可见，串行异步通信时，发送端和接收端可以由各自的时钟来控制数据的收发，这两个时钟源彼此独立，可以不同步。

2. 波特率

串口通信中信号的传输速率通常用波特率表示。波特率是码元的传输速率，单位是码元/s，又称为波特（Baud）。

它与比特率有如下换算关系：

$$S=B\log_2 N$$

式中，S 是比特率，单位为 bit/s；B 是波特率，单位为 Baud；N 是一个脉冲信号所表示的有效状态。

在二进制中，脉冲的有无表示码元状态的“1”和“0”，即码元有 2 个状态（$N=2$），这时波特率与比特率在数值上是相等的，则有 $S=B\log_2 2$，即 $S=B$，此时，1 Baud = 1 bit/s。

在计算机与单片机串口通信中，通常采用二进制形式，常用的波特率有 4800 bit/s、9600 bit/s、19200 bit/s 等。两台设备如果要想实现串口通信，收发端的波特率设置就要一致，否则无法实现通信。

3. 数据格式

异步通信规定的传输的数据帧格式由起始位、数据位，奇偶校验位（可选）和停止位组成，如图 9-8 所示。

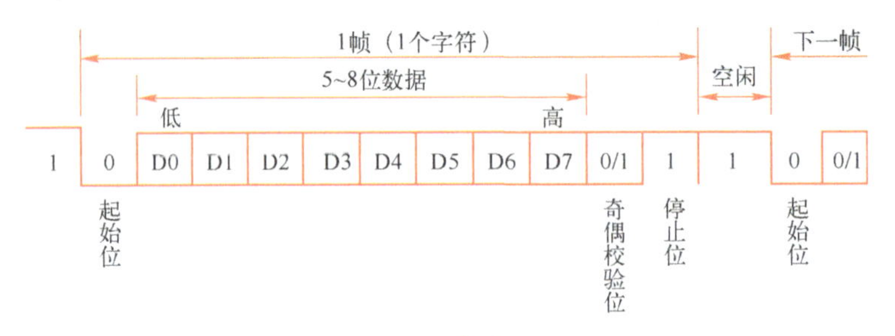

图 9-8　异步通信数据帧格式

1）起始位。起始位必须是持续一个比特时间的逻辑 0 电平，标志传输一个字符的开始，接收方可用起始位使自己的接收时钟与发送方的数据同步。

2）数据位。数据位紧跟在起始位之后，是通信中的真正有效信息。数据位的位数可以由通信双方共同约定，一般为 5 位、7 位或 8 位，标准的 ASCII 码是 0～127（7 位），扩展的 ASCII 码是 0～255（8 位）。传输数据时先传送字符的低位，后传送字符的高位。

3）奇偶校验位。奇偶校验位仅占一位，用于进行奇校验或偶校验，奇偶检验位不是必须存在的。如果是奇校验，需要保证传输的数据共有奇数个逻辑高位；如果是偶校验，需要保证传输的数据共有偶数个逻辑高位。举例来说，假设传输的数据位为 01001100，如果是奇校验，则奇校验位为 0，如果是偶校验，则偶校验位为 1。

4）停止位。停止位可以是 1 位、1.5 位或 2 位，可以由软件设定。它一定是逻辑 1 电平，标志着传输一个字符的结束。

5）空闲位。空闲位是指从一个字符的停止位结束到下一个字符的起始位开始，表示线路处于空闲状态，必须由高电平来填充。

波特率、数据位、停止位和奇偶校验位是串口通信最重要的参数，对于两个进行通信的端口，这些参数必须匹配。

数据从 CPU 经过串行端口发送出去时，字节数据转换为串行的位；在接收数据时，串行的位被转换为字节数据。应用程序使用串口进行通信时，先向操作系统提出资源申请要求（打开串口），通信完成后必须释放资源（关闭串口）。

9.1.4　串口通信单工/半双工/全双工方式

单工：只支持数据在一个方向上传输，如图 9-9a 所示。

半双工：允许数据在两个方向上传输，但同一时刻只允许数据在一个方向上传输，通过收/发开关转接到通信线上，进行方向的切换，如图 9-9b 所示。

全双工：允许数据同时在两个方向上传输，因此全双工通信是两个单工方式的结合，需要独立的接收端和发送端，如图 9-9c 所示。

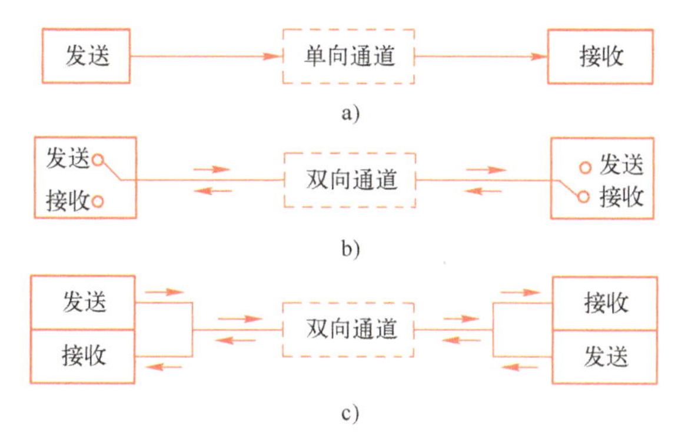

图 9-9　串口通信单工/半双工/全双工方式
a）单工　b）半双工　c）全双工

9.2　LabVIEW 串口通信

LabVIEW 能够驱动计算机内置或外部连接的串行口（如 USB 串行口适配器），与外部设备实现串行通信。LabVIEW 提供了虚拟仪器软件体系结构 VISA，VISA 是应用于仪器编程的标准 I/O 应用程序接口，是工业界通用的仪器驱动器标准应用程序接口（API），其控制的类型很多，如以太网、USB、GPIB、串口及支持 PXI 和 VXI 的所有仪器。用户不必关心所使用的物理连接类型，通过调用 LabVIEW 提供的 VISA 函数，编写软件即可与其他设备进行通信。

VISA 函数位于“编程”→“数据通信”→“协议”→“串口”，如图 9-10 所示。

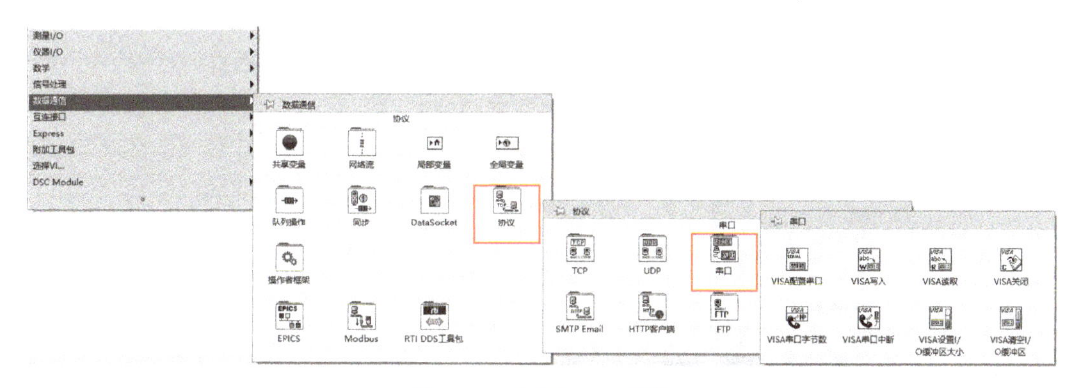

图 9-10　打开 VISA 函数

9.2.1　VISA 驱动安装

安装完 LabVIEW 软件后，系统是不带 VISA 驱动的。要进行串口通信，首先要安装 VISA 驱动。VISA 驱动可以到 NI 官网搜索下载，选择支持当前 LabVIEW 版本的 VISA 驱动。安装时，建议退出杀毒软件，安装结束，重启计算机。

9.2.2　主要串口函数介绍

串口操作流程一般为：配置（打开）串口→读/写串口→关闭串口，因此常用到的串口函数为 VISA 配置串口、VISA 写入、VISA 读取、VISA 关闭，如图 9-11 所示。

1. VISA 配置串口

VISA 配置串口函数如图 9-12 所示，它的主要功能是初始化、配置串口。

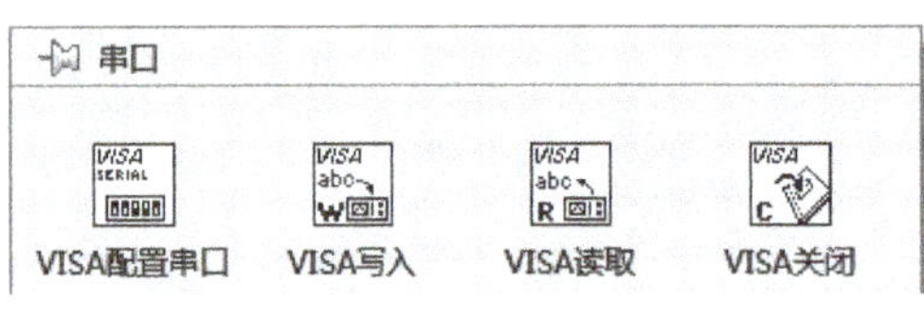

图 9-11 主要串口函数

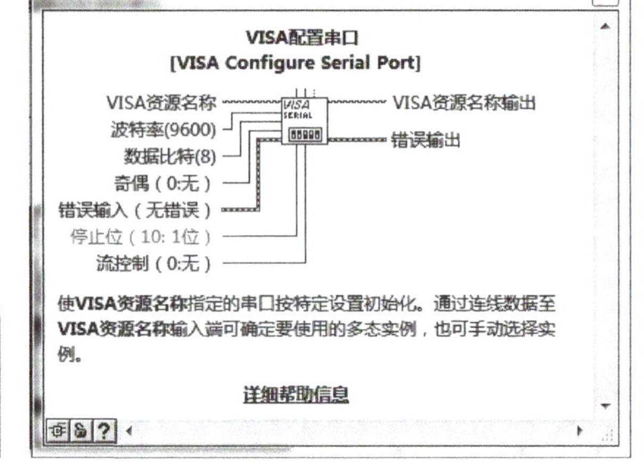

图 9-12 VISA 配置串口函数

该函数用于设定 VISA 资源名称、波特率、数据位、奇偶校验位、流控制等参数。在程序框图界面，在对应的参数端口上右击，从快捷菜单中选择“新建常量”或者“输入控件”，可以方便地进行串口配置。

配置串口函数主要参数说明如下。

- VISA 资源名称：右击该参数端口，从快捷菜单中选择“创建”→“输入控件”创建前面板上的 VISA 资源名称输入控件，如图 9-13 所示。

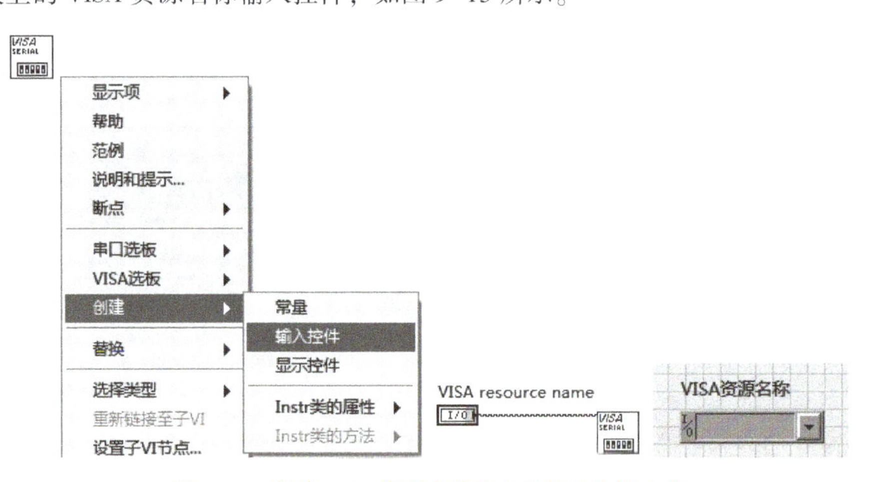

图 9-13 创建 VISA 资源名称输入控件的快捷方式

- 波特率：默认为 9600 bit/s。
- 数据比特：在一帧里信息比特的数量，LabVIEW 通常允许 5~8 位，默认值是 8 位。
- 奇偶：可选择无校验、奇校验或偶校验。
- 停止位：是 1.0、1.5、2.0 等数据。这里最好右键创建常量，然后选择对应的枚举类型。停止位在表示传输结束的同时，也给予了计算机校正时钟同步的机会。停止位更适用于多个比特，更大范围内能够容忍不同时钟的同步，但其数据的传输速率也比较慢。

- 流控制：设置传输机制使用控制类型。它可以被选择为无、XON/XOFF 软件流控制或 RTS/CTS 硬件流控制，默认为无。
- 启用终止符和超时：如图 9-14 所示，配置串口函数顶端有个启用终止符，默认值是启用终止符（真（T）），终止符默认是 0xA（十六进制 A），即换行符。这里的终止符只是对 LabVIEW 接收而言，用终止符来做接收终止条件，来代替在 VISA 读取里读取固定的字节数来。这两个值可以根据情况修改。默认配置超时时间为 10 s，如果 10 s 没有读到内容，则程序就会跳出。

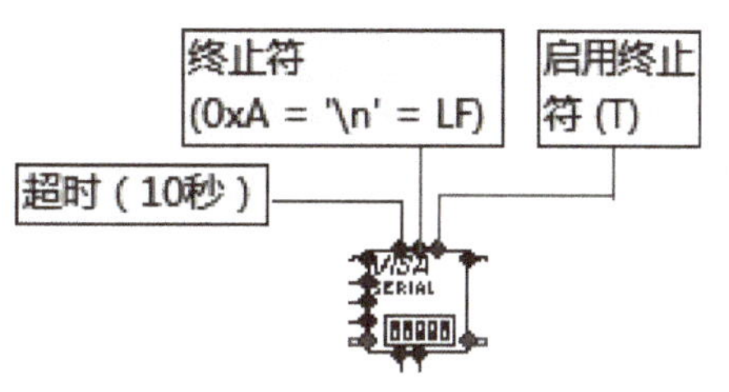

图 9-14　配置函数中的终止符与超时端设置

2. VISA 写入

VISA 写入函数如图 9-15 所示，它的功能是使写入缓冲区的数据写入 VISA 资源名称指定的设备或接口。

- 写入缓冲区：写入的字符串内容。
- 返回数：返回写入的字节数。

3. VISA 读取

VISA 读取函数如图 9-16 所示，它的功能是从 VISA 资源名称指定的设备或接口缓冲区读取指定数量的字节，并将读取的内容返回输出。

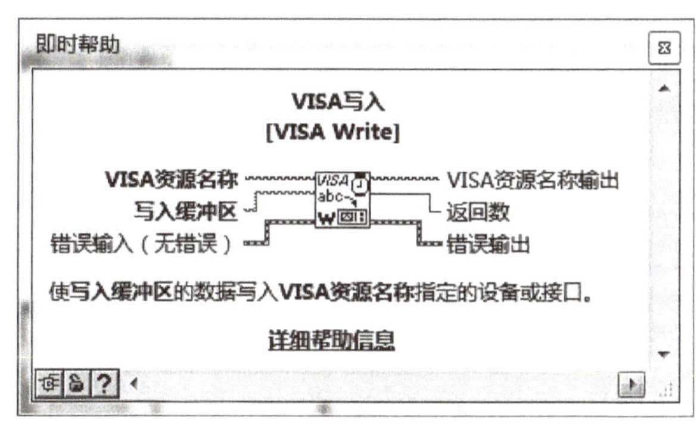

图 9-15　VISA 写入函数

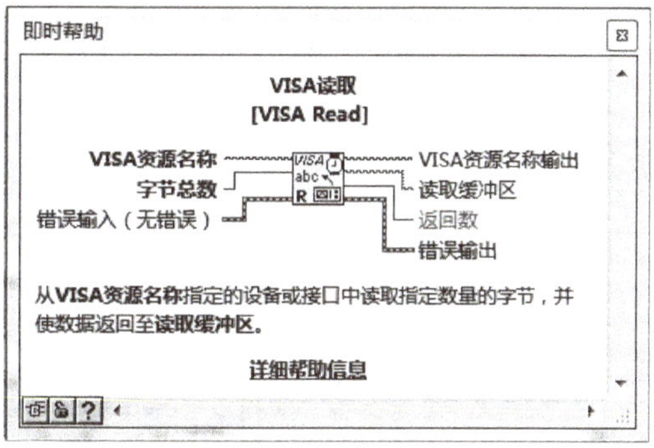

图 9-16　VISA 读取函数

- 字节总数：指定要读取的字节数。
- 读取缓冲区：显示读取到的字符串内容。
- 返回数：返回读取的字节数。

这里如何确定字节总数呢？如果想要读取 VISA 串口缓冲区已有的全部数据，可以调用 VISA 串口字节数函数（见图 9-17），将它和 VISA 读取函数组合使用。如图 9-18 所示，这里读取缓冲区字节数函数的作用是先侦测串口缓冲区内有多少字节的数据，侦测到字节数后用 VISA 读取函数将缓冲区里的数据全部读取出来。

字节总数输入端也可以连固定常数，如图 9-19 中的“4”表示一次读取 4 字节的数据，程序会自动等待固定长度的字符串接收完再执行下一个。

需要注意的是，串口接收不能随意接收，每次要指定按长度接收或按结束符接收，否则接收到的数据可能出现错误。

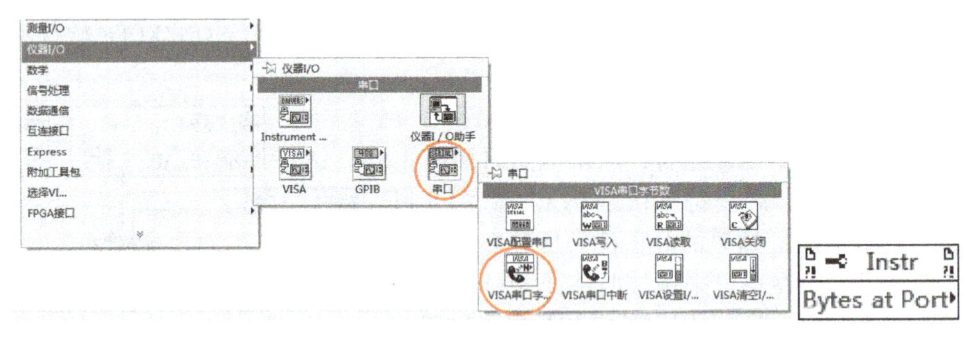

图 9-17　串口字节函数所在位置

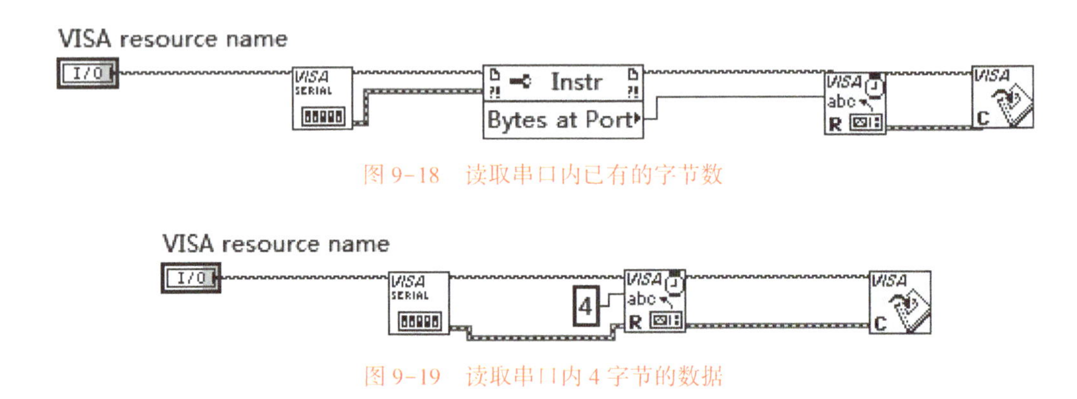

图 9-18　读取串口内已有的字节数

图 9-19　读取串口内 4 字节的数据

4. VISA 关闭

VISA 关闭函数如图 9-20 所示，它的功能是关闭已打开的串口，释放串口资源，以便串口被其他程序所调用。

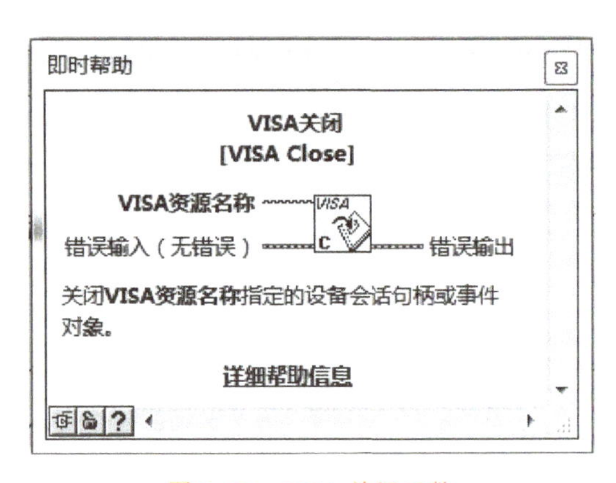

图 9-20　VISA 关闭函数

9.3 LabVIEW 串口接收字符串数据的处理

串口收发的都是字符串。字符串的显示方式有正常显示模式和十六进制显示模式。一个英文字符占一字节，一个中文字符占两字节。

接收到数据后，如何将读到的数据准确无误地转换成自己需要的数据是重点。当接收到的字符串看似是乱码时，可以尝试将字符串显示方式切换到十六进制显示模式，如图 9-21 所示。

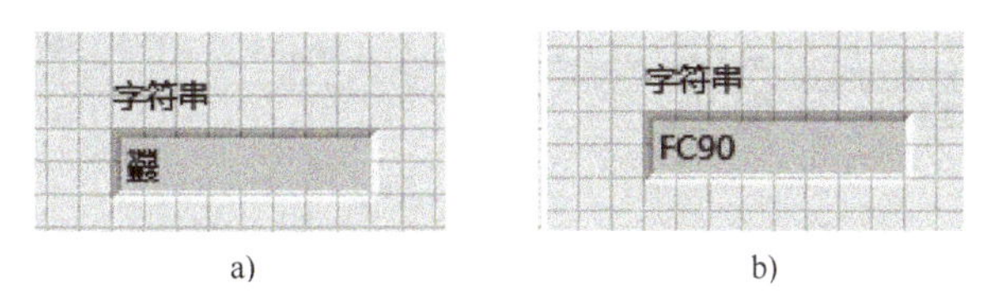

a)　　　　b)

图 9-21　正常显示模式切换到十六进制显示模式

a）正常显示模式　b）十六进制显示模式

另外在提取信息的时候，要明确收发数据是正常显示模式下的字符串，还是十六进制显示模式下的字符串。比如下面是单片机发送过来的温度数据，包含高字节（FC）和低字节（90）两字节。这个字符串在“正常显示”和“十六进制显示”不同模式下，同样经过“字符串至字节数组转换”函数处理，输出的结果是不同的。

十六进制显示模式下，字符串 FC90 通过“字符串至字节数组转换”函数转换出来的字节数组里包含两字节。十六进制 FC 对应的是一字节，该字节的十进制大小为 252，十六进制 90 的十进制大小为 144，如图 9-22 所示。

图 9-22　十六进制显示模式下字符串至字节数组转换

正常显示模式下的字符串 FC90，通过“字符串至字节数组转换”函数转换得到的结果是对应正常显示下各个字符的 ASCII 码十进制表示值，如图 9-23 所示。

图 9-23　正常显示模式下字符串至字节数组转换

下面比较字符串按字节提取和直接数字提取的不同。字符串 109 是正常显示模式下的数据，分别经过两个函数处理后，得到的结果如图 9-24 所示。

字符串在正常显示模式下的“109”，由“1”“0”“9”一串字符组成，与数值 109 是不同的。如调用“字符串至字节数组转换”函数，得到的是单个字符的 ASCII 码的十进制表示值，即字符“1”对应的 ASCII 码值是 49，字符“0”对应的 ASCII 码值是 48，字符“9”对应的 ASCII 码值是 57。而调用“十进制数字符串至数值转换”函数，得到数值 109。

一般接收到的字符串有以下 3 种情况：

1）例如收到的数据是 109，要转换成数值 109，可以调用“十进制数字符串至数值转换”

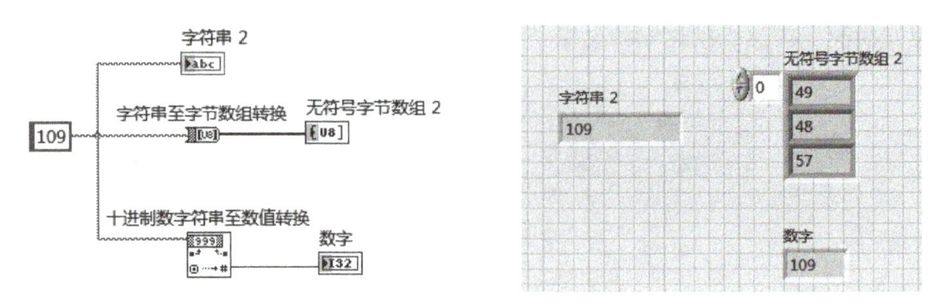

图 9-24　字符串转换

函数。如果调用“字符串至字节数组转换”函数，则得到字符串中各个字符对应 ASCII 码的十进制表示值。

2）如果接收到的是一串字符串，该字符串包含了温度、湿度等多个数据信息，则需要进行字符串截取操作等处理，以得到想要的数据。单片机发送不同数据时一般加上帧头和帧尾，LabVIEW 接收时可以在查找到帧头后再进行字符串的截取，从而避免数据接收错位。

3）处理字符串数据时，还经常用到其他字符串处理函数，其他字符串处理函数见 4.1.3 节。

9.4 串口调试助手的设计

利用 LabVIEW 设计一个串口调试助手程序，可用于调试串口通信或者采集其他系统的数据，观察系统的运行状态。

9.4.1 前面板的设计

设计串口调试助手 VI 的前面板如图 9-25 所示。其中，“接收方式选择”选用的是选项卡控件，包括“按长度”和“按结束符”两个选项。“超时时间”同时在两个选项中。此外，“按长度”选项下还放置“接收长度/字节”输入控件；“按结束符”选项下放置“结束符”输入控件，并为它们设置默认值。放置“字符串显示控件”用于显示接收到的文本内容，放置“字符串输入控件”用于输入要发送的文本。

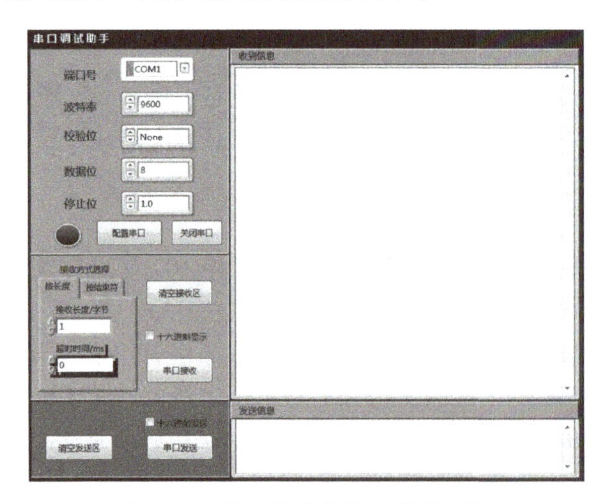

图 9-25　串口调试助手 VI 的前面板

9.4.2　程序框图的设计

程序采用“while 循环+事件结构”的架构。创建事件分支分别是“配置串口”值改变、“串口发送”值改变、“串口接收”值改变、“前面板关闭”、“关闭串口”值改变、“清空发送区”值改变、“清空接收区”值改变。

（1）配置串口

图 9-26 所示为配置串口事件的程序框图。这里创建了“端口”的引用，通过调用该引用的属性节点“值”来访问这个端口。完成串口参数的配置后，同时将错误簇输出，如果有错误，将错误源以对话框形式进行提示。

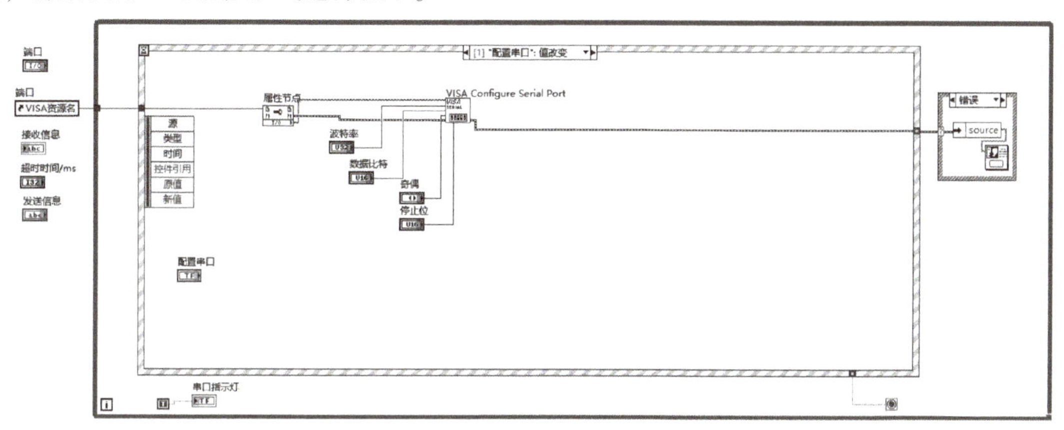

图 9-26　配置串口事件的程序框图

（2）串口发送

图 9-27 所示为串口发送事件的程序框图。这里调用“VISA 写入”函数，给该函数连上端口及要发送的字符串信息。

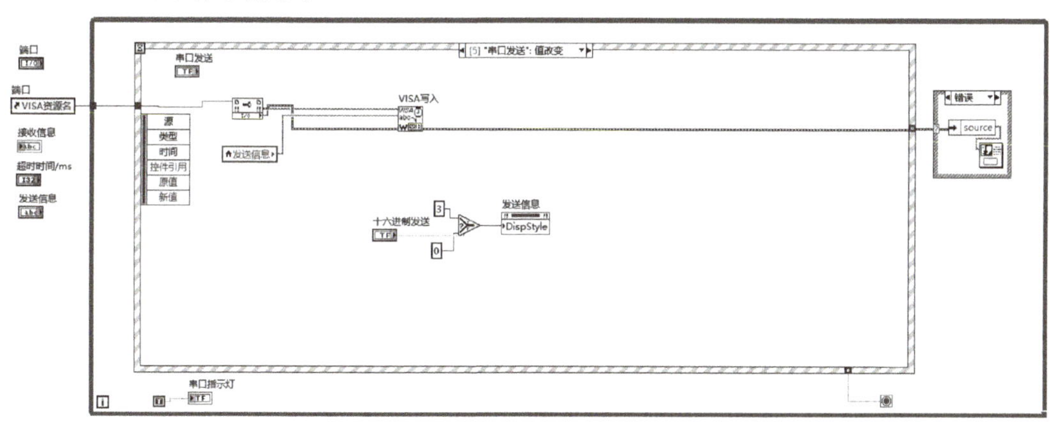

图 9-27　串口发送事件的程序框图

（3）串口接收

串口在读取时不能随意接收或随意结束，因为串口的发送和接收有速度限制，如果接收数据量很大，每一次读取时只能读取一部分，不一定一次就把完整的数据读完，则接收到的数据可能不是想要的数据。因此，要注意串口内容有没有完整读完，否则造成错误。串口接收时，要按照“按长度”或者“按结束符”进行接收。

用选项卡来确定“按长度”还是“按结束符”来接收，“按长度”接收需要给出接收长度和超时时间，“按结束符”接收需要给出结束符的内容和超时时间。

1）按长度接收。图9-28所示为串口接收事件“按长度”接收分支的程序框图。在“按长度”接收分支内，放置一个while循环，循环内不断探测串口寄存器内当前的字节数，如果探测到的字节数没有达到设置的接收长度，并且所耗时间没有超过设置的“超时时间”，那么等待10 ms，循环继续。直到有一个条件不满足，即字节数达到要求或者超时，则循环停止。循环停止后，判断此时接收到的字节数是否达到设置的字节数，如果达到，则读取串口内的数据，并将数据显示到“接收信息”控件里。否则，循环因超时而停止，则输出超时信息“TOUT”到“接收信息”控件里。

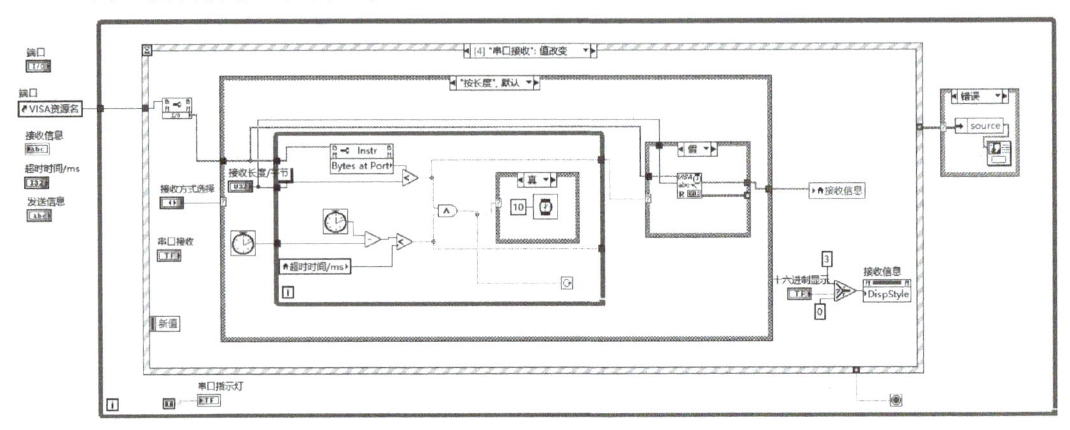

图9-28　串口接收事件“按长度”接收分支的程序框图

2）按结束符接收。图9-29所示为串口接收事件“按结束符”接收分支的程序框图。在“按结束符”接收分支内，放置一个while循环，循环内先读取串口内的字节数。如果字节数为0，说明串口内没有数据可以读，则不读；如果字节数不为0，则读取一字节。注意每次读取的是一字节，否则可能造成接收错误。每次读取的数据和之前读到的字符串连接起来，通过移位寄存器寄存。每次循环对当前累计获取的字符串内容和“结束符”进行匹配，同时循环内也每次检测是否超时。匹配或超时只要有一个成立，则停止循环，输出信息。循环停止后，判断是否超时，如果超时，“接收信息”控件内显示超时信息“TOUT”，否则显示串口读取的内容。

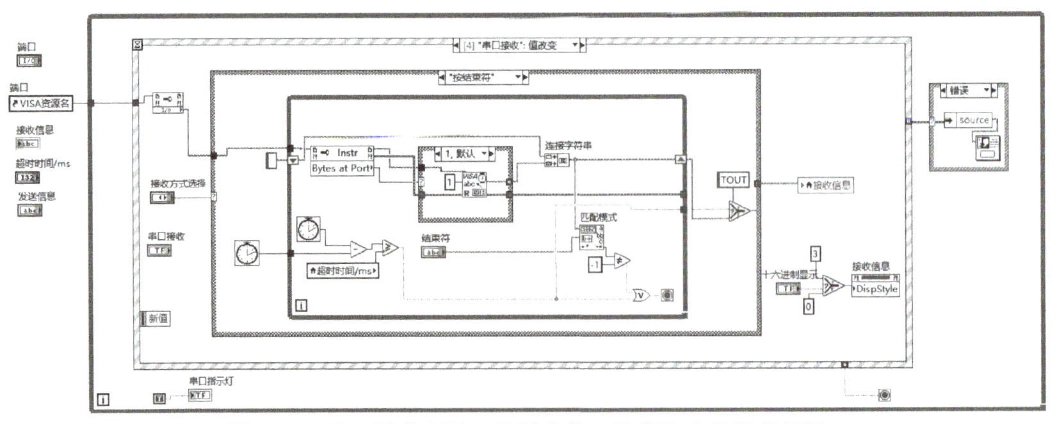

图9-29　串口接收事件“按结束符”接收分支的程序框图

（4）前面板关闭

前面板关闭事件的程序框图如图 9-30 所示。

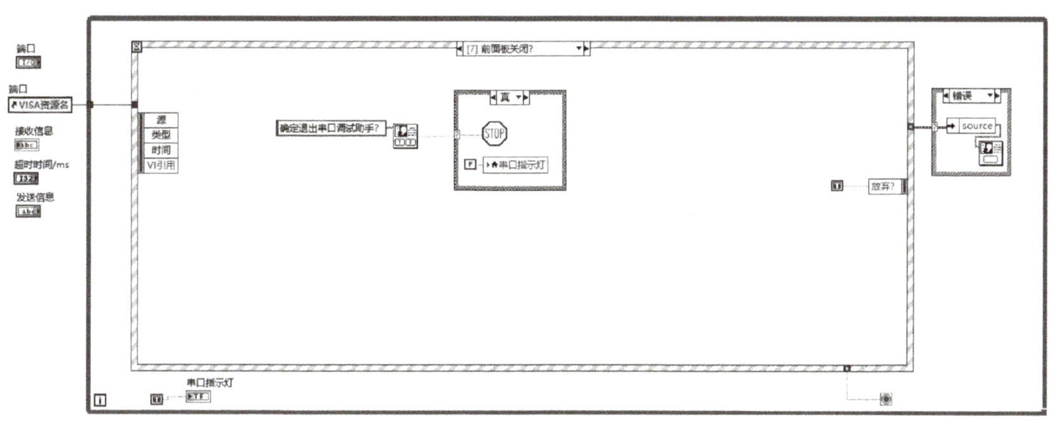

图 9-30　前面板关闭事件的程序框图

（5）关闭串口

关闭串口事件的程序框图如图 9-31 所示。

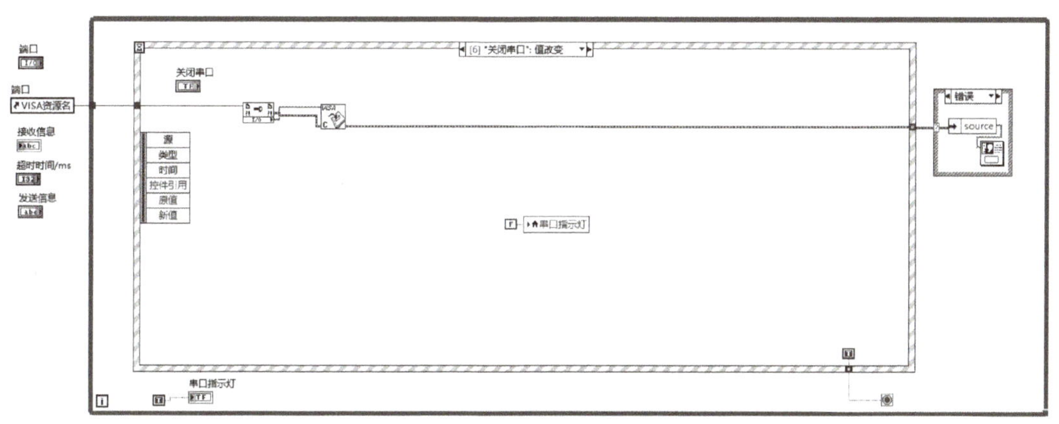

图 9-31　关闭串口事件的程序框图

（6）清空发送区

清空发送区事件的程序框图如图 9-32 所示。

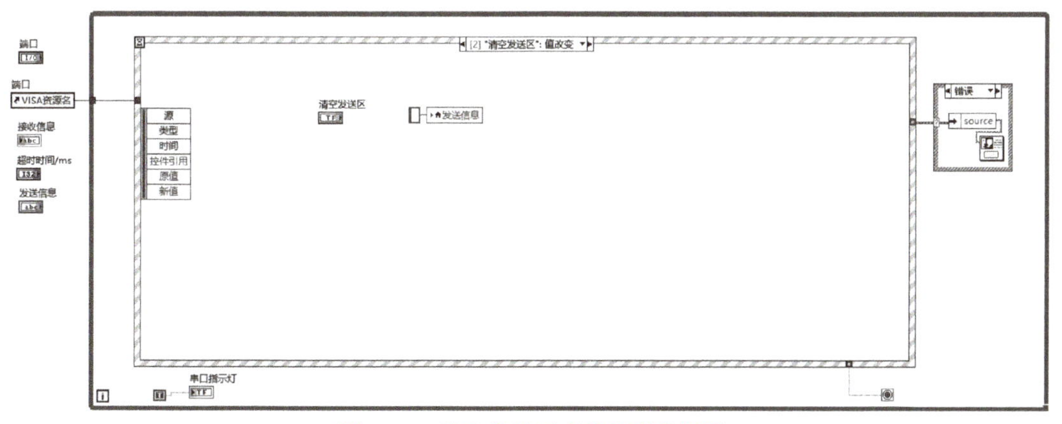

图 9-32　清空发送区事件的程序框图

（7）清空接收区

清空接收区事件的程序框图如图 9-33 所示。

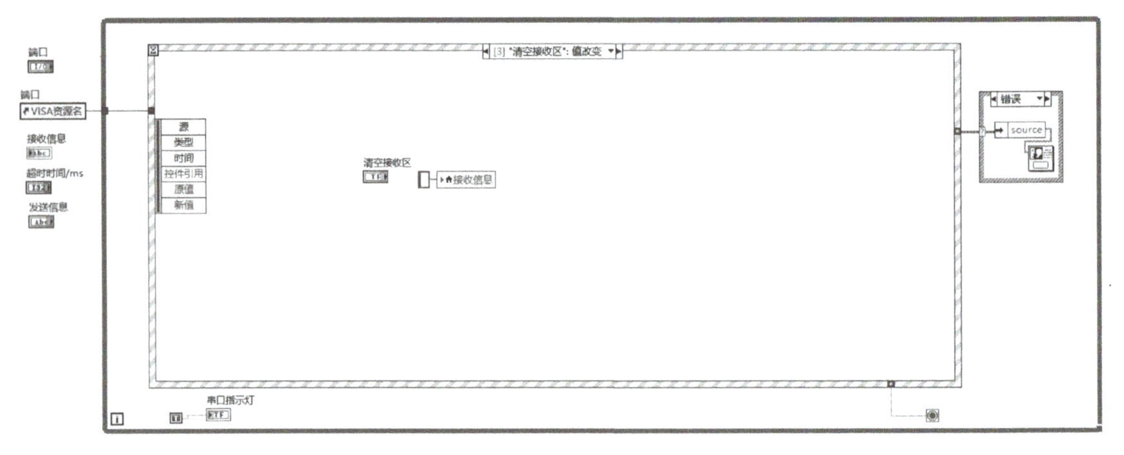

图 9-33　清空接收区事件的程序框图

9.4.3　使用说明及功能调试

在没有下位机情况下，可以使用虚拟串口来调试。首先使用 VSPD 工具虚拟出一对串口，这里为 COM1 和 COM2。利用这对虚拟串口进行数据的收发。

将这里设计的 VI 作为上位机，端口选择 COM2，另一个串口调试助手作为下位机，端口选择 COM1。

（1）VI 发送功能调试

如图 9-34 所示，将 VI 作为发送端，在前面板上选择串口相关参数，发送信息框输入要发送的信息，然后单击“配置串口”→“串口发送”。查看另外一个串口接收端是否接收到信息，如图 9-35 所示。

图 9-34　VI 发送信息

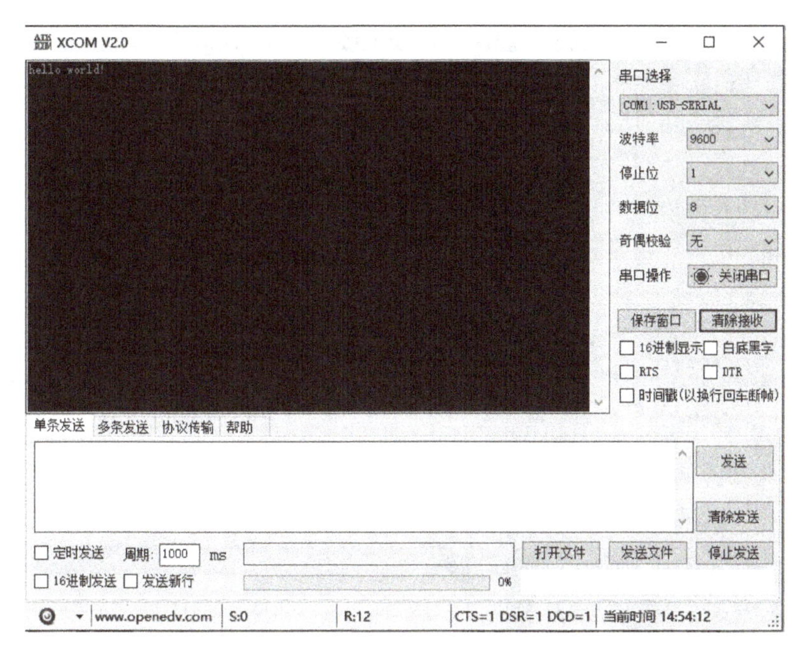

图 9-35　接收信息

（2）VI 接收功能调试

1）将 VI 作为接收端。选择“按长度”接收，设置接收长度为 2 字节，超时时间为 5000 ms。发送端发送内容为“AB123ab”（见图 9-36），单击 VI 中的“串口接收”按钮，查看 VI 每次收到的信息是否为 2 字节，如果发送端的数据不满 2 字节，超时时间到，则显示“TOUT”。如图 9-37 所示，第一次接收到了“AB”2 字节。

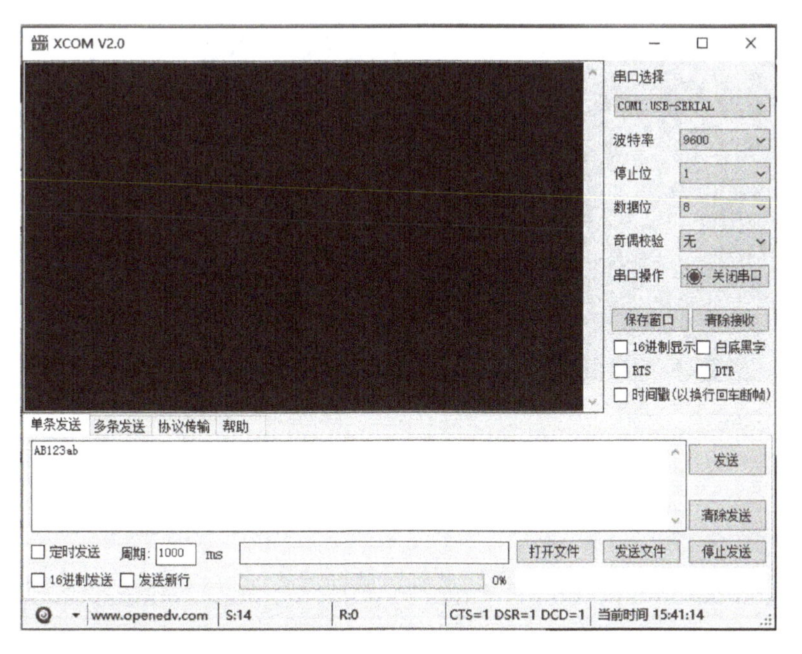

图 9-36　发送信息

图 9-37　VI“按长度”接收信息

2）选择“按结束符”接收，设置结束符为 FF，超时时间为 5000 ms。发送端发送信息“AB123abFF”（见图 9-38），单击 VI 中的“串口接收”按钮，查看是否“按结束符”接收信息，如图 9-39 所示。如果接收不到“FF”，超时时间到，则显示“TOUT”。

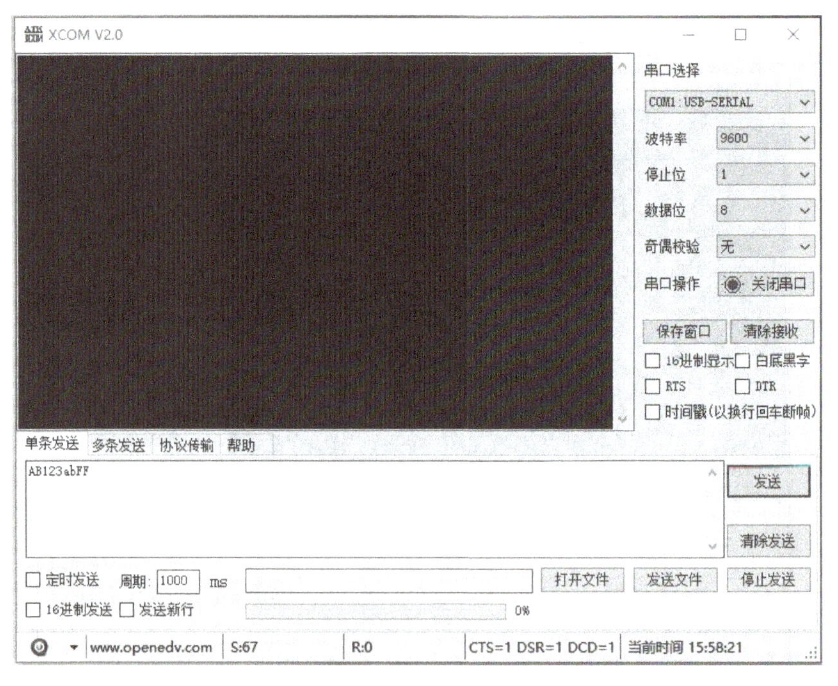

图 9-38　发送信息

图 9-39 VI “按结束符” 接收信息

3）调试其他功能，包括十六进制显示与发送、清空发送区、清空接收区、配置串口、关闭串口、前面板关闭等。

思考与练习

1. 什么是串口通信？它的特点是什么？
2. 串口通信按照数据流的方向分为哪三种基本传输方式？它们的区别是什么？
3. RS-485 和 RS-232 接口有什么区别？
4. 异步通信传输的数据格式是怎样的？
5. 阐述串口调试助手中，按长度接收和按结束符接收的设计方法。

第 10 章 基于单片机与 LabVIEW 的测量系统设计

将外界真实信号采集到计算机，既可以通过数据采集卡、摄像头、声卡，还可以通过单片机或嵌入式仪器。本章主要介绍如何利用 LabVIEW 和单片机进行测量系统的设计。

单片机又称单片微型计算机，它是在一块硅片上集成了处理器、存储器以及各种 I/O 接口等电路的芯片。用户通过编程控制这块芯片的各个引脚在不同时间输出不同的电平，进而控制与它各个引脚相连接的外围电路的电气状态。单片机在工业控制、家用电器、医疗设备、仪器仪表等领域有着广泛的应用。

10.1 使用 51 单片机设计温度采集显示系统

10.1.1 任务描述

在现代智能化生产和生活中，常常需要对温度、压力、流量、速度等物理参数进行感知和测量。其中，温度是普通而又重要的参数，它的测量具有典型性，温度采集和控制的实时性直接影响生产率的提高、产品质量、安全生产等重大经济指标。本项目利用 MCS51 单片机和 LabVIEW 实现温度的采集与显示。

10.1.2 设计方案

以 MCS51 单片机作为下位机主控器，DS18B20 作为温度传感器，通过串口将采集到的温度数据实时发送至上位机，在上位机 LabVIEW 软件上显示温度值和历史温度曲线，并对采集到的温度进行分析，显示温度的最小值、最大值和平均值。温度测量系统结构框图如图 10-1 所示。

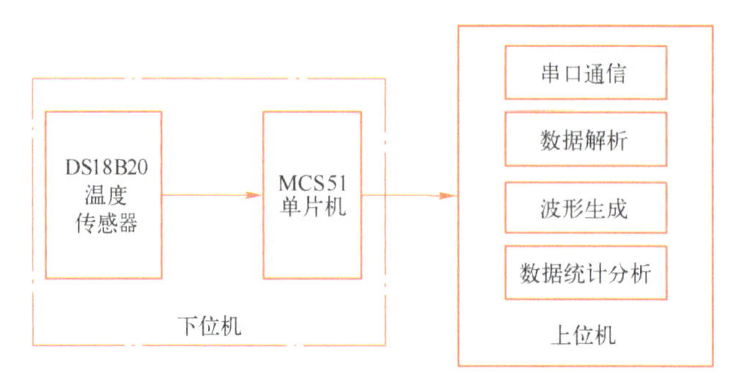

图 10-1　温度测量系统结构框图

10.1.3　DS18B20 温度传感器

1. DS18B20 引脚与主要特性

DS18B20 是一款数字温度传感器，具有体积小、耐磨耐碰、使用方便、价格便宜、封装形式多样、附加功能强的特点，适用于各种狭小空间设备的数字测温和控制领域，如空调、冰箱、冷库、粮仓、机房等。

图 10-2 列出了 DS18B20 的两种封装形式，分别是 3 脚的 TO-92 和 8 脚的 SO (150 mils)。

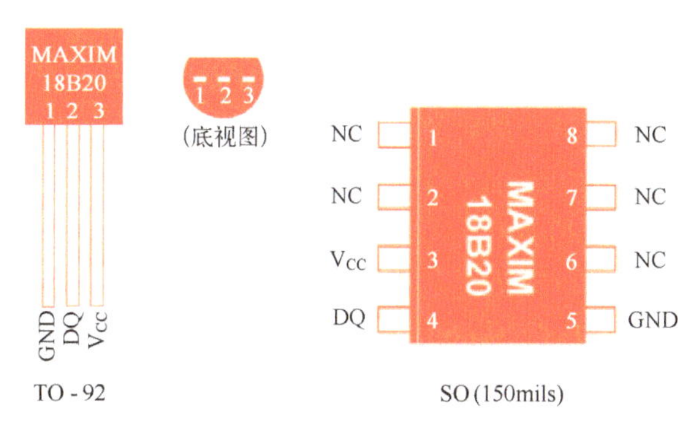

图 10-2　DS18B20 封装

引脚 DQ：数字信号 I/O 端。GND：电源负极。V_{CC}：电源正极。NC：空。

DS18B20 主要特性有：

1）单线接口方式，与微处理器连接时仅需要一条通信线即可实现微处理器与 DS18B20 的双向通信。

2）适应的电压范围宽，电压范围为 3.0~5.5 V，在寄生电源方式下，可由数据线供电。

3）测量的结果是以 9~12 位数字量的方式进行串行传送。

4）温度测量范围为-55~125℃，在-10~85℃时精度为±0.5℃。

5）可编程分辨率为 9~12 位，对应的可分辨温度分别为 0.5℃、0.25℃、0.125℃、0.0625℃，可实现高精度测温。

6）在 1 s 内把温度值变换为数字量，速度快。

7）支持多点组网功能，多个 DS18B20 可以并联在唯一的三线上，实现组网多点测温。

2. DS18B20 工作原理

读取温度需要单片机控制 DS18B20 的 ROM 指令和存储器指令来实现，指令见表 10-1。

表 10-1　温度传感器的操作命令

序号	指　　令	指令代码	功　　能
1	读 ROM	0x33	读 DS18B20 温度传感器 ROM 中的编码
2	匹配 ROM	0x55	发出此命令之后，接着发出 64 位 ROM 编码，访问单总线上与该编码对应的 DS18B20 使之做出响应，为下一步对 DS18B20 的读写做准备
3	搜索 ROM	0xF0	用于确定挂接在同一总线上 DS18B20 的个数和识别 64 位 ROM 地址。为操作各器件做好准备
4	跳过 ROM	0xCC	忽略 64 位 ROM 地址，直接向 DS18B20 发温度变换命令。适用于一个从机工作
5	报警搜索命令	0xEC	执行后只有温度超过设定值上下限时，芯片才做出响应
6	温度变换	0x44	启动 DS18B20 进行温度转换，12 位转换时最长为 750 ms。结果存入内部 9 字节 RAM 中
7	读暂存器	0xBE	读内部 RAM 中 9 字节的内容
8	写暂存器	0x4E	发出向内部 RAM 的第 2、3 字节写上下限温度数据命令，紧跟该命令之后，是传送两字节的数据

（续）

序号	指　　令	指令代码	功　　能
9	复制暂存器	0x48	将 RAM 中第 2、3 字节的内容复制到 E^2PROM 中
10	重调 E^2PROM	0xB8	将 E^2PROM 中内容恢复到 RAM 中的第 2、3 字节
11	读供电方式	0xB4	读 DS18B20 的供电模式。寄生供电时，DS18B20 发送 0，外接电源供电时，DS18B20 发送 1

表 10-1 中前 5 个指令是 ROM 控制指令，涉及的存储器是 DS18B20 内部的 64 位光刻 ROM。DS18B20 的 64 位光刻 ROM 前 8 位是产品编号及出厂批次，接着 48 位是该 DS18B20 自身的序列号。最后的 8 位就是检测前面 56 位的循环冗余校验（CRC）码。ROM 的作用是使每一个 DS18B20 都各不相同，从而实现一条总线上挂接多个 DS18B20 的目的。如果主机只对一个 DS18B20 操作，就不需要读取 ROM 编码以及匹配的 ROM 编码，只要用跳过 ROM（0xCC）指令，就可以进行温度转换和读取操作。

表 10-1 中后 6 个指令是温度转换和读取操作指令，涉及 DS18B20 内部的高速暂存器 RAM 和 EERPOM，绝大多数数据都会存储在这里面。高速暂存器 RAM 的结构见表 10-2 所示。高速暂存器 RAM 由 9 个字节的存储器组成，第 0 和 1 字节是温度的显示位，第 2 和 3 字节为温度上限和下限，可手动修改，上电复位时都会刷新，第 4 字节是配置寄存器，配置不同的温度转换分辨率，第 5~7 字节是保留的。E^2RPOM 又包括温度触发器 TH 和 TL 以及一个配置寄存器。

表 10-2　DS18B20 的高速暂存器 RAM 的结构

寄存器内容	字节地址
温度值低位（TEMPERATURE LSB）	0
温度值高位（TEMPERATURE MSB）	1
高温限值（TH/USER BYTE1）	2
低温限值（TL/USER BYTE2）	3
配置寄存器（CONFIG）	4
保留（RESERVED）	5
保留（RESERVED）	6
保留（RESERVED）	7
校验值（CRC）	8

操作 DS18B20 对其写入温度转换程序时，DS18B120 会将转换后的温度数据放在高速暂存器的第 0 和 1 字节，以补码的形式进行存储。

DS18B20 在出厂时默认配置为 12 位，分辨率为 0.0625℃。其中最高位为符号位，即温度值共 11 位。单片机在读取数据时，一次会读 2 字节共 16 位，读完后将 11 位的二进制数转化为十进制数后再乘以 0.0625 就得到实际测量的温度值。另外，还需要判断温度的正负。

表 10-3 列举 DS18B20 输出的温度值。前 5 位是符号位，这 5 位同时变化。前 5 位为 0 时，读取的温度值是正值，将剩下 11 位的二进制数转化为十进制数后再乘以 0.0625 就得到实际温度值；前 5 位为 1 时，读取的温度值是负值，将剩下 11 位二进制数各位取反加 1，转化为十进制数后再乘以 0.0625 才得到实际温度值。

表 10-3　DS18B20 输出的温度值举例

温　度　值	二进制输出	十六进制输出
125℃	0000　0111　1101　0000	07D0H
85℃	0000　0101　0101　0000	0550H
25. 0625℃	0000　0001　1001　0001	0191H
10. 125℃	0000　0000　1010　0010	00A2H
0. 5℃	0000　0000　0000　1000	0008H
0℃	0000　0000　0000　0000	0000H
-0. 5℃	1111　1111　1111　1000	FFF8H
-10. 125℃	1111　1111　0101　1110	FF5EH
-25. 0625℃	1111　1110　0110　1111	FF6FH
-55℃	1111　1100　1001　0000	FC90H

3. DS18B20 的控制时序

（1）初始化

DS18B20 的初始化时序如图 10-3 所示。首先将数据线置高电平 1，延时，然后单片机强制把总线拉低至低电平，延时 480 μs。其次，单片机拉高总线，等待 DS18B20 做出回应，回应时间为 60～240 μs 低电平。单片机收到回应后拉高总线，则说明初始化成功。

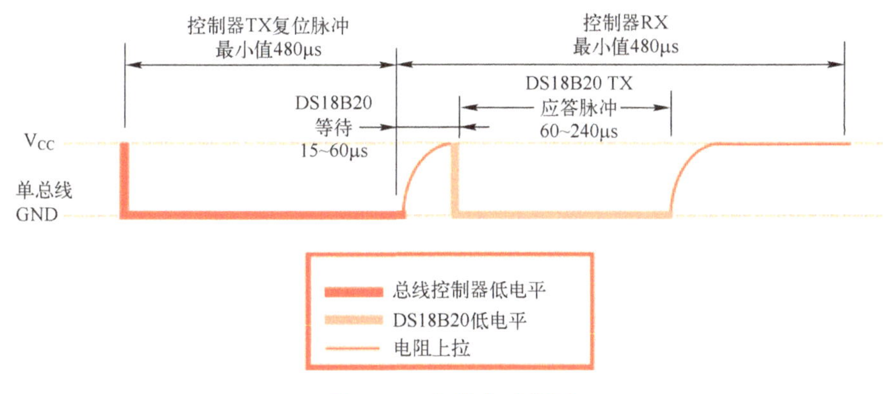

图 10-3　初始化时序图

（2）DS18B20 写数据

DS18B20 写数据时序图如图 10-4 所示，无论写 0 还是写 1，每一个时序都需要最低保持 60 μs 左右的持续期，时序完成之后要有 1 μs 以上的恢复时间。数据总线高电平发生变化时，DS18B20 会对总线进行采样，采样的时间为总线低电平的 15～60 μs 内完成。采集到的结果为 1 就对 DS18B20 写 1，采集到的结果为 0 就对 DS18B20 写 0。

（3）DS18B20 读数据

DS18B20 读数据时序图如图 10-5 所示。低电平到来需保持 1 μs 以上，DS18B20 输出数据在下降沿到来的 15 μs 之后读取有效，即数据线保持低电平 1 μs 后，单片机会把总线拉高，等待着 DS18B20 数据发生变化，当下降沿到来 15 μs 后开始读取 DS18B20 输出数据。读完一个完整的时序要保持 60 μs 以上。读取完成后单片机会拉高总线。

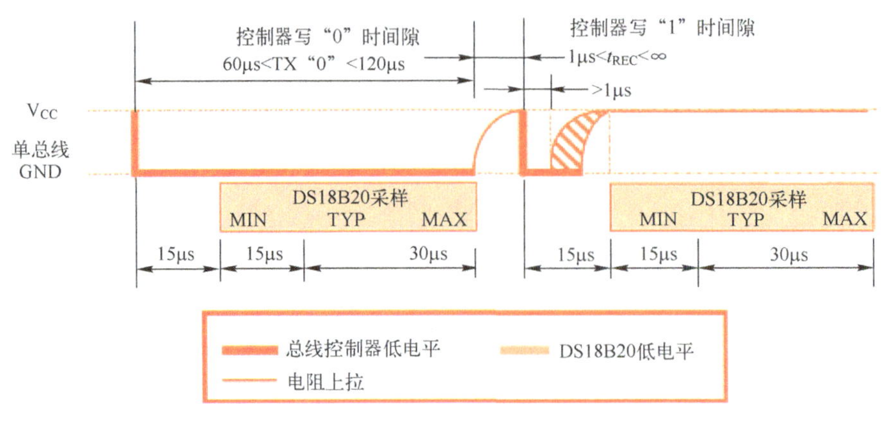

图 10-4 写数据时序图

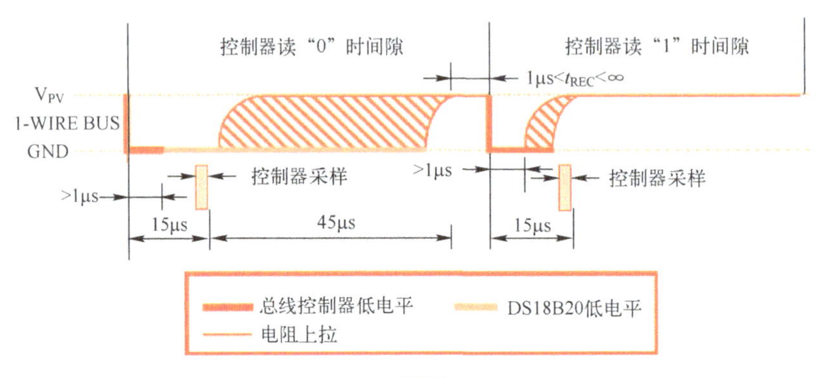

图 10-5 读数据时序图

10.1.4 软硬件设计

1. 硬件设计

电路主要由电源模块、51 单片机模块、温度传感器模块、USB 转 TTL 串口模块等组成，硬件电路设计如图 10-6 所示。

采用 STC89C52 单片机作为控制器，该芯片为 MCS-51 内核，8 位 CPU，功耗低，性能高。片内含有 8 KB 系统可编程程序存储空间和 512 KB 数据存储空间，内带 4 KB 的 E^2PROM 存储空间，可以通过串口直接下载程序。

DS18B20 与单片机之间使用单总线接收或发送信息。其 2 脚连接单片机 P2.0 引脚；单片机与计算机之间采用 USB 连接，这里采用了 PL2303 转换芯片进行 USB 和单片机的 TTL 信号之间的转换。图 10-7 所示为 PL2303 串口线，它有 4 条引出线，分别是红色 VCC、黑色 GND、白色 RXD、绿色 TXD，其引脚如图 10-8 所示，其中 TXD 连接到 STC89C52 的 P3.0/RXD，RXD 连接到 STC89C52 的 P3.1/TXD。

2. 下位机单片机处理程序设计

单片机处理程序主要指单片机对 DS18B20 的操作。单片机通过调用 DS18B20 相应的操作指令，按照 DS18B20 的初始化时序，写操作、读操作时序进行控制，获取温度并保存数据到相应的寄存器。清楚 DS18B20 的操作流程及其存储的数据格式，便于对串口接收到的数据进行解析。

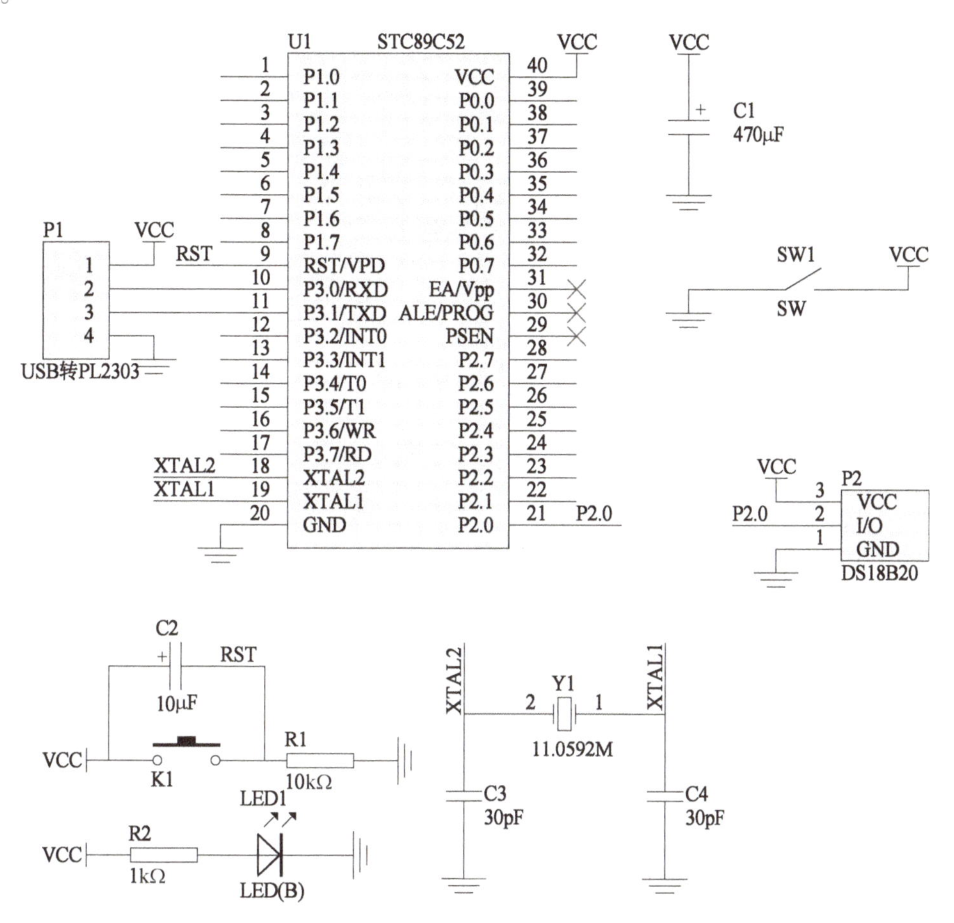

图 10-6　硬件电路设计

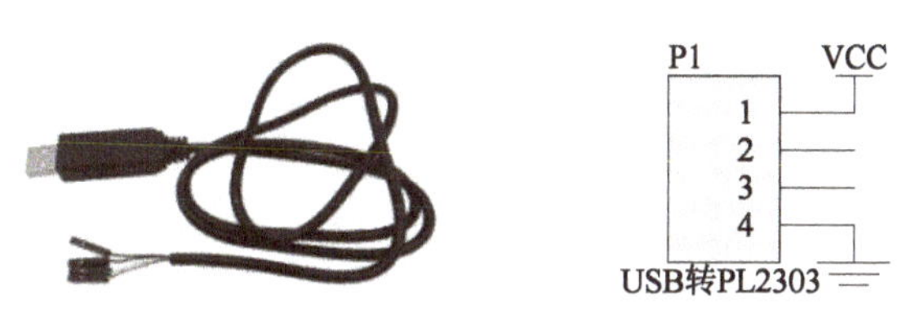

图 10-7　PL2303 串口线　　　　图 10-8　串口引脚图

这里单片机处理程序代码包括主程序、DS18B20 控制程序和相关的头文件。

(1) 主程序源代码 Temp. c

```
#include "ds18b20.h"
unsigned char tmp;
volatile unsigned char TL;      //温度低位
volatile unsigned char TH;      //温度高位
unsigned int x;
void csh()                      //初始化串行口
{
    SM0=0;
```

```
    SM1=1;
    REN=1;
    TI=0;
    RI=0;
    PCON=0;
    TH1=0xFd;
    TL1=0XFd;                //设置波特率为 9600
    TMOD|=0X20;              //设置定时器,定时器 1 工作于 8 位自动重载模式,用于产生波特率
    EA=1;                    //开总中断
    ES=1;                    //允许串行中断
    TR1=1;                   //启动定时器开始工作
}
void send_char(unsigned char txd)  // 传送一个字符
{
    SBUF = txd;
    while(!TI);              //等待数据传送
    TI = 0;                  //清除数据传送标志
}
void Init_Timer0(void)
{
    TMOD |=0x01;
    TH0=0x00;
    TL0=0x00;
    EA=1;
    ET0=1;
    TR0=1;
}
void main(void)
 {
    csh();
    Init_Timer0();
    while(1)                 //不断检测并显示温度
     {
     }
}
void Timer0(void) interrupt 1
{
    TH0=(65536-10000)/256;
    TL0=(65536-10000)%256;
    x++;
    if(x>10)
    {
        x=0;
```

```
        ReadyReadTemp();           //读温度准备
        TL=ReadOneChar();          //读温度值低位
        TH=ReadOneChar();          //读温度值高位
    }
}
void intrr() interrupt 4           //接收中断
{
    RI = 0;
    tmp = SBUF;                    //暂存接收到的数据
    if(tmp = =0xFF)                //接收到 FF
    {
        send_char(TH);             //传温度数据 TH
        send_char(TL);             //传温度数据 TL
    }
}
```

（2）ds18b20. c 源代码

```
#include "ds18b20. h"
unsigned char time_DS18B20;     //设置全局变量,用于严格延时
bit Init_DS18B20(void)
{
    bit flag_DS18B20;           //DS18B20 是否存在的标志,flag=0 表示存在,flag=1 表示不存在
     DQ = 1;                    //数据线拉高
     for(time_DS18B20=0;time_DS18B20<2;time_DS18B20++) //略微延时约 6 μs
        ;
     DQ = 0;                    //数据线从高拉低,保持 480~960 μs
     for(time_DS18B20=0;time_DS18B20<200;time_DS18B20++)  //略微延时约 600 μs
        ;                       //向 DS18B20 发出一个持续 480~960 μs 的低电平复位脉冲
     DQ = 1;                    //释放数据线(将数据线拉高)
    for(time_DS18B20=0;time_DS18B20<10;time_DS18B20++)
        ;          //延时约 30 μs(释放总线后需等待 15~60 μs 让 DS18B20 输出存在脉冲)
     flag_DS18B20=DQ;           //让单片机检测是否输出了存在脉冲(DQ=0 表示存在)
     for(time_DS18B20=0;time_DS18B20<200;time_DS18B20++)
        ;                       //延时,等待存在脉冲输出完毕
     return (flag_DS18B20);     //返回检测成功标志
}
unsigned char ReadOneChar(   )
{
     unsigned char i=0;
     unsigned char dat;         //存储读出的 1 字节数据
     for (i=0;i<8;i++)
     {
```

```
        DQ =1;                //将数据线拉高
        _nop_();              //等待一个机器周期
        DQ = 0;               //单片机从 DS18B20 读数据时,将数据线从高拉低即启动读时序
        dat>>=1;
         _nop_();
        DQ = 1;               //将数据线拉高,为单片机检测 DS18B20 的输出电平做准备
        for(time_DS18B20=0;time_DS18B20<3;time_DS18B20++); //使主机在 15 μs 内采样
        if(DQ==1)
            dat|=0x80;        //如果读到的数据是 1,则将 1 存入 dat
        else
            dat|=0x00;        //如果读到的数据是 0,则将 0 存入 dat
         for(time_DS18B20=0;time_DS18B20<8;time_DS18B20++)
            ;                 //延时,两个读时序之间必须有大于 1 μs 的恢复期
        }
      return(dat);
}
WriteOneChar(unsigned char dat)
{
     unsigned char i=0;
     for (i=0; i<8; i++)
      {
      DQ =1;                  //将数据线拉高
      _nop_();                //等待一个机器周期
      DQ=0;                   //将数据线从高拉低时启动写时序
      DQ=dat&0x01;            //取出要写的某位二进制数据,并送到数据线上等待 DS18B20 采样
      for(time_DS18B20=0;time_DS18B20<10;time_DS18B20++)
          ;                   //延时约 30 μs,DS18B20 在拉低后的 15~60 μs 期间从数据线上采样
      DQ=1;                   //释放数据线
      for(time_DS18B20=0;time_DS18B20<1;time_DS18B20++)
          ;                   //延时 3 μs,两个写时序间至少需要 1 μs 的恢复期
      dat>>=1;                //将 dat 中的二进制位数据右移 1 位
      }
      for(time_DS18B20=0;time_DS18B20<4;time_DS18B20++)
                 ;            //稍作延时,给硬件一点反应时间
}
void ReadyReadTemp(void)
{
     Init_DS18B20();          //将 DS18B20 初始化
     WriteOneChar(0xCC);  //跳过读序列号的操作
     WriteOneChar(0x44);  //启动温度转换
     for(time_DS18B20=0;time_DS18B20<100;time_DS18B20++)
                 ;            //等待温度转换
     Init_DS18B20();
```

```
        WriteOneChar(0xCC);
        WriteOneChar(0xBE);    //读取温度暂存器,前两个分别是温度的低位和高位
    }
```

（3） ds18b20. h 源代码

```
    #ifndef _ds18b20_h_
    #define _ds18b20_h_
    #include "reg52. h"
    #include<intrins. h>            //包含_nop_()函数定义的头文件
    #include <absacc. h>
    sbit DQ=P2^0;                   //温度传感器信号线
    extern void ReadyReadTemp(void);
    extern unsigned char ReadOneChar(    );
    #endif
```

如图 10-9 所示，编辑程序并进行编译。

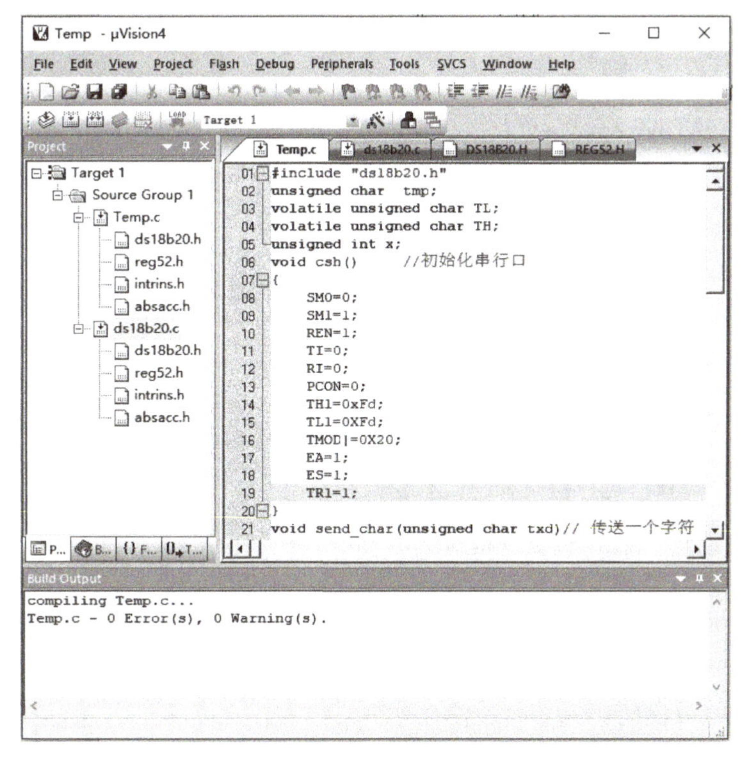

图 10-9　单片机程序 Keil 软件编辑界面

在 Keil 编辑界面单击 Project→Options for Target “Target 1” 项，打开工程设置选项，如图 10-10 所示。单击 Output 选项卡，勾选 Create HEX File 项，如图 10-11 所示，使程序编译后产生 HEX 代码，供下载器软件下载到单片机中。

下载器软件将 HEX 文件成功下载到单片机，相关设置如图 10-12 所示。

然后打开串口调试助手，发送指令 “FF”，就可以看到返回的温度数据，如图 10-13 所示。

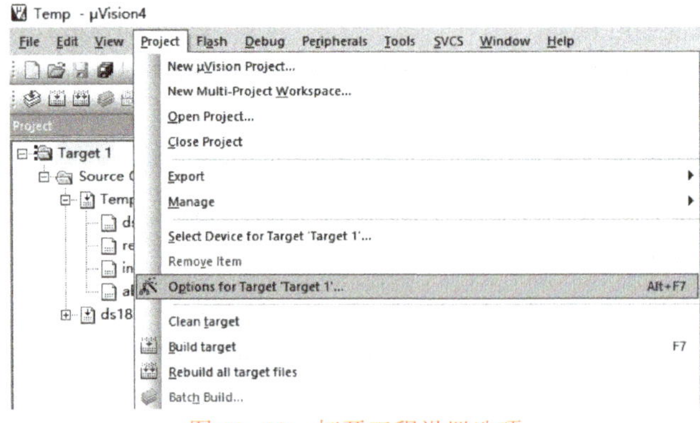

图 10-10 打开工程设置选项

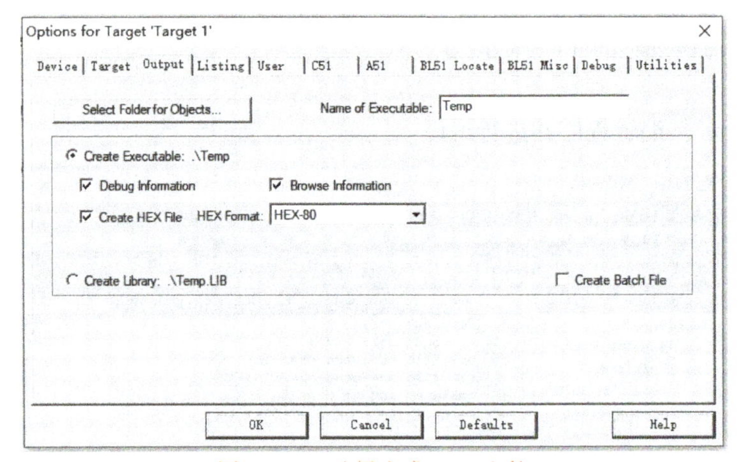

图 10-11 选择生成 HEX 文件

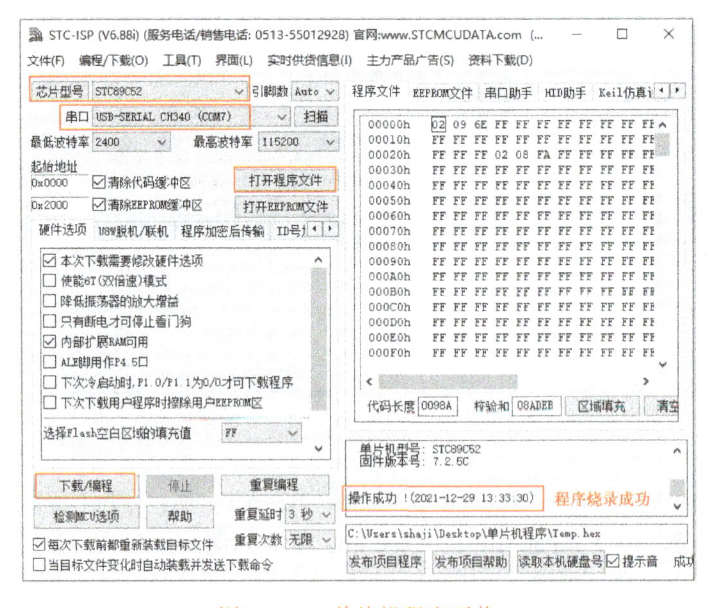

图 10-12 单片机程序下载

这里接收到的温度数据是十六进制数 0167，根据前面所讲的 DS18B20 温度计算方法：$(0167)_{16}=(0000000101100111)_{2}=(359)_{10}$，359×0.0625℃≈22.4℃。因此，测量到此时的温

度约为 22.4℃。

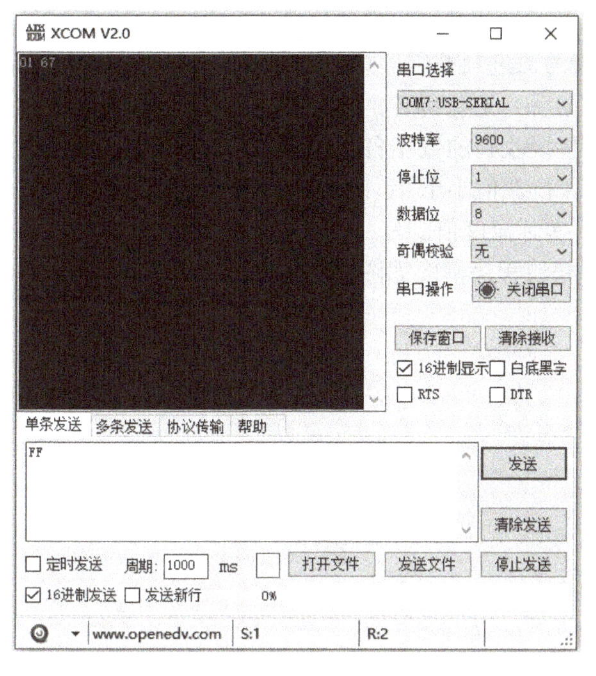

图 10-13　实验效果图

3. 上位机 LabVIEW 程序设计

上位机程序功能模块如图 10-14 所示。

（1）串口通信模块

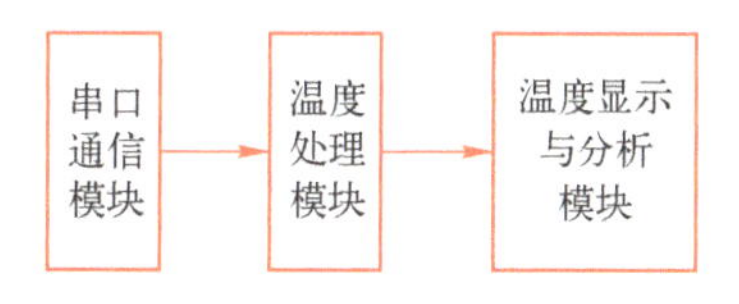

图 10-14　上位机程序功能模块

上位机 LabVIEW 软件通过调用 VISA 串口通信函数与单片机进行通信。流程包括：初始化配置串口，然后向单片机发送指令（这里是“FF”），单片机接收到上位机的指令（“FF”）后，依次发送高字节温度 TH 和低字节温度 TL，上位机读取串口内 2 字节数据，采集停止后最后关闭串口。程序框图如图 10-15 所示。

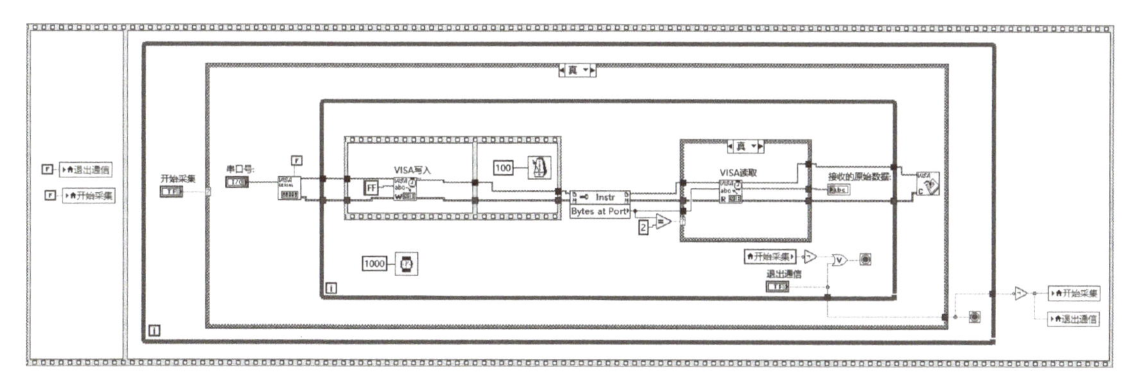

图 10-15　串口通信模块程序框图

(2) 温度处理模块

上位机温度处理模块主要是对接收到的字符串数据进行解析。由于 DS18B20 转换后的温度值是 16 位带符号扩展的二进制补码形式，数据的前 5 位是符号位，后 11 位是温度值，因此上位机从串口读取到数据后，先判断高 8 位数值是否大于 8。如果高 8 位数值大于 8，表明采集到的温度为负数，则将接收到的数据各位取反加 1，转化为十进制数后再乘以 0.0625 才得到实际温度值；如果高 8 位数值小于 8，表明采集到的温度为正数，则将数据转化为十进制数后再乘以 0.0625 就得到实际温度值。

LabVIEW 温度处理模块程序框图如图 10-16 所示。

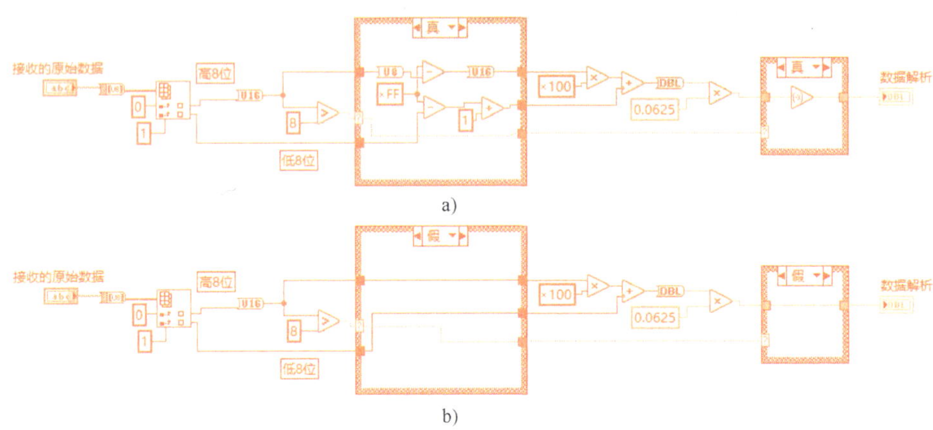

图 10-16 LabVIEW 温度处理模块程序框图

a) 真分支 b) 假分支

如图 10-17 所示，接收到的原始数据为十六进制显示方式的字符串 FF5E，那么解析后的温度为-10.125℃，与 DS18B20 输出的温度值对照表中提供的数据一致。

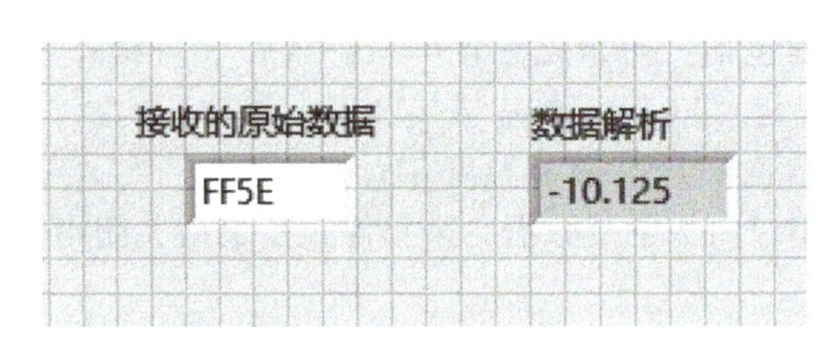

图 10-17 串口数据解析举例

(3) 温度显示与分析模块

这里调用波形图显示控件，显示温度的变化曲线图，调用数值显示控件温度计显示单次温度测量值。将获得的温度通过移位寄存器，数组插入函数存在一个数组内，然后调用数组最大值和最小值处理函数，得到温度的最大值和最小值，通过求和取平均得到平均温度。温度显示与分析模块程序框图如图 10-18 所示。

4. 系统综合调试

单片机成功烧录程序后，在上位机 LabVIEW 前面板中选择对应的串口号，运行 VI，单击“开始采集”按钮，观察前面板温度值、温度曲线、温度分析结果。再次单击“开始采集”按钮暂停采集，单击“退出通信”按钮，退出通信。实验结果如图 10-19 所示。

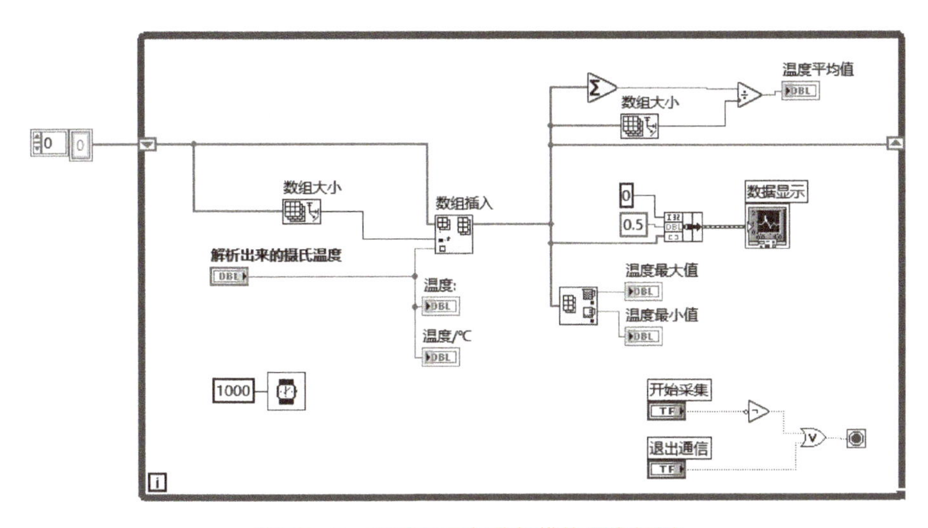

图 10-18　温度显示与分析模块程序框图

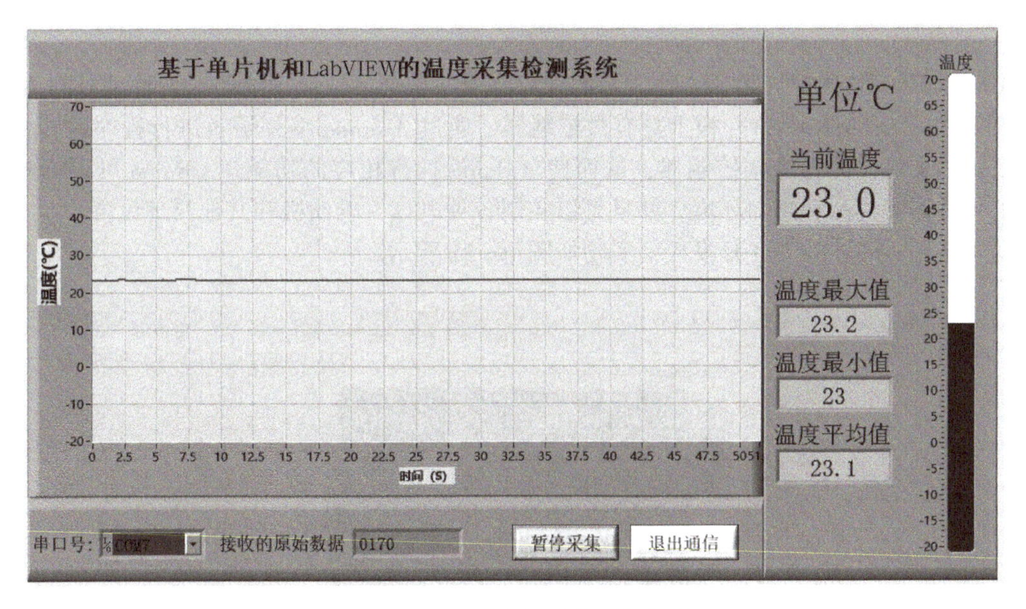

图 10-19　上位机温度值测量结果

10.2　基于 Arduino 平台的无人机载荷温湿度气象要素监测

10.2.1　任务描述

设计一个无人机载荷温湿度气象要素实时预警平台，实现大气边界层范围气象要素的直接测量和显示。利用 LabVIEW 可视化应用开发工具和 Arduino 串口通信技术对温度和湿度参数进行测量和预警。当温湿度超过阈值时发出报警，并将数据进行记录。

10.2.2　设计方案

系统原理框图如图 10-20 所示，DHT11 传感器连接至 Arduino 的数字 I/O 口，Arduino 通过 USB 数据线与计算机相连，利用 LabVIEW 与 Arduino 串口通信，计算机接收 Arduino 发送的数据，并对接收到的温湿度进行数据分析和处理，同时将异常数据记录下来。系统主要完成数据采集、串口传输、数据显示、越限报警和异常记录。

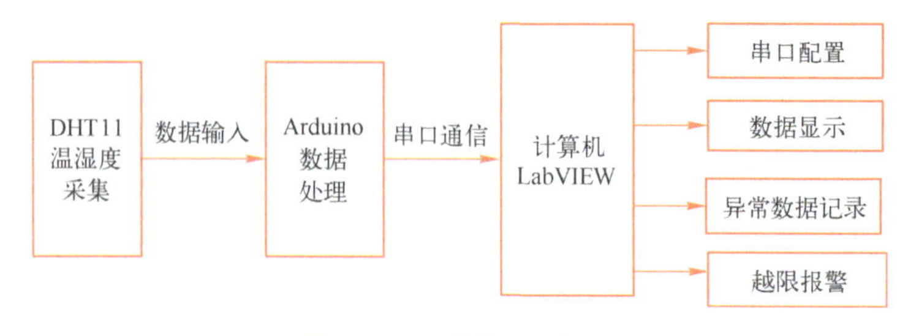

图 10-20　系统原理框图

10.2.3　模块原理知识

1. Arduino 简介

Arduino 是一款便捷灵活、方便上手的开源电子原型平台，包含硬件（各种型号的 Arduino 板）和软件（Arduino IDE）。板上具有微控制器，通过 Arduino 编程语言进行程序编写，并编译成二进制文件，再写进微控制器，从而使 Arduino 执行相应的功能。Arduino 可以通过各种不同的传感器来检测和感知环境，并且可以控制各种电灯、电动机和其他物理设备。

这里选用 Arduino UNO 开发板，实物如图 10-21 所示。

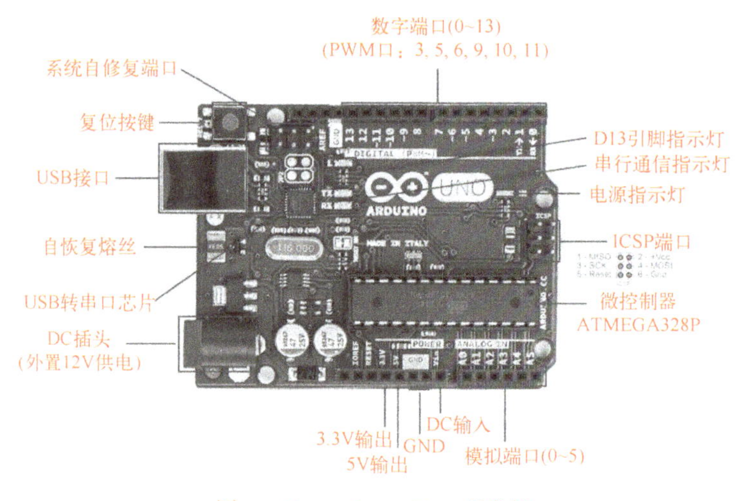

图 10-21　Arduino UNO 开发板

基本性能配置如下：

- 数字（I/O）端口 0~13。
- 模拟（I/O）端口 0~5。
- 支持 ISP 下载，支持 TX/RX。
- 输入电压：USB 接口供电或者 5~12 V 外部电源供电。
- 输出电压：3. 3 V 直流电压输出或者 5 V 直流电压输出。

● 处理器：使用 Atmel 的 ATMEGA328P 微处理控制器。

Arduino 的开源性，为它提供了强大的库文件支持，本项目中使用到 DTH11 库文件，支持温湿度传感器的数据读取，Arduino 的串口通信比传统的单片机更方便，这里 Arduino 作为下位机。

Arduino Uno 端口与 ATMEGA328P 芯片引脚的对应图如图 10-22 所示。标有 0~13 标号的引脚对应的是数字端口，在 0~13 前面有符号“~”的引脚对应的端口具有 PWM 输出功能。标有 A0~A5 标号的是模拟端口。

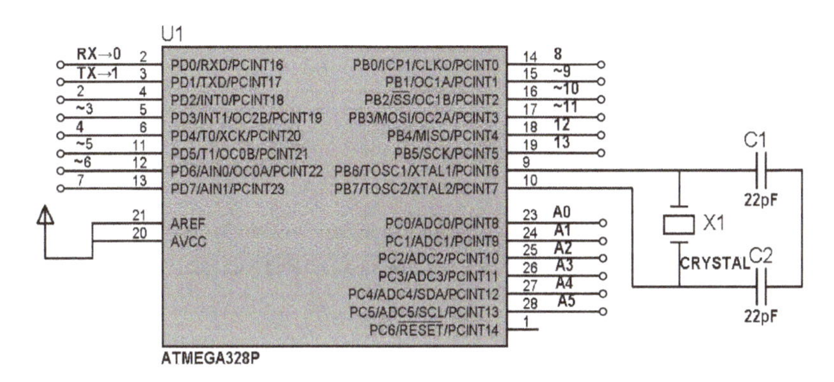

图 10-22 Arduino Uno 端口与 ATMEGA328P 芯片引脚的对应图

2. Arduino 串口通信

Arduino 实现硬串口和软串口两种形式的通信并且都以类的方式管理。

硬串口的操作类为 HardwareSerial，定义在 HardwareSerial. h 源文件中，并对用户公开声明 Serial 对象，用户在 Arduino 程序中直接调用 Serial，即可实现串口通信。

软串口的操作类为 SoftwareSerial，定义于 SoftwareSerial. h 源文件中，但源文件中并没有事先声明软串口对象，Arduino 程序中需要手动创建软串口对象。

在 ATMEGA328P 内部，实现串口的部件为 USART（通用同步/异步串行收发器）。USART 内部结构分为 3 部分：波特率发生器、接收单元、发送单元。每个单元的功能全部由硬件实现，同时以寄存器的形式对用户开放了配置接口（控制寄存器），又以寄存器的形式对用户开放了过程监控（状态寄存器）。

当使用 USB 线连接 Arduino Uno 与计算机时，Arduino Uno 会在计算机上虚拟出一个串口设备，此时两者便建立了串口连接。通过此连接，Arduino Uno 可与计算机互传数据。Arduino 提供了丰富的串口通信函数，使用串口与计算机通信，首先调用 Serial. begin( ) 函数，初始化 Arduino 的串口通信功能。

3. DHT11

DHT11 数字温湿度传感器是一款含有已校准数字信号输出的温湿度复合传感器。它应用专用的数字模块采集技术和温湿度传感技术，确保传感器具有极高的可靠性和卓越的长期稳定性。传感器包括一个电阻式感湿元件和一个 NTC 测温元件，并与一个高性能 8 位单片机相连。因此，DHT11 具有品质卓越、响应超快、抗干扰能力强、性价比高等优点。DHT11 为 4 针单排引脚封装，实物图如图 10-23 所示。

图 10-23　DHT11 温湿度传感器实物图

1）供电电压：DC 3.3~5.5 V。

2）测量范围：湿度 20%~90% RH，温度 0~50℃。

3）测量精度：湿度±5%RH，温度±2℃。

4）分辨率：湿度 1%RH，温度 1℃。

采样周期间隔不低于 1 s，输出单总线数字信号。

①：VCC（供电 DC 3.5~5.5 V）。

②：DATA（串行数据，单总线，用于微处理器与 DHT11 之间的通信和同步）。

③：NC（空脚）。

④：GND（接地，电源负极）。

10.2.4　设计步骤

（1）软件安装

从 Arduino 官网下载其编译软件并安装。安装后桌面图标如图 10-24 所示。

（2）Arduino 驱动安装

使用配套的 USB 线连接计算机和 Arduino 开发板，第一次连接时，计算机不能识别所连接的开发板，需要根据向导提示，逐步安装 Arduino 驱动程序。

图 10-24　桌面图标

（3）添加 DHT11 温湿度模块的驱动库

手动为 Arduino 安装 DHT11 温湿度模块的驱动库，在 Arduino IDE 中单击“项目”→“加载库”→“管理库”，输入“DHT11”进行搜索，会看到很多已有的 DHT11 库文件，可根据情况自行选择安装，如图 10-25 所示，也可以自行下载所需的库文件，然后把库文件复制到 Arduino 安装目录下面的 libraries 文件夹里。

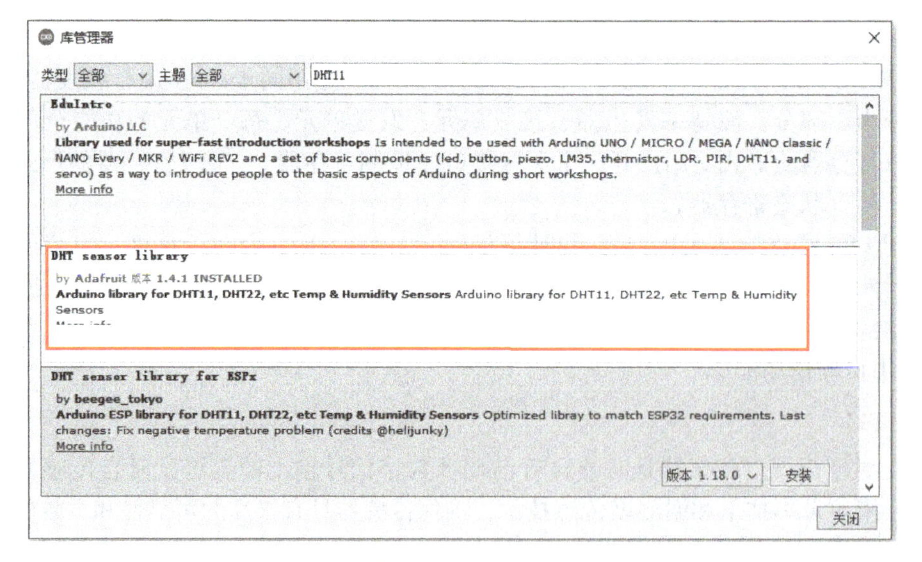

图 10-25　添加 DHT11 温湿度模块的驱动库

（4）硬件连线

DHT11 与 Arduino 开发板的连接方式如图 10-26 所示，将 DHT11 温湿度模块的 DATA 数据采集引脚连到 Arduino 开发板的任意数字 I/O 口，这里选择的是 PIN 8 脚；DHT11 的 VCC 连到 Arduino 开发板的 5 V（或 3.3 V）；DHT11 的 GND 连到 Arduino 开发板的 GND 引脚。Arduino 开发板连接到计算机，实物如图 10-27 所示。

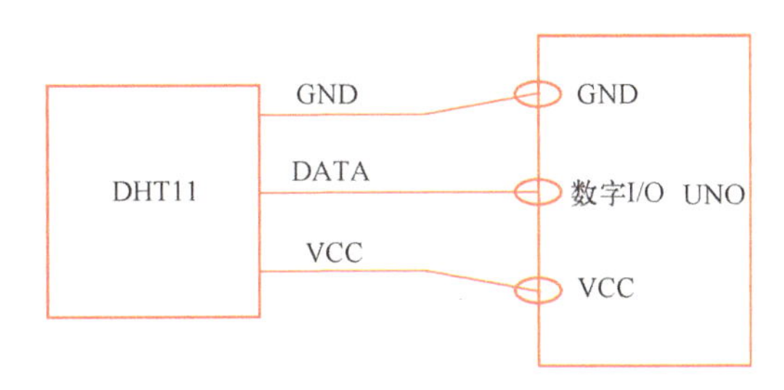

图 10-26　DHT11 与 Arduino 开发板的连接方式

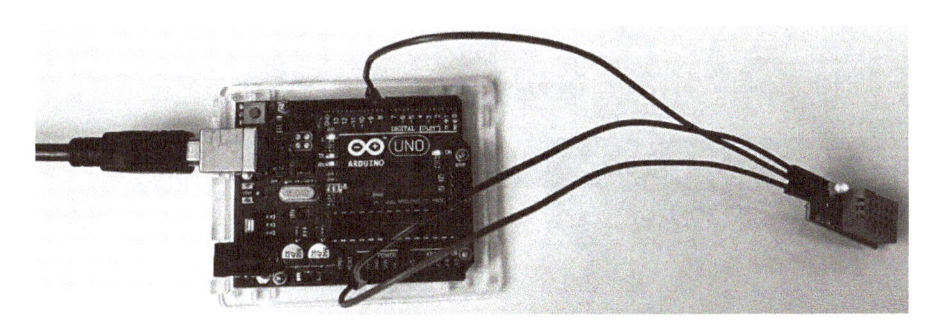

图 10-27　实物图

（5）选择控制板型号

打开编译软件界面，选择控制板型号 Arduino Uno，如图 10-28 所示。

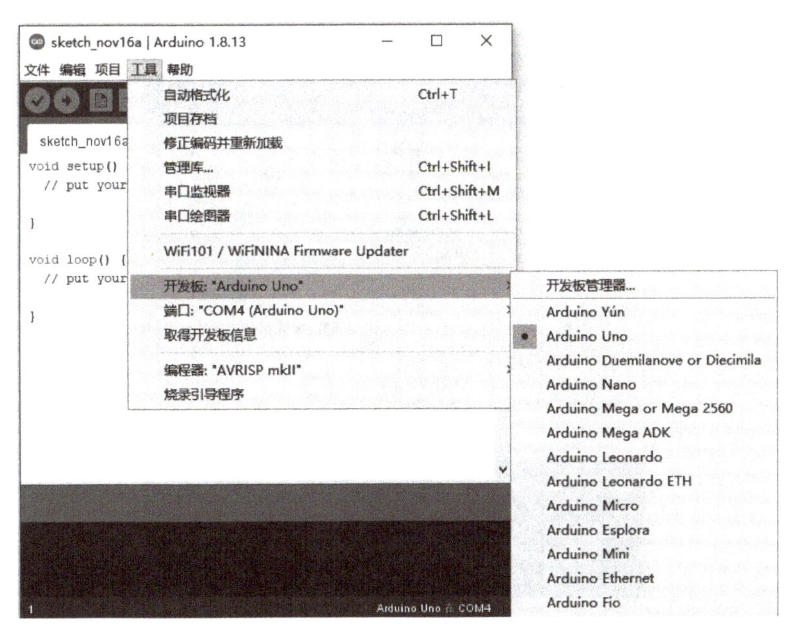

图 10-28　Arduino Uno 型号选择

（6）选择当前的串口位置

如图 10-29 所示，选择所识别的串口号。

当前的串口号还可以在“计算机”中的设备管理器中查看，如图 10-30 所示，这里为 COM4。

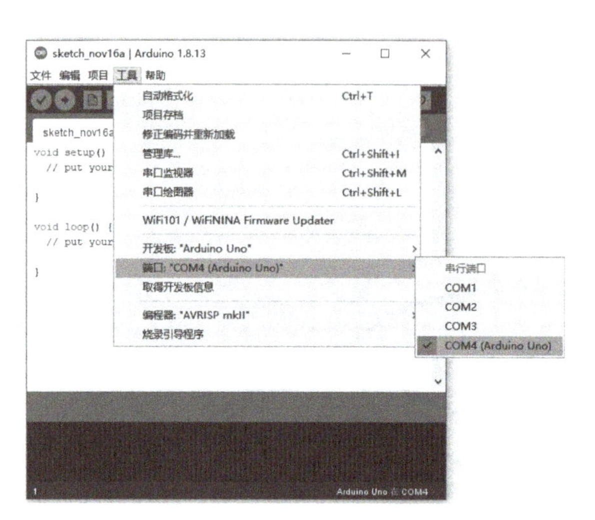

图 10-29　选择所识别的串口号

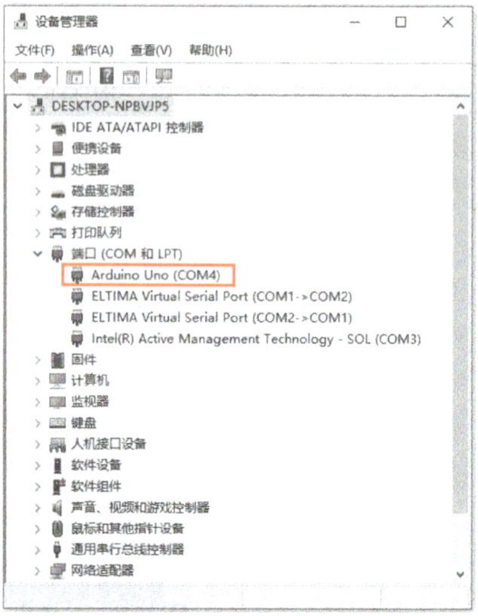

图 10-30　设备管理器中查看串口号

（7）编写下位机 Arduino IDE 程序

如图 10-31 所示，在 Arduino IDE 编写程序，读取温湿度传感器检测到的温湿度，并将结果发送到串口。

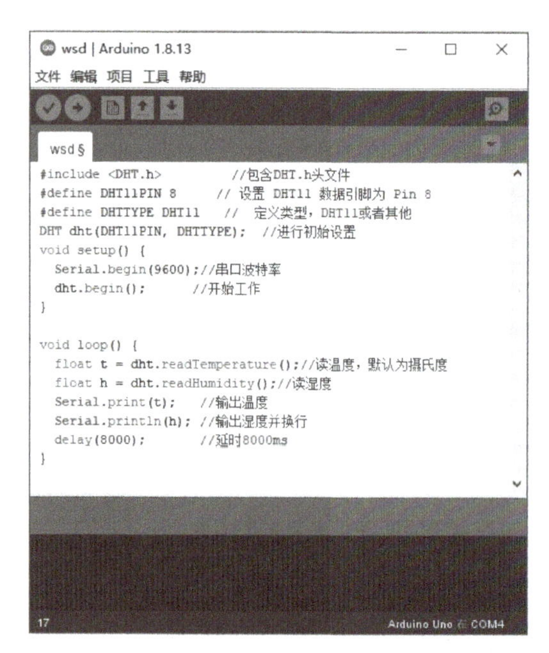

图 10-31　Arduino IDE 程序

程序通过调用头文件 DHT. h 内的 dht. readTemperature( ) 和 dht. readHumidity( ) 函数来读取

当前的温湿度值，湿度值存放在寄存器中，然后通过串口发送出来。

串行通信的重点在于参数的设置，如波特率、数据位、停止位等，在 Arduino 语言中可以使用 Serial. begin( ) 函数来简化这一任务。为了实现数据的发送，Arduino 提供了两个函数：Serial. print( ) 和 Serial. println( )，数据默认为十进制。两个函数的区别是后者在发送数据后面加上换行符，提高输出结果的可读性。

(8) 编译程序

如图 10-32 所示，单击"编译"按钮进行编译，有错误时修改程序，直至编译完成。

(9) 下载程序到 Arduino 控制板

如图 10-33 所示，单击"下载程序"按钮，将程序下载到 Arduino 控制板。

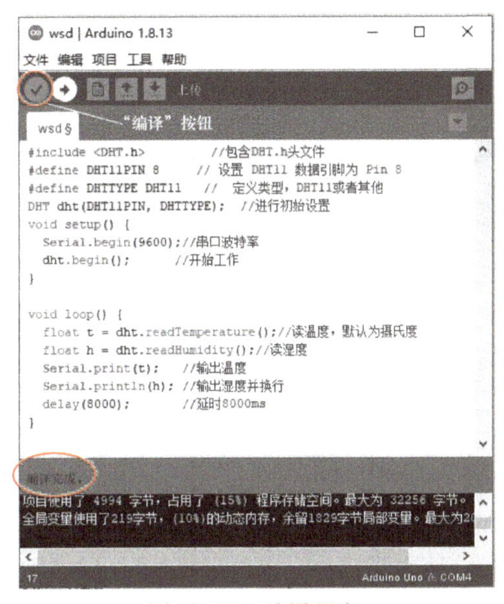

图 10-32　编译程序

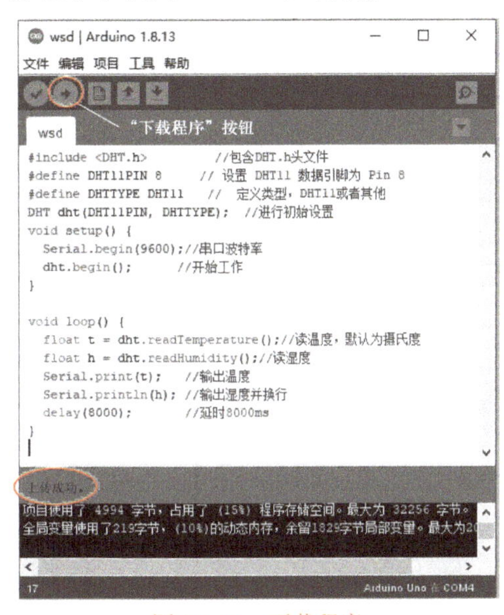

图 10-33　下载程序

(10) Arduino 串口通信测试

将程序下载到 Arduino 模块后，在 Arduino 集成开发环境的工具栏中打开串口监测器，如图 10-34 所示。

此时可以在串口监视器中看到串口中的温湿度数据，如图 10-35 所示。

图 10-34　打开串口监测器

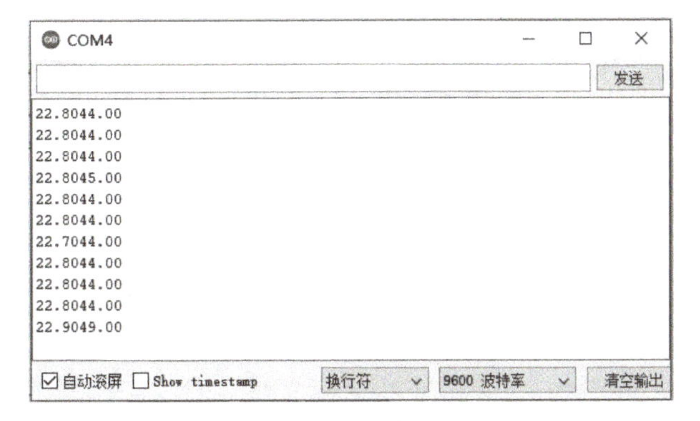

图 10-35　串口数据打印

（11）编写上位机 LabVIEW 测量显示程序

系统主界面使用 LabVIEW 编写，通过 VISA 函数实现与 Arduino 之间的串口通信，将监测到的数据进行实时地动态可视化显示，前面板和程序框图设计如图 10-36 所示。

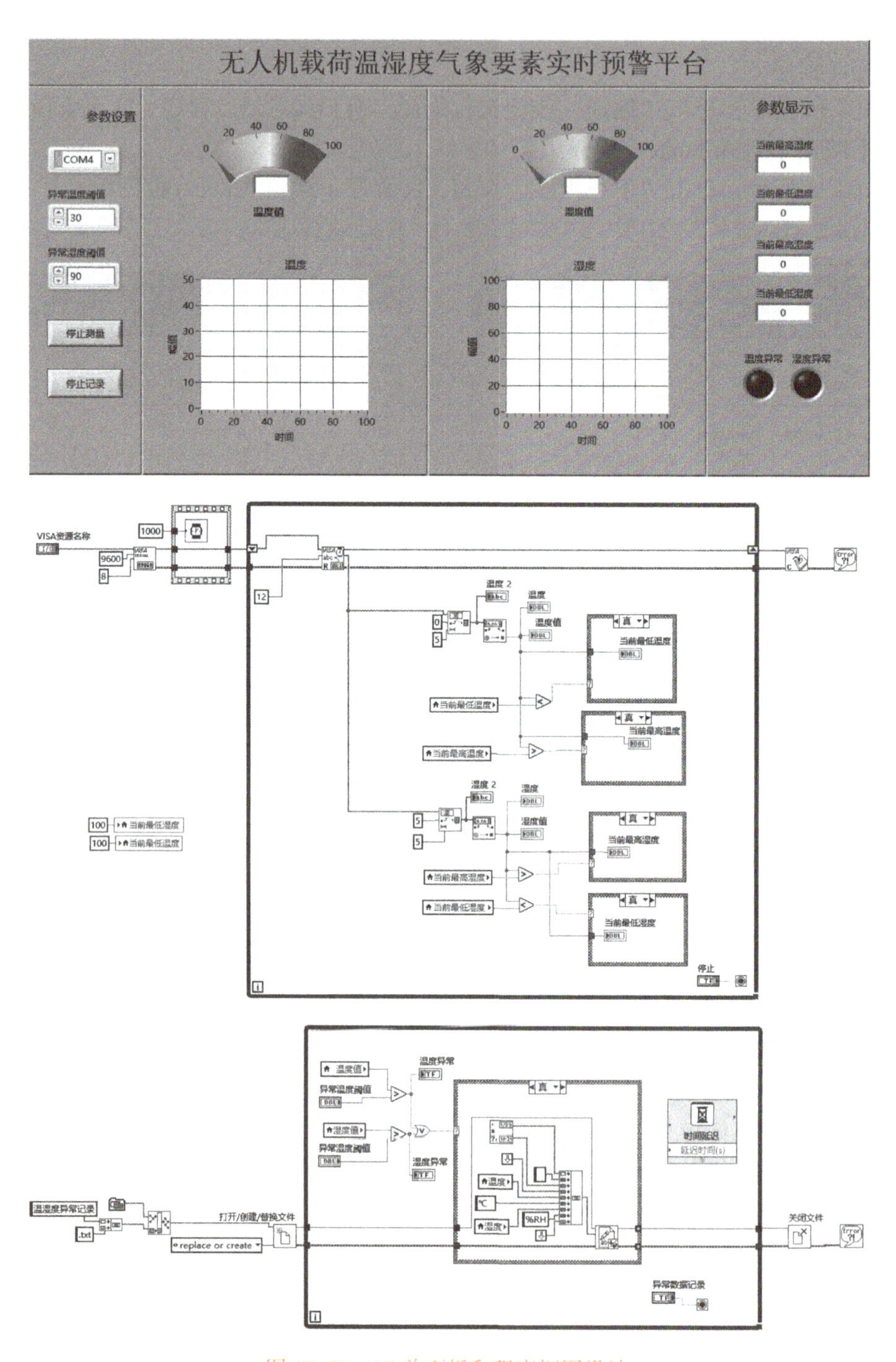

图 10-36 VI 前面板和程序框图设计

工作人员在系统监测主界面设置通信串口与温湿度的上限值，启动程序，先对串口进行初始化配置，然后读取串口数据，同时对数据进行解析，并且通过波形图显示出来，同时根据设置的温度和湿度的上限值判断温度和湿度是否正常，如果出现温度或湿度高于设置的上限值，则指示灯报警并且将异常数据记录到文件中。

程序包括串口通信设置、串口数据读取、温湿度数据显示、异常温湿度数据记录。对系统的串口进行初始化配置，串口通信波特率设置为 9600 bit/s，无奇偶校验位。

利用循环结构，连续读取串口中的数据。注意循环加在 VISA 配置串口和 VISA 关闭之间。读取时加入了延时，等待下位机第一次发送过来数据后再读取。

在读取串口数据时注意串口发送过来的数据是多少位，每次读取数据的位数一定要与程序中发送过来的数据匹配，否则会出现乱码现象。这里 Arduino 输出的温度与湿度数据为 12 位，每读取一个换行符时就重新读一次。读到数据后调用“截取字符串”函数，每 5 位截取一次，分别得到温度和湿度，最后将字符串转换为数值型数据。

用户在前面板设置异常温湿度阈值，当达到阈值时，会以 TXT 形式记录当前异常温湿度及出现的时间，等待 0.5 s 后保存，防止保存速度过快，文件内容过大，占用较多的计算机内存。

(12) 系统调试

Arduino 程序成功下载后，打开 VI 监测界面，选择端口，运行程序，系统能正常地运行，实时并动态地显示当前的温湿度，环境改变时，温湿度有明显的变化，如图 10-37 所示。当数据高于阈值时，打开 TXT 文档查看异常数据记录情况，如图 10-38 所示。

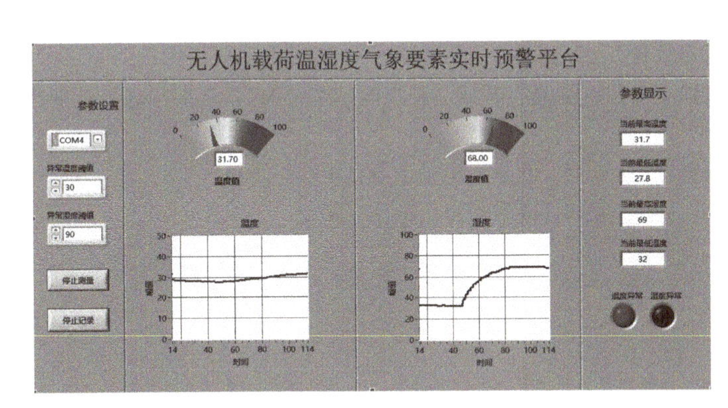

图 10-37 VI 的运行情况

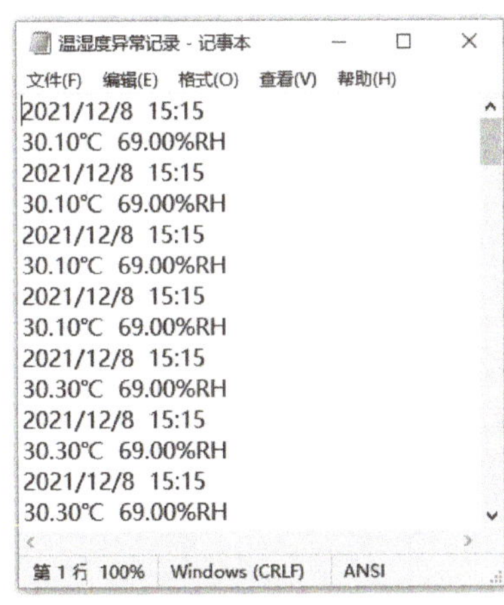

温湿度异常记录 - 记事本

文件(F) 编辑(E) 格式(O) 查看(V) 帮助(H)

2021/12/8 15:15
30.10℃ 69.00%RH
2021/12/8 15:15
30.10℃ 69.00%RH
2021/12/8 15:15
30.10℃ 69.00%RH
2021/12/8 15:15
30.10℃ 69.00%RH
2021/12/8 15:15
30.30℃ 69.00%RH
2021/12/8 15:15
30.30℃ 69.00%RH
2021/12/8 15:15
30.30℃ 69.00%RH

第 1 行 100% Windows (CRLF) ANSI

图 10-38 异常数据记录

运行结束时，单击前面板上的“停止测量”按钮，从而关闭串口，释放串口资源。

思考与练习

1. 简述 LabVIEW 中对串口进行操作的步骤和所用到的函数。
2. 简述 LabVIEW 控制单片机在程序设计上主要涉及的功能模块有哪些？
3. 利用 LabVIEW 控制连在单片机引脚上的一个指示灯的亮灭。
4. 设计一个测试计算机和单片机之间的通信状态的 VI。计算机通过 VI 前面板上的发送框向单片机发送两位的十六进制数，单片机收到后回传这个数，计算机将接收到的回传数据进行显示。如果计算机发送的数据和接收到的数据相同，则在文本框中显示“通信正常”，否则显示“通信异常”。

参考文献

[1] TRAVIS J, KRING J. LabVIEW 大学实用教程：第 3 版［M］. 乔瑞萍，等译．北京：电子工业出版社，2008.

[2] National Instruments. NI myDAQ 用户指南［Z/OL］.［2022-03-01］. https://www.ni.com/zh-cn/search.html?q=NI+myDAQ.

[3] 郝丽，赵伟．LabVIEW 虚拟仪器设计及应用：程序设计、数据采集、硬件控制与信号处理［M］. 北京：清华大学出版社，2018.

[4] 屈有安，程雪敏．虚拟仪器测试技术［M］. 北京：北京理工大学出版社，2016.

[5] 刘旭，赵红利．电子测量技术与实训［M］. 北京：清华大学出版社，2010.

[6] 李晴，秦益霖．虚拟仪器应用技术项目教程［M］. 3 版．北京：中国铁道出版社，2021.

[7] 阮奇桢．我和 LabVIEW：一个 NI 工程师的十年编程经验［M］. 2 版．北京：北京航空航天大学出版社，2012.

[8] National Instruments. 解决方案［Z/OL］.［2022-03-01］. https://www.ni.com/zh-cn/solutions.html.

[9] 汪成龙．龙哥手把手教您 LabVIEW 视觉设计［Z/OL］.［2022-03-01］. https://t.elecfans.com/c801.html.

[10] 小草．小草手把手 LabVIEW 仪器控制［Z/OL］.［2022-03-01］. https://t.elecfans.com/c49.html.

[11] 应柏青，赵彦珍，邹建龙，等．基于 NI myDAQ 的自主电路实验［M］. 北京：机械工业出版社，2016.

[12] National Instruments. LabVIEW 基础课程教材［Z］. 2016.

[13] 郭天祥．新概念 51 单片机 C 语言教程：入门、提高、开发、拓展全攻略［M］. 北京：电子工业出版社，2009.

[14] 张重雄，等．虚拟仪器技术分析与设计［M］. 4 版．北京：电子工业出版社，2020.

[15] 黄燕，陈孝波．电子测量与仪器［M］. 3 版．北京：高等教育出版社，2022.